# 数据中心设计与管理
## (第2版)

主 编 林予松
副主编 李润知 李沛谕
        李英豪 庞海波

清华大学出版社
北 京

## 内 容 简 介

本书全面介绍了数据中心规划、建设和管理中的基础理论和相关技术，并将虚拟化技术的思想渗透到各个环节，阐述了云数据中心建设的主要内容和具体方法。全书共 7 章。第 1 章对数据中心做了概述；第 2 章介绍了数据中心的基础环境建设；第 3~6 章分别介绍了数据中心的网络子系统、计算子系统、存储子系统和安全子系统；第 7 章围绕数据中心的运维管理，从基础环境、网络、计算、存储、安全等方面介绍了相关技术及工具。

本书可作为工科院校相关专业本科生、研究生的教材或辅导材料，也可供企业、高校和科研院所的信息化管理部门以及各类数据中心的管理和技术人员参考使用。

本书封面贴有清华大学出版社防伪标签，无标签者不得销售。
版权所有，侵权必究。举报：010-62782989，beiqinquan@tup.tsinghua.edu.cn。

**图书在版编目（CIP）数据**

数据中心设计与管理 / 林予松主编. -- 2 版.
北京：清华大学出版社, 2024.7. -- ISBN 978-7-302-66433-8
Ⅰ. TP308
中国国家版本馆 CIP 数据核字第 2024QK1343 号

责任编辑：王　定
装帧设计：孔祥峰
责任校对：马遥遥
责任印制：刘　菲

出版发行：清华大学出版社
　　网　　址：https://www.tup.com.cn，https://www.wqxuetang.com
　　地　　址：北京清华大学学研大厦 A 座　　邮　编：100084
　　社　总　机：010-83470000　　邮　购：010-62786544
　　投稿与读者服务：010-62776969，c-service@tup.tsinghua.edu.cn
　　质　量　反　馈：010-62772015，zhiliang@tup.tsinghua.edu.cn
印　装　者：小森印刷霸州有限公司
经　　销：全国新华书店
开　　本：185mm×260mm　　印　张：18　　字　数：437 千字
版　　次：2017 年 8 月第 1 版　　2024 年 8 月第 2 版　　印　次：2024 年 8 月第 1 次印刷
定　　价：69.80 元

产品编号：106673-01

# PREFACE

习近平总书记在党的二十大报告中指出:"以国家战略需求为导向,集聚力量进行原创性引领性科技攻关,坚决打赢关键核心技术攻坚战。"随着云计算和大数据相关技术的发展与普及,应用软件开发架构从传统的 B/S(Browser/Server)架构逐步向 C/C(Client/Cloud)架构转移。在 C/C 架构中,应用系统和数据集中部署在云端,用户通过台式计算机、笔记本电脑、智能手机等多种类型的终端设备,访问云端的数据及应用。在这种架构中,提供云服务的数据中心成了重要的组成部分。与传统的数据中心相比,新型的云数据中心具有一些新的特点,对数据中心的运维工作也提出了更高的要求。近年来,我国在数据中心领域的研发中取得了显著进展,在网络核心设备、超算系统、存储设备、安全设备等方面出现了很多国产化的技术和设备。

本书围绕云服务数据中心的建设和运维,将数据中心分为基础环境、网络、计算、存储、安全等子系统,介绍了从规划、建设到运行维护的相关技术。主要内容安排如下:

第 1 章介绍了云计算和虚拟化的基础知识,数据中心的发展历程、主要特点及未来的发展趋势。

第 2 章介绍了数据中心建设中有关基础环境方面的相关技术和标准,包括数据中心的选址、功能区划分、布线系统、供配电系统、空调系统、防护系统、监控系统,以及模块化机房建设等内容。

第 3 章介绍了数据中心的网络子系统,包括数据中心网络的规划与设计、数据中心主要网络设备的工作原理、市场上针对数据中心的主流网络产品,还介绍了数据中心网络的新技术,包括网络虚拟化、SDN、大二层技术等,最后介绍了数据中心网络的发展趋势。

第 4 章从云计算和高性能计算两个方向介绍了数据中心的计算子系统,包括两种不同计算架构的主要特点、服务器相关技术,以及计算虚拟化技术和产品。

第 5 章介绍了数据中心的存储子系统,首先介绍了存储基本技术和 RAID,接着介绍了数据中心三类主流存储系统 DAS、NAS 和 SAN 的工作原理和主流产品,然后介绍了一些主流的企业级存储技术,以及存储虚拟化技术,最后介绍了数据备份和容灾技术。

第 6 章介绍了数据中心安全子系统。本章首先对数据中心安全做了概述,然后介绍了云数据中心面临的主要安全威胁,针对这些威胁,从技术和管理两个层面介绍了如何加强数据中心的安全保障能力,然后介绍了在数据中心部署的主要安全产品,最后通过实际案例说明了如何构建数据中心安全整体方案。

第 7 章围绕着数据中心的运维工作展开，首先介绍了数据中心运维工作的重要性，然后从基础环境、网络、计算、存储、安全等不同方面介绍了相关运维技术，最后介绍了运维技术的发展趋势。

本书作者长期从事互联网骨干网及数据中心的规划、建设和运维工作，书中很多内容都是基于实际工作经验的总结，因此具有较强的实用性。本书不仅适合作为高校本科生及硕士研究生的教材，也适合从事数据中心建设运维工作的工程技术人员作参考书之用。

本书由林予松、李润知、李沛谕、李英豪、庞海波编写，蔡馨庆负责插图制作，尚冲参与了资料搜集工作。

鉴于数据中心技术随着科技的发展而日新月异，加之编者水平有限，书中不足之处在所难免，恳请专家和广大读者不吝赐教，批评指正。

本书提供教学课件和教学大纲，读者可扫描下列二维码获取。

教学课件

教学大纲

编　者
2024 年 5 月

# 目录
## CONTENTS

### 第1章 概述 ... 1
- 1.1 云计算 ... 2
  - 1.1.1 云计算概念 ... 2
  - 1.1.2 云计算的发展现状 ... 2
  - 1.1.3 云计算的特点及优势 ... 4
  - 1.1.4 云计算发展对数据中心提出的要求 ... 6
  - 1.1.5 云原生 ... 7
- 1.2 虚拟化概述 ... 7
  - 1.2.1 虚拟化概念 ... 7
  - 1.2.2 虚拟化技术的发展历史 ... 8
  - 1.2.3 虚拟化技术的分类 ... 9
  - 1.2.4 虚拟化技术在云计算中的应用 ... 11
- 1.3 数据中心概述 ... 11
  - 1.3.1 数据中心的概念 ... 11
  - 1.3.2 数据中心的发展现状 ... 12
  - 1.3.3 数据中心的功能特点 ... 13
  - 1.3.4 数据中心的发展趋势 ... 14
- 1.4 习题 ... 16

### 第2章 基础环境建设 ... 17
- 2.1 基础环境规划 ... 18
  - 2.1.1 数据中心选址 ... 18
  - 2.1.2 数据中心分级及技术指标 ... 19
- 2.2 空间环境 ... 20
  - 2.2.1 功能区划分 ... 20
  - 2.2.2 机柜选型及布置 ... 21
  - 2.2.3 环境要求 ... 22
- 2.3 布线系统 ... 22
  - 2.3.1 布线系统设计原则 ... 23
  - 2.3.2 拓扑结构 ... 23
  - 2.3.3 设备选型 ... 25
- 2.4 供配电系统 ... 27
  - 2.4.1 等级标准要求 ... 27
  - 2.4.2 供电电源 ... 29
  - 2.4.3 主配电系统 ... 30
  - 2.4.4 UPS ... 31
  - 2.4.5 二级配电系统 ... 34
  - 2.4.6 新一代数据中心配电系统发展趋势 ... 36
- 2.5 空气调节系统 ... 37
  - 2.5.1 空调制冷类型 ... 37
  - 2.5.2 负荷计算 ... 42
  - 2.5.3 设备选型 ... 43
  - 2.5.4 机房专用空调与普通舒适空调的区别 ... 44
  - 2.5.5 机房气流组织规划 ... 45
- 2.6 防护处理 ... 47
  - 2.6.1 静电防护 ... 47
  - 2.6.2 防火 ... 49
  - 2.6.3 防水 ... 51
  - 2.6.4 防雷 ... 52
  - 2.6.5 防电磁泄漏 ... 53
- 2.7 监控系统 ... 54
  - 2.7.1 安防监控 ... 54

        2.7.2  环境监控 ································ 56
    2.8  模块化机房 ······························· 59
        2.8.1  模块化机房的兴起 ·············· 59
        2.8.2  微模块化机房 ······················ 60
        2.8.3  预制模块化机房 ·················· 62
        2.8.4  模块化机房的发展趋势 ······ 63
    2.9  习题 ········································· 64

第3章  网络子系统 ································ 65
    3.1  数据中心网络规划与设计 ········· 66
        3.1.1  数据中心网络的需求分析 ········ 66
        3.1.2  数据中心网络的设计目标 ········ 67
        3.1.3  数据中心网络的架构设计 ········ 68
    3.2  数据中心网络核心设备 ············· 70
        3.2.1  三层交换机工作原理 ·········· 70
        3.2.2  三层交换机在数据中心中的
                优势 ··································· 72
        3.2.3  三层交换机与路由器的区别 ······ 73
        3.2.4  三层交换机的发展趋势 ······ 74
    3.3  数据中心网络主流产品 ············· 74
        3.3.1  核心交换机 ························ 74
        3.3.2  接入交换机 ························ 79
    3.4  网络虚拟化 ······························· 82
        3.4.1  网卡虚拟化 ························ 82
        3.4.2  网络链路虚拟化 ·················· 83
        3.4.3  网络设备虚拟化 ·················· 84
        3.4.4  虚拟网络 ···························· 85
        3.4.5  网络虚拟化的发展趋势 ······ 86
    3.5  SDN ········································· 87
        3.5.1  SDN 发展历程 ···················· 87
        3.5.2  SDN 架构 ···························· 87
        3.5.3  SDN 的优缺点 ···················· 88
        3.5.4  OpenFlow ···························· 89
        3.5.5  SDN 的发展趋势 ················ 90
    3.6  大二层网络 ······························· 90
        3.6.1  TRILL ·································· 91
        3.6.2  VxLAN ································ 94
    3.7  数据中心网络发展趋势 ············· 97

    3.8  习题 ········································· 98

第4章  计算子系统 ································ 99
    4.1  数据中心计算架构 ··················· 100
        4.1.1  云计算 ······························ 100
        4.1.2  高性能计算 ························ 104
    4.2  服务器 ····································· 109
        4.2.1  服务器简介 ······················· 109
        4.2.2  服务器分类 ······················· 110
        4.2.3  服务器组件 ······················· 115
        4.2.4  服务器与 PC 机的区别 ······ 121
        4.2.5  服务器主流厂商及产品 ······ 122
    4.3  计算虚拟化 ····························· 127
    4.4  习题 ········································· 130

第5章  存储子系统 ································ 131
    5.1  存储概述 ································· 132
        5.1.1  存储设备的发展历程 ········ 132
        5.1.2  存储技术发展趋势 ············ 136
    5.2  磁盘的工作原理 ····················· 136
        5.2.1  磁盘的结构 ······················· 136
        5.2.2  磁盘数据组织 ··················· 138
        5.2.3  磁盘接口协议 ··················· 140
        5.2.4  影响磁盘性能和 I/O 的因素 ······ 141
        5.2.5  SSD ··································· 142
    5.3  磁盘阵列技术 RAID ··············· 144
        5.3.1  RAID 基础技术 ················ 144
        5.3.2  RAID 分级 ························ 145
        5.3.3  RAID 级别组合应用 ·········· 148
    5.4  主流存储设备 ························· 150
        5.4.1  直连存储(DAS) ················ 150
        5.4.2  网络附加存储(NAS) ········· 152
        5.4.3  存储区域网络(SAN) ········· 156
    5.5  存储区域网络 SAN ················ 157
        5.5.1  FC-SAN ···························· 158
        5.5.2  IP-SAN ····························· 167
        5.5.3  IP-SAN 与 FC-SAN 的对比 ······ 170
    5.6  企业级存储技术 ····················· 171

|     |       |                          |     |
| --- | ----- | ------------------------ | --- |
|     | 5.6.1 | 数据自动分层             | 171 |
|     | 5.6.2 | 智能精简配置             | 172 |
|     | 5.6.3 | 数据快照                 | 175 |
|     | 5.6.4 | 智能重复数据删除和压缩   | 177 |
|     | 5.6.5 | 数据加密                 | 179 |
|     | 5.6.6 | 业务连续性保障           | 180 |
| 5.7 | 存储虚拟化 |                     | 182 |
|     | 5.7.1 | 存储虚拟化的概念         | 182 |
|     | 5.7.2 | 存储虚拟化的类别         | 183 |
|     | 5.7.3 | 存储虚拟化的实现位置     | 185 |
|     | 5.7.4 | 存储虚拟化的实现方式     | 187 |
|     | 5.7.5 | 存储虚拟化面临的问题     | 188 |
| 5.8 | 数据备份 |                        | 189 |
|     | 5.8.1 | 数据备份的意义           | 189 |
|     | 5.8.2 | 数据备份方式             | 189 |
|     | 5.8.3 | 备份系统架构             | 190 |
|     | 5.8.4 | 常用数据备份软件介绍     | 192 |
| 5.9 | 数据容灾技术 |                    | 193 |
|     | 5.9.1 | 容灾的概述               | 193 |
|     | 5.9.2 | 容灾系统分类             | 193 |
|     | 5.9.3 | 容灾等级                 | 194 |
|     | 5.9.4 | 容灾系统中的常用技术     | 194 |
|     | 5.9.5 | 常见的容灾系统方案       | 195 |
| 5.10 | 习题 |                            | 196 |

## 第 6 章 安全子系统 ······ 197

| 6.1 | 数据中心安全概述 |                 | 198 |
| --- | ---------------- | ---------------- | --- |
|     | 6.1.1 | 数据中心安全的背景和意义 | 198 |
|     | 6.1.2 | 数据中心安全的目标和原则 | 199 |
|     | 6.1.3 | 数据中心安全方面存在的问题 | 200 |
| 6.2 | 数据中心安全威胁与防范 |       | 200 |
|     | 6.2.1 | 网络安全威胁与防范       | 201 |
|     | 6.2.2 | 系统安全威胁与防范       | 202 |
|     | 6.2.3 | 数据安全威胁与防范       | 204 |
|     | 6.2.4 | Web 应用安全威胁与防范   | 206 |
|     | 6.2.5 | 云数据中心安全威胁与防范 | 207 |
| 6.3 | 数据中心安全技术 |                 | 209 |
|     | 6.3.1 | 安全防护技术             | 209 |
|     | 6.3.2 | 安全检测技术             | 209 |
|     | 6.3.3 | 访问控制技术             | 210 |
|     | 6.3.4 | 安全审计技术             | 211 |
|     | 6.3.5 | 数据备份技术             | 212 |
| 6.4 | 数据中心安全管理 |                 | 213 |
|     | 6.4.1 | 安全管理制度             | 213 |
|     | 6.4.2 | 安全管理策略             | 213 |
|     | 6.4.3 | 应急预案及演练           | 215 |
| 6.5 | 数据中心安全产品 |                 | 216 |
|     | 6.5.1 | 网络安全产品             | 216 |
|     | 6.5.2 | 系统安全产品             | 218 |
|     | 6.5.3 | 数据安全产品             | 220 |
|     | 6.5.4 | 其他安全产品             | 221 |
| 6.6 | 数据中心安全管理案例分析 |       | 223 |
|     | 6.6.1 | 安全域划分               | 223 |
|     | 6.6.2 | 安全域边界防护           | 224 |
| 6.7 | 习题 |                              | 226 |

## 第 7 章 数据中心运维 ······ 227

| 7.1 | 数据中心运维的重要性 |             | 228 |
| --- | -------------------- | ------------ | --- |
| 7.2 | 基础环境运维 |                     | 229 |
|     | 7.2.1 | 机房环境运维             | 229 |
|     | 7.2.2 | 空调系统运维             | 230 |
|     | 7.2.3 | 供配电系统运维           | 231 |
|     | 7.2.4 | 消防系统运维             | 233 |
|     | 7.2.5 | 监控系统运维             | 234 |
|     | 7.2.6 | 运维文档管理             | 234 |
| 7.3 | 网络子系统运维 |                   | 236 |
|     | 7.3.1 | 网络设备安装上架         | 236 |
|     | 7.3.2 | 网络设备配置             | 236 |
|     | 7.3.3 | 网络设备日常巡检         | 237 |
|     | 7.3.4 | 网络设备故障处理         | 239 |
|     | 7.3.5 | 网络设备系统升级         | 240 |
|     | 7.3.6 | 网络设备文档管理         | 240 |
| 7.4 | 计算子系统运维 |                   | 241 |
|     | 7.4.1 | 服务器基础运维           | 241 |
|     | 7.4.2 | 虚拟化管理软件运维       | 244 |

  7.4.3 操作系统运维……247
  7.4.4 基础网络服务运维……250
 7.5 存储子系统运维……261
  7.5.1 存储设备安装配置……261
  7.5.2 存储设备日常运维……261
  7.5.3 存储设备故障处理……262
  7.5.4 存储设备文档管理……263
  7.5.5 存储交换机运维管理……264
  7.5.6 HBA 卡管理……266
 7.6 安全子系统运维……266
  7.6.1 安全运维体系介绍……267
  7.6.2 安全监测系统运维……267
  7.6.3 安全防护系统运维……269
  7.6.4 安全审计系统运维……272
  7.6.5 安全运维管理规范……273
 7.7 运维技术的发展趋势……275
 7.8 习题……276

**参考文献**……277

# 第1章

# 概 述

近年来，云计算作为一种新的计算模式，带动了一次新的 IT 技术革命，将传统的 IT 软、硬件以服务的方式提供给用户按需使用，并实现 IT 资源的动态、弹性、灵活及可扩展的管理与调度。从用户角度看，云计算降低了 IT 购置成本；从 IT 提供商角度看，云计算提高了数据中心管理和运行效率，提升了服务质量。目前越来越多的数据中心都在向云数据中心方向转型，利用虚拟化、分布式存储等技术，并使用支持这些技术的新的硬件系统对传统的数据中心进行升级，以更好地支持云计算服务。

本章主要介绍云计算、虚拟化技术、数据中心的基础知识，以及数据中心的发展趋势。

## 1.1 云计算

云计算(Cloud Computing)是谷歌公司在 2006 年提出的概念，云计算并不是单一的一种技术，而是多种技术的整合，其中包含了虚拟化、网格计算、分布式计算、并行计算、效用计算、网络存储、负载均衡等技术。在众多技术中，最核心的是虚拟化技术。

### 1.1.1 云计算概念

由于云计算是一种将业务和数据集中到数据中心、依靠互联网提供服务的计算架构，而且在绘制系统结构图的时候，往往将互联网绘制为一朵云，因此将这一概念取名为"云计算"。

提供云计算服务的数据中心包含一些具有自我维护和管理能力的计算资源。这些资源通常是一些大型服务器集群，包括计算服务器、存储服务器和宽带资源等。云计算将计算资源集中起来，并通过专门软件来对其进行自动化管理。用户可以根据需求动态申请资源，部署和运行各种应用程序，无须过多关注底层的资源是如何提供的，使用户更加专注于自己的业务，有利于提高效率、降低成本和技术创新。云计算的核心理念是资源池，包括了云计算数据中心的各种硬件和软件的集合。这些资源按类型可分为计算资源、存储资源和网络资源。

云计算通过分布式计算和虚拟化技术搭建数据中心或超级计算机，以按需付费租用方式向用户提供数据存储、分析以及科学计算等服务。这种模式能够有效提高系统硬件的利用率，降低用户的使用成本。目前，各种"云计算"的应用和服务范围正日渐扩大，具有良好的发展前景。

### 1.1.2 云计算的发展现状

自从 2006 年云计算的概念首次被提出以来，世界各国和几乎所有的 IT 公司都将云计算作为未来发展的主要战略之一。

**1. 主要国家云计算的发展现状**

(1) 中国。近年来，我国云计算相关产业发展迅速，已成为"十四五"期间重点发展产业之一。2012 年 5 月，工业和信息化部发布《通信业"十二五"发展规划》，将云计算定位为构建国家级信息基础设施、实现融合创新的关键技术和重点发展方向。2013 年，工业和信息化部进一步开展云计算综合标准的制定工作，在梳理现有各类信息技术标准的基础上制定新的云计算标准，修订已有的标准，建设形成满足行业管理和用户需求的云计算标准体系。2021 年 3 月以来，我国先后发布了《中华人民共和国国民经济和社会发展第十四个五年规划和 2035 年远景目标纲要》等一系列政策文件，将云计算列为数字经济重点产业，实施上云用云行动，促进数字技术与实体经济深度融合，赋能传统产业转型升级。2022 年 12 月，中共中央、国务院印发了《扩大内需战略规划纲要(2022—2035 年)》，提出要加快建设信息基础设施，推动云计算广泛、深度应用,促进"云、网、端"资源要素相互融合、智能配置。2023年7月,中国信通院发布的《云计算白皮书(2023年)》显示,相较于全球19%的增速,我国云计算市场处于快速发展阶段,2022年的市场规模达4550亿元,较2021年增长40.91%。

(2) 美国。美国政府将云计算技术和产业定位为维持国家核心竞争力的重要手段之一,制定了一系列云计算政策来积极推动云计算产业的发展。2011年出台的《联邦云计算战略》中明确提到,鼓励创新,积极培育市场,构建云计算生态系统,推动产业链协调发展,号召各政府部门,切实执行"云优先"(Cloud First)政策。2014年美国国家标准技术研究院(NIST)发布的《美国政府云计算技术路线图》聚焦战略和战术目标,充分利用了政府、工业界、学术界以及标准开发组织等各界的优势和资源,以支持联邦政府加速发展云计算。2018年出台的《联邦政府云战略》提出"云敏捷"(Cloud Smart)战略,专注于为联邦政府机构提供必要的工具,使其能够根据其使命需求做出信息技术决策。2022年9月,美国发布的《国家竞争力面临的十年中期挑战》中提到,通过发展云计算等高新科技,健全数字基础设施,以扩大其在经济、军事、科技等方面的竞争优势。

(3) 日本。日本政府积极推进云计算的发展,希望利用云计算来创造新的服务和产业,推出了"有效利用IT、创造云计算新产业"的发展战略。2010年8月,日本经济产业省发布《云计算与日本竞争力研究》报告,鼓励和支持包括数据中心和IT厂商在内的云服务提供商利用日本的IT技术等优势,分析云计算的全球发展趋势,解决云计算发展过程中的挑战性和关键性问题。2021年9月,日本政府成立数字厅,并于同年10月开启政府云服务,计划在2025年之前全面建成可供所有中央机关和地方自治团体共享行政数据的云服务。2022年12月,日本政府将云应用程序确定为经济安全的11个关键领域之一,并由工业部预留200亿日元用于云相关的研究和推进活动。

(4) 英国。英国政府对云计算的发展非常重视,并采取了多项措施来支持和促进该领域的成长。2009年10月,英国政府发布了《数字英国》,首次提出建立统一的政府云(G-Cloud)。2011年11月,英国政府正式启动G-Cloud项目,用以改善公共部门采购和运营ICT的方式。2015年5月,英国政府启动"数字政府即平台"计划,打造涵盖数据开放、数据分析、身份认证、网络支付、云计算服务等在内的一系列通用的跨政府部门技术平台。2023年2月,英国国防部发布了《国防云战略路线图》,概述了实现"超大规模云生态系统"的愿景、可交付成果,旨在为未来的能力提供基础,并推动人工智能、大数据、分析、机器学习、机器人和合成材料等领域的新兴技术的使用。

**2. 主要云服务厂商云计算的发展现状**

(1) 亚马逊。亚马逊公司于2006年首次推出计算租赁系统,也就是后来的云计算品牌亚马逊网络服务(Amazon Web Services)。2006年7月,亚马逊的S3存储服务推出短短4个月之后,就承载了8亿多个文件。2014年,AWS通过推出AWS Lambda在无服务器计算领域开创了先河,使得开发人员无须预置或管理服务器即可运行其代码。近年来,亚马逊网络服务又推出了其桌面即服务产品WorkSpaces,进一步扩展其云生态系统。目前,AWS已在全球33个地理区域内运营着105个可用区,提供低延迟、高吞吐量和高冗余度的网络连接。

(2) 微软。2008 年，微软发布云计算战略和云计算平台 Windows Azure Platform，并于 2010 年正式发布 Microsoft Azure 云平台服务。2013 年，微软推出 CloudOS 云操作系统，包括 Windows Server 2012 R2、System Center 2012 R2、Windows Azure Pack 在内的一系列企业级云计算产品及服务。WindowsAzure 是云服务操作系统，可用于 AzureServices 平台的开发、服务托管以及服务管理环境。WindowsAzure 为开发人员提供随选的计算和存储环境，以便在互联网上通过微软数据中心来托管、扩充及管理 Web 应用。

(3) 阿里云。阿里巴巴公司在 2009 年推出阿里云，服务范围覆盖全球 200 多个国家和地区。阿里云提供的云产品和服务多达几百个，分为弹性计算、数据库、存储、网络、大数据、人工智能、云安全、互联网中间件、云分析、管理与监控、应用服务、视频服务、移动服务、云通信、域名与网站、行业解决方案等。阿里云目前在全球的合作伙伴数量超过 10 000 家，服务客户超过 10 万家。

(4) 华为云。2015 年华为公司正式推出云计算服务品牌"华为云"，提供了全面的云计算产品和服务，包括弹性云服务器、对象存储、数据库、CDN 加速、人工智能、区块链等。2024 年 6 月，华为云发布盘古大模型 5.0，提供盘古自然语言大模型、多模态大模型、视觉大模型、预测大模型、科学计算大模型等。目前华为云已经在全球 29 个地区建立了 83 个可用区，拥有超过 300 万个企业级客户和合作伙伴。

(5) 百度云。百度智能云是百度公司于 2015 年正式对外开放运营的云计算服务，为企业和开发者提供人工智能、大数据和云计算服务，目前已经成为国内重要的云计算服务提供商之一。百度智能云依托百度公司在深度学习、自然语言处理、语音技术和视觉技术等核心 AI 技术领域的技术积累，服务政府机构、金融、教育、医疗、制造等各个行业。

### 1.1.3　云计算的特点及优势

**1. 云计算的特点**

(1) 依赖互联网。云计算是一种高度依赖互联网的计算模式，业务数据集中在云数据中心，通过互联网向用户提供服务，用户通常只需要一台能够接入互联网的设备，即可访问各种云计算服务。

(2) 弹性分配资源。在虚拟化技术的支持下，云计算的资源可以根据用户需求进行弹性分配，非常灵活、方便。

(3) 按需付费。云计算构成了一个庞大的资源池，用户可以根据实际需求按需购买，收费方式可以像自来水、电和煤气那样按"量"计费。

**2. 云计算的优势**

(1) 降低企业运营成本。云计算可以让所有资源得到充分利用，其中包括价格昂贵的服务器以及各种存储和网络设备。通过将企业应用上"云"，可以有效降低企业的运营成本。

(2) 高可靠性。云计算系统通过将大量商用计算机组成集群来向用户提供数据处理服务，"云"使用了数据多副本容错、计算节点同构可互换等措施来保障服务的高可靠性，因此使用云计算比使用本地计算机更加可靠。

(3) 简化维护。云计算可以快速在共享的基础设施上进行修补和升级，从而简化了整个维护工作。

(4) 可扩展性。现在大部分的软件和硬件都对虚拟化有一定的支持，各种 IT 资源，包括软件和硬件，都可以被虚拟化并放置在云计算平台中进行统一管理，同时还能根据用户的需求灵活地进行扩展。

(5) 安全性。云服务提供商拥有专业的安全技术团队，能够为云数据中心中的硬件和软件系统提供较好的安全保障。

3. 云计算的服务模式

云计算提供三种服务模式：基础设施即服务(Infrastructure as a Service, IaaS)、平台即服务(Platform as a Service, PaaS)和软件即服务(Software as a Service, SaaS)，这些服务模式如图 1-1 所示。

图 1-1　云计算的三种服务模式

(1) IaaS 服务。IaaS 使得用户可以在云平台上租用计算、存储、网络等硬件资源，快速、经济地按需搭建起基础设施平台。云服务提供商根据用户的需求，向用户分配计算、存储和网络资源，用户得到的是一台虚拟机。用户可以根据自己的业务需求，在虚拟机上安装自己的操作系统、运行环境和业务软件。主流的云服务提供商都会提供 IaaS 服务，例如阿里云的 ECS(Elastic Compute Service)。

(2) PaaS 服务。PaaS 服务在 IaaS 服务的基础上，进一步提供软件开发和部署环境，使用户通过互联网快速、高效地协作完成软件开发任务，从而降低软件开发成本。例如阿里云的 EDAS(Enterprise Distributed Application Service)就是一款 PaaS 服务产品。

(3) SaaS 服务。SaaS 服务在 PaaS 服务的基础上更进一步，由 SaaS 服务提供商根据用户需求，完成业务软件的开发和部署。用户只需支付服务费，就可以使用这些定制的软件服务。与传统的软件交付到桌面的模式不同，用户可以通过互联网在云端直接使用软件，这样降低了对用户终端的要求，同时增强了软件运行的普适性，无论用户身处何时何地，使用何种设备，都能快速地使用最新版本的应用程序。最早提供 SaaS 服务的是 Salesforce 公司。该公司为用户提供基于 SaaS 架构的客户资源管理(Customer Resource Management, CRM)软件。在 SaaS 服务出现之前，企业部署 CRM 软件的成本高昂。企业不仅需要自建机房、购买服务器、存储和网络设备，还需购买软件系统并聘用专职的运维工程师，总体运维成本居高不下。SaaS 服务出现之后，企业只需向 SaaS 服务提供商支付一定的服务费，就可以使用该软件，而且无须担心任何运维工作，企业成本得以降低。Salesforce 的成功就是一个典型例子，它促使越来越多的软件公司改变了销售模式，从传统的提供单机版软件转变为提供基于互联网的 SaaS 服务。

在云服务出现之前，从底层的网络、存储、服务器到上层的应用软件，都需要用户自己搭建和维护。云计算的出现，为用户提供了新的选择。在 IaaS 服务中，云服务提供商负责底层的网络、存储、服务器以及虚拟化管理软件的部署和维护，而虚拟机之上的操作系统、中间件、运行环境以及应用软件则由用户负责部署和维护；在 PaaS 服务中，操作系统和中间件也由服务提供商负责部署和维护，用户则只需负责运行环境和应用软件的部署和维护；在 SaaS 服务中，服务提供商连运行环境和应用系统的部署与维护也都一并负责，用户只需要使用应用系统就可以了，无须承担任何的部署和维护工作。

### 1.1.4　云计算发展对数据中心提出的要求

云计算模式是随着处理器技术、虚拟化技术、分布式存储技术、宽带互联网技术和自动化管理技术的发展而产生的。自从云计算被提出以来，其虚拟化、按需服务、易扩展等优点，使得云架构数据中心成为主流发展趋势。基于分布式的大规模集群和虚拟化平台，数据中心能够提供超大规模的计算能力。云计算的产生和发展对数据中心提出了更高的要求，主要包含以下方面。

(1) 网络架构。传统数据中心网络多采用三层结构，所需网络设备多，平均时延高，且管理复杂。除此之外，随着存储网络和数据网络的融合，存储流量对时延要求更为严格，三层结构带来的高时延问题往往成为业务性能提升的瓶颈。

(2) 融合性。数据网络与存储网络的分离现状阻碍数据中心的发展，如何实现网络的有效融合，对数据中心的发展至关重要。

(3) 云计算下业务高带宽需求。数据中心将处理视频、数据挖掘、高性能计算等高带宽业务，突发流量现象较多，因而要求网络必须保证数据能够高速率传输。

(4) 虚拟化。为了解决当前数据中心设备利用率低的问题，需要采用各种虚拟化技术，从而提高设备利用率。

(5) 高可用性。随着数据中心规模的扩大，如何保证在链路、设备或网络出现故障及人为操作失误时保证服务不中断，已成为日益受到关注的问题；此外，在进行网络扩展或升级时，需确保网络能够正常运行，且对网络性能的影响尽可能小。

(6) 安全性。数据中心的业务具有高开放性、多业务并存以及不确定的访问来源等特点，因此数据中心往往面临着较多的安全威胁。如何提高数据中心安全性是一个迫切要解决的问题。

(7) 低能耗。构建及运营数据中心所需的能耗过大，尽快构建绿色节能、高效运行的数据中心势在必行。

## 1.1.5 云原生

云原生(Cloud Native)是云计算领域近年来的一个重要概念。2013 年，Pivotal 公司的 Matt Stine 首次提出云原生的概念。2015 年，云原生计算基金会(CNCF)成立。该机构的主要作用是推动云原生的发展，帮助云原生开发人员进行产品开发。

符合云原生架构的应用程序具有以下特点：采用开源技术进行容器化，基于微服务架构以提高灵活性和可维护性，借助敏捷方法和 DevOps 支持持续迭代和运维自动化，利用云平台设施实现弹性伸缩、动态调度，从而优化资源利用率。

云原生主要包含 DevOps、持续交付、微服务和容器化 4 个技术要点。

(1) DevOps：DevOps 是 Development 和 Operations 的组合词，是一组过程、方法与系统的统称，用于促进开发、技术运营和质量保障部门之间的沟通、协作与整合。通过自动化软件交付和架构变更的流程，DevOps 使得构建、测试、发布软件更加快捷、频繁和可靠。它的出现缘于互联网软件的开发和迭代速度特别快，原有的开发模式难以适应，而通过 DevOps，开发与运维团队可以紧密合作，实现产品的快速迭代与系统的稳定运维。

(2) 持续交付。持续交付指的是在互联网应用软件的开发过程中，持续进行新版本的开发和迭代，在不停机的情况下进行新版本的更新，在软件开发流程上不使用传统的瀑布式开发模型，实现开发版本和运行版本并存。

(3) 微服务。微服务架构是将复杂的业务系统进行细粒度的服务化拆分，每个拆分出来的服务各自独立打包部署，并交由小团队进行开发和运维，从而提高了整个业务系统的开发效率。

(4) 容器化。采用 Docker 技术，将应用在容器中进行部署；然后使用 Kubernetes 等容器管理工具，对容器进行管理。

云原生技术的基础是云计算技术，采用云原生技术进行业务系统开发，具有提高开发效率、降低企业成本和提高软件可用性等优点，因此云原生技术在近年来得到了广泛采用。

# 1.2 虚拟化概述

## 1.2.1 虚拟化概念

虚拟化(virtualization)是一种资源管理技术，是将计算机的各种实体资源(如服务器、网络、内存及存储等)汇集为一个资源池，然后根据用户的需求进行资源的动态分配，从而提高硬件资源的利用率。因此，虚拟化技术的核心就是"池化+再分配"。

虚拟化使用软件的方法来重新定义和划分计算机资源，可以实现资源的动态分配、灵活调度、跨域共享，使这些计算机资源能够真正成为基础设施，服务于各行各业中灵活多变的应用需求。

根据虚拟化资源的不同，可以将虚拟化技术分为计算虚拟化、网络虚拟化、存储虚拟化等不同的技术。计算虚拟化技术与多任务及超线程技术是不同的。计算虚拟化技术是指在一套硬件平台上，运行不同的、支持多任务的操作系统，每一个操作系统都运行在虚拟的 CPU 或虚拟主机上；多任务是指在一个操作系统中多个应用程序同时并行运行；而超线程技术是指单 CPU 模拟双 CPU 来平衡程序运行性能，这两个模拟出来的 CPU 是不能分离的，只能协同工作。

### 1.2.2 虚拟化技术的发展历史

虚拟化技术的概念始于 20 世纪 50 年代，1959 年 6 月，牛津大学的计算机教授 Christopher Strachey 在国际信息处理大会(International Conference on Information Processing)上发表了一篇名为《大型高速计算机中的时间共享》(*Time Sharing in Large Fast Computer*)的学术报告，他在文中首次提出了"虚拟化"的基本概念；他还同时提出了多道程序(Multi-Processing)的概念，多道程序能够解决应用程序因等待外部设备而导致处理器空转的问题。

1961 年，由麻省理工学院 Fernando Corbato 教授带领团队开始研发兼容性分时系统(Compatible Time Sharing System, CTSS)项目，分时系统是硬件虚拟化的基础，CTSS 为后来 IBM 公司的分时共享系统(Time Sharing System, TSS)打下了基础。

1965 年 IBM 公司推出的 IBM 7044 计算机，是最早使用虚拟化技术的计算机，标志着虚拟化技术在商业领域的实现。IBM 7044 实现了多个具有突破性的虚拟化概念，包括部分硬件共享(Partial Hardware Sharing)、时间共享(Time Sharing)、内存分页(Memory Paging)，它还实现了虚拟内存管理(Virtual Memory Management)。通过这些虚拟化技术，应用程序可以运行在这些虚拟的内存之中，实现了在同一台主机上模拟出多个 7044 系统。IBM 随后又开发了 Model67 的 System/360 主机，Model67 主机通过虚拟机监视器虚拟所有的硬件接口，来模仿多台不同型号的计算机，让用户能充分地利用昂贵的大型机资源。在随后的几十年里，该技术主要应用在大型机上。

20 世纪 70 年代至 80 年代，个人电脑得到了迅速普及，基于个人电脑的虚拟化技术也开始出现。1999 年，VMware 公司推出了针对 X86 平台的虚拟化软件 VMware Workstation，它可以在一台个人电脑上运行多个虚拟机，每个虚拟机上可以安装不同的操作系统。

2001 年，VMware 发布 ESX 和 GSX，逐渐形成了计算虚拟化管理软件 vSphere。

2007 年，Linux Kernel 2.6.20 加入了虚拟化内核模块 KVM(Kernel-based Virtual Machine)，代表着全球最广泛使用的开源操作系统开始支持虚拟化技术。

2008 年，微软发布了虚拟化管理软件 Hyper-V。

随着云计算的出现和发展，虚拟化技术作为云计算的核心技术，得到了快速的发展，并迅速应用于各个行业领域，一个趋于完整的虚拟化产业生态系统正在逐步形成。当前，虚拟化技术已经深入人心，大家对虚拟化带来的诸多好处不再怀疑。虚拟化技术可以使高性能计算机充分发挥它闲置资源的能力，以达到即使不购买硬件也能提高服务器利用率的目的；其次，虚拟化技术逐渐在企业管理与业务运营中发挥至关重要的作用，不仅能够实现服务器与数据中心的快速部署与迁移，还能体现出其透明行为管理的特点，让企业管理起来更加方便、快捷。

## 1.2.3 虚拟化技术的分类

虚拟化技术经过几十年的发展，已经成为一个庞大的技术家族，其技术形式种类繁多，并且已经从最初的主机虚拟化发展到了今天的计算虚拟化、桌面虚拟化、网络虚拟化、存储虚拟化、应用虚拟化等多个方面，每种虚拟化形式都有其对应的方案和技术。

### 1. 计算虚拟化

计算虚拟化也被称为服务器虚拟化，即把一台物理服务器虚拟成若干个虚拟服务器(简称虚拟机)使用。虚拟机并不是一台真正的机器，但从功能上来看，它就是一台相对独立的服务器，拥有支撑其正常运行的 CPU、内存、存储、网络接口等。通过将一台物理服务器资源分配到多个虚拟机，同一物理平台能够同时运行多个相同或不同类型的操作系统虚拟机，作为不同业务和应用的支撑。在一台物理服务器上部署多个虚拟机不仅能够提高物理服务器的运行效率，减少管理和维护费用，而且便于扩展。当应用需求增加时，可迅速创建更多虚拟机，用于部署新应用，从而降低硬件成本。

计算虚拟化通过虚拟化管理程序 Hypervisor 或 VMM(Virtual Machine Monitor)将物理服务器的硬件资源与上层应用进行解耦，形成统一的计算资源池，然后这些资源可弹性地分配给逻辑上隔离的虚拟机共享使用。基于 VMM 所在位置与虚拟化范围的不同，可以将计算虚拟化分为宿主型和裸金属型两种类型。裸金属型的特点是 VMM 直接运行在物理硬件上，VMM 上可以生成多个虚拟机，每个虚拟机可以安装操作系统、运行环境和业务软件。由于 VMM 可直接管理和操作底层硬件，运行效率和性能较好，因此它是当前主流的计算虚拟化类型。主要的产品有 KVM、Xen、VMware vSphere、Microsoft Hyper-V 等。宿主型的特点是在物理硬件之上先安装操作系统，VMM 运行在宿主机的操作系统之上，在 VMM 之上生成虚拟机，再安装虚拟机的操作系统。由于宿主型虚拟化对硬件的管理与操作需要经过宿主机的操作系统，这导致系统运行开销较大，效率与灵活性较低。主要的产品有 VMware Workstation 等。

### 2. 桌面虚拟化

桌面虚拟化是指将计算机的终端桌面系统进行虚拟化，通过技术手段在中央服务器上虚拟出大量的虚拟桌面，提供给终端用户使用，用户可以通过任何设备，在任何时间、任何地点，通过网络访问并使用个人的虚拟桌面系统。桌面虚拟化依赖服务器虚拟化技术，在数据中心的服务器上面虚拟出大量独立的桌面系统，根据专用的协议发送给终端设备，从而实现单机多用户。

桌面虚拟化的实现通常使用以下虚拟化技术。

(1) 虚拟桌面基础设施(Virtual Desktop Infrastructure, VDI)。在 VDI 部署模式中，操作系统运行在数据中心服务器托管的虚拟机上。桌面映像通过网络传输到最终用户的设备，最终用户可以在其设备上与桌面(以及底层应用程序和操作系统)进行交互，就如同它们位于本地一样。VDI 为每个用户提供了运行各自操作系统的专用虚拟机。

(2) 远程桌面服务(Remote Desktop Services, RDS)。在 RDS 部署模式中，用户通过 Microsoft Windows Server 操作系统远程访问桌面和 Windows 应用程序。应用程序和桌面映像通过 Microsoft 远程桌面协议(Remote Desktop Protocol, RDP)来提供，该产品以前称为 Microsoft

Terminal Services。RDS 与 VDI 的主要区别：在 VDI 中，每一位用户都有一台虚拟机运行在数据中心服务器上，每位用户可以根据自己的需求安装不同的操作系统和应用软件，VDI 通过特殊的协议将桌面图像传输到客户机上进行显示；而在 RDS 中，服务器端只运行一个操作系统实例，该操作系统必须支持多用户，每一台服务器可以同时支持多个客户机与其相连接，从而实现虚拟桌面。这些客户机只能共享服务器所运行的操作系统，服务器上并不需要运行虚拟机。

(3) 桌面即服务(Desktop as a Service, DaaS)。在 DaaS 模式下，由第三方公司为用户提供桌面云服务。DaaS 易于扩展，比本地部署解决方案更灵活。DaaS 具有云计算的众多优势，包括支持弹性资源分配、按需付费以及可以从任何联网设备访问应用程序和数据的能力。DaaS 的主要缺点在于其功能和配置可能无法完全按用户的具体需求进行定制。

3. 网络虚拟化

网络虚拟化是一个复杂的问题，因为网络本身就包含多个组成部分，如网卡、链路、网络设备等。因此，网络虚拟化涉及的技术也比较多，可以划分为以下几类。

(1) 网卡虚拟化。由于计算虚拟化的出现和普及，一台服务器之上可以运行多台虚拟机，而物理网卡只有一个，如何使网卡能够支持多台虚拟机的通信呢？这就涉及网卡虚拟化技术，网卡虚拟化技术包含硬件实现和软件实现两种方式。

(2) 网络链路虚拟化。网络链路的虚拟化包含一虚多和多虚一两种技术，一虚多是将一条物理链路虚拟为多条虚拟链路，满足不同用户的通信需求；而多虚一技术是将多条物理链路聚合为一条带宽更高的虚拟链路。

(3) 网络设备虚拟化。目前，在数据中心网络核心层，以及企业网核心层，都采用了三层交换机。网络设备的虚拟化，也包含了一虚多和多虚一这两种不同的技术。一虚多是将一台物理交换机虚拟为多台虚拟交换机，以满足企业级用户的需求；多虚一是将多台物理交换机设备虚拟为一台更大的虚拟交换机。

(4) 整网虚拟化。整网虚拟化指的是从整个网络的视角来进行虚拟化，主要包含虚拟专用网技术(Virtual Private Network, VPN)和虚拟局域网技术(Virtual Local Area Network, VLAN)。VPN 技术通过在互联网中建立虚拟加密通道，实现物理上分散的多个局域网之间的互联和安全通信。VLAN 技术可以在园区网或者数据中心网络内部划分多个虚拟局域网，实现虚拟局域网之间的物理隔离，从而提供更好的安全保障。随着数据中心和云计算的发展，为了实现不同数据中心之间的虚拟机迁移，出现了 VxLAN 等新技术。

4. 存储虚拟化

存储虚拟化是将实际的物理存储实体与存储的逻辑表示分离开，通过建立一个虚拟抽象层，将多种或多个物理存储设备映射到一个单一逻辑资源池中。这个虚拟层向用户提供了一个统一的接口，向下隐藏了存储的物理实现。从专业的角度来看，虚拟存储是介于物理存储设备和用户之间的一个中间层。这个中间层屏蔽了具体物理存储设备(磁盘、磁带)的物理特性，呈现给用户的是逻辑设备。用户对逻辑设备的管理和使用是经过虚拟存储层进行映射的，实际上是对具体物理设备进行管理和使用。从用户的角度来看，用户所看到的是存储空间，而不是具体的物理存储设备，用户所管理的存储空间也不是具体的物理存储设备。用户可随意使用存储空间而不用关注物理存储硬件(磁盘、磁带)，即不必关心底层物理设备的容量、类型和特性等，而只需要把注意力集中在其存储容量及安全模式的需求上。虚拟存储技术的使用有助于更充分地发挥现有存储硬件的能力、提高存储效率以及提高安全性。

存储虚拟化主要有以下实现方式。

(1) 基于主机的虚拟化，即在应用服务器上安装相应的逻辑卷管理软件实现对存储的整合与调配，例如 Symantec 的 StorageFoundation。

(2) 基于存储设备的虚拟化，即将管理存储的任务交给存储控制器，如 EMC、HP、IBM 这些大型存储设备厂商都有相对应产品。

(3) 基于网络的虚拟化，即加入管理 SAN 的软硬件来整合异构的存储平台，代表性产品是 IBM 的 SVC。

#### 5. 应用虚拟化

应用虚拟化是将应用程序与操作系统解耦合，为应用程序提供了一个虚拟的运行环境。该环境包含了应用程序的可执行文件及其所需的运行时环境。从本质上说，应用虚拟化是把应用对底层的操作系统和硬件的依赖抽象出来，可以解决操作系统不兼容的问题。

在应用虚拟化中，需要增加一个虚拟化层，来取代通常由操作系统提供的部分运行时环境。该层负责拦截虚拟化应用程序的所有磁盘操作，并将它们透明地重定向到某个虚拟化文件，使得应用程序访问的是虚拟资源而非实际的物理资源。应用虚拟化技术增强了应用程序的可移植性和兼容性。需要注意的是，并非所有的软件都适合应用虚拟化。常见的应用虚拟化产品有 Citrix XenApp、VMware ThinApp 和 Cameyo 等。

### 1.2.4 虚拟化技术在云计算中的应用

云计算离不开虚拟化技术，目前虚拟化技术在云计算中的应用范围越来越广，例如计算虚拟化技术、网络虚拟化技术、存储虚拟化技术、应用虚拟化技术等给用户带来了一种全新的体验，也解决了之前网络服务器运行当中的一些弊端。计算虚拟化技术可以将单台服务器虚拟成多台虚拟机来给用户提供服务；网络虚拟化技术可以根据用户的需求，将各种网络资源进行动态地分配；存储虚拟化技术可以将逻辑存储单元整合到广域网范围内，提高硬件的利用率；应用虚拟化技术可以把运行中实际的硬件和软件环境虚拟化，方便用户和管理员的使用。虚拟化技术在云计算中具有广阔的应用前景。

## 1.3 数据中心概述

### 1.3.1 数据中心的概念

数据中心(data center)是指用来实现信息的集中处理、存储、传输、交换及管理的物理空间。

数据中心包含一整套复杂的设施，不仅包括计算机系统，如服务器、网络、存储等关键设备，还包含冗余的数据通信连接、环境控制设备、监控设备以及各种安全装置，如图1-2所示。

图1-2 数据中心实景图

随着数据中心的发展，尤其是云计算技术的出现，数据中心已经不只是一个简单的服务器托管、维护的统一场所，它已经衍变成一个集大数据量运算和存储于一体的高性能计算中心。新一代数据中心基于云计算架构，计算、存储及网络资源松耦合，具有高度的虚拟化、模块化、自动化和绿色节能特性。

### 1.3.2 数据中心的发展现状

数据中心在20世纪60年代开始建立，在21世纪得到了快速发展。数据中心是信息系统的核心，其主要功能是通过网络向用户提供信息服务。数据中心的演变经历了四个阶段。

(1) 数据存储中心阶段。数据中心最早出现在20世纪60年代，采用的是以主机为核心的计算方式，一台大型主机就是数据中心，如IBM360系列计算机，其主要业务是数据的集中存储和管理。

(2) 数据处理中心阶段。20世纪70年代以后，随着计算需求的不断增长、计算机价格的下降以及广域网和局域网的普及与应用，数据中心的规模不断增大，数据中心开始承担核心的计算任务。

(3) 信息中心阶段。20世纪90年代，互联网的迅速发展使网络应用多样化，客户端/服务器的计算模式得到广泛应用。数据中心具备了核心计算和核心业务运营支撑功能。

(4) 云数据中心阶段。进入21世纪，数据中心规模进一步扩大，服务器数量迅速增长。虚拟化技术的成熟应用和云计算技术的迅速发展使数据中心进入了新的发展阶段。数据中心具备核心运营支持、信息资源服务、核心计算、数据存储和备份等功能。

我国数据中心的建设始于20世纪80年代。1982年颁布了GB2887-1982《计算站场地技术要求》，统一了机房建设的各项指标，使数据中心机房建设从此有了统一的标准。机房专用空调、UPS等保障设备的引进，以及监控设备、消防报警及灭火设备在机房中的使用，从硬件上为数据中心建设提供了物理基础设施保障。随着网络技术的飞速发展，大量数据的传输成为可能，我国也开始建设大规模的数据中心机房，集中对数据进行处理和存储，以提高稳定性和有效降低运行及维护成本。

进入 21 世纪以来，随着虚拟化和云计算技术的飞速发展，数据中心也衍变成一个集大数据量运算和存储于一体的新型数据中心。2007 年，全球首个虚拟化数据中心——Sun 公司的黑盒子面世，该数据中心可以容纳 200 多台 Sun 服务器。IBM 建立了便携式模块化数据中心 PMDC，推出了蓝云计算平台，为客户提供即买即用的云计算服务。该平台集成了一系列虚拟化软件，使得全球用户都可以访问云计算的大型服务器资源池。惠普公司推出了性能优化的数据中心 POD。

近年来，我国数据中心在机架规模、市场规模、用电规模等方面均保持高速增长。在机架规模方面，截至 2023 年 8 月，我国在用数据中心机架总规模超过 760 万架，大型及超大型数据中心占比 75%以上。未来，"东数西算"工程将进入全面建设期，我国数据中心布局或将得到进一步优化。除了地域布局上的东西部协同外，为应对不断涌现的应用场景需求，不同类型数据中心也协同发展。我国数据中心产业正在由通用数据中心占主导，演变为多类型数据中心共同发展的新局面，数据中心间协同、云边协同的体系将不断完善。以应用为驱动，多种类型的数据中心协同一体，共同提供算力服务的模式，将成为我国数据中心算力的重要供给形态，支撑我国数字经济的发展。

### 1.3.3 数据中心的功能特点

传统数据中心中，计算、存储及网络资源是紧耦合的，每当有客户需求时，都需要每一个项目单独建设一套系统，若要扩展，则需对系统进行重新设计，非常烦琐。新一代数据中心的所有计算、存储及网络资源都是松耦合的，可以根据数据中心内各种资源的消耗比例来适当增加或减少某种资源的配置，这使得数据中心的管理更加灵活，能够优化资源配置，并快速响应客户的配置需求。相对于传统数据中心，新一代数据中心的功能特点主要集中在以下方面。

(1) 标准化。新一代数据中心基于国际标准，对服务器、存储设备、网络等基本组成部分采用标准化的组件设计，可以实现数据中心的快速部署，例如近些年兴起的集装箱式数据中心只需几周时间就可以快速构建起来。

(2) 模块化。新一代数据中心需要满足动态的需求，因此必须具备一定的伸缩性。为了使数据中心拥有更好的适应性与可扩展性，应按标准进行模块化配置设计，以使这种配置更易于针对数据中心的服务需求量身定制。基于标准的模块化系统能够简化数据中心的环境，加强对成本的控制，进而实现使用一套可扩展、灵活的 IT 系统和服务来构建更具适应性的基础设施环境，从而提高数据中心工作效率，降低复杂性和风险。

(3) 扩展性。新一代数据中心要满足不断增加的各种用户需求，这就要求中心能够根据业务应用需求和服务质量来动态配置、定购和供应虚拟资源，以实现快速动态扩展。首先，物理结构必须是可扩展的，理想的结构应支持十万甚至百万台服务器的低成本扩展，每个节点的链路数不宜过多或者不依赖高端交换机。其次，物理结构必须支持增量扩展，当增加新的服务器时，不会影响已有服务器的运行。再次，通信协议设计必须是可扩展的，例如路由协议，可以满足大规模的路由交换。

(4) 虚拟化。虚拟化是新一代数据中心中使用最为广泛的技术，也是与传统数据中心的最大差异。在新一代数据中心中，广泛采用虚拟化技术将物理资源集中在一起形成一个共享虚拟资源池，从而更加灵活和低成本地使用资源。通过服务器虚拟化、存储虚拟化、网络虚拟化等解决方案，不仅可以减少服务器数量，还可以优化资源利用率。

(5) 高密度。新一代的数据中心采用的是一种集中化的部署方式，但是当前数据中心机房普遍存在空间有限的问题，这就要求在有限空间内支持高负载、高密度的处理设备。刀片式服务器等高密度设备是新一代数据中心的必然选择。

(6) 容错性。在当前的数据中心中，发生故障是非常普遍的。由于硬件、软件和能源等因素造成各种各样的服务器、链路、交换机和机架故障的情况时有发生，当网络规模足够大时，单独的服务器和链路出现故障的次数甚至更多，因此新型数据中心必须具备足够的物理冗余和良好的容错性，保证故障发生时不影响整个数据中心的正常运行。

(7) 通信性能。部署在数据中心的许多应用在服务器间的流量远大于与外部客户交互的流量，如网页检索、分布式文件系统、科学计算等。因此良好的服务器间通信性能是保障服务 QoS 的基础。

(8) 位置无关的地址结构。需要采用与物理位置无关的地址结构来解决数据中心对服务器地址的限制问题，这样数据中心的任意服务器都可以成为任意资源池的一部分，既保证了服务的可扩展性又可以提高资源利用率，简化管理配置。

(9) 集中化管理。新一代数据中心采用 7×24 小时无人值守的远程管理模式，实现设备到应用端到端的统一集中管理。通过建立高度可信赖的计算平台和网络安全威胁防范体系，建设数据复制与备份、容灾中心等，确保数据中心稳定、安全、持续地运行。

(10) 节省空间和能耗。新一代数据中心使用大量节能服务器、存储和网络设备，并通过先进的供电系统和散热技术，实现供电、散热和计算资源的无缝集成和管理，从而提高数据中心空间利用率，解决数据中心的能耗大和空间不足的问题。

## 1.3.4 数据中心的发展趋势

虽然近年来数据中心的建设和运维技术取得了很大进展，但是仍然面临着一些新的问题和挑战。

### 1. 物理基础设施方面

数据中心运行所需要的环境因素，如供电系统、制冷系统、机柜系统、监控系统等通常被认为是关键物理基础设施。随着数据中心规模的不断扩大，物理基础设施的发展也面临着挑战：

(1) 数据中心供配电由备用供电系统向不停电供电系统发展。UPS 供配电系统的标准化、模块化设计将被广泛采用，以降低 MTTR(平均修复时间)，提高可用性、扩展性，并降低生产和运营成本。

(2) 数据中心制冷系统由机房作为制冷系统的模式向机柜或机柜群作为制冷系统的模式变化。传统的制冷模式使得机房内气候出现明显而剧烈的局部差异性，真正的数据中心工作环境应着眼于机柜甚至着眼于机柜 U 空间的"微环境",真正做到机房温度均衡。

(3) 数据中心在机房监控管理方面向着集中化方向发展,基于 IP、Internet、IPMI(智能平台管理接口)的能够管理不同平台的远程集中管理模式逐渐被采用。机房设备的监控管理向网络化、标准化发展,机房设备监控系统的控制功能不再局限于设备开关机和对参数的设置,还可以针对机房环境、IT 微环境进行自动控制。随着无线移动通信技术的发展,移动智能终端等将成为管理员最"顺手"的管理终端。

### 2. 节能减排方面

近年来,随着云计算技术的快速发展,数据中心也大规模涌现,然而它们却成为节能减排的"众矢之的"。2015 年 3 月,工信部发布的《国家绿色数据中心试点工作方案》披露:我国数据中心发展迅猛,总量已超过 40 万个,年耗电量超过全社会用电量的 1.5%,其中大多数数据中心的电能使用效率(Power Usage Effectiveness, PUE)仍普遍大于 2.2,与国际先进水平相比有较大差距,节能潜力巨大。同时,数据中心产生大量的温室气体排放,消耗大量的水资源,其设备废弃后造成较大污染,给资源和环境带来巨大挑战。节能减排是当今 IT 领域的一大主题,越来越庞大的数据中心与绿色环保成为一对矛盾体,中国的服务器耗电量每年增长 30%。因此,对于数据中心来说,节能减排是一个紧迫且严峻的问题,建设更高效、更绿色的数据中心是一项新的挑战。

面对诸多挑战,数据中心的未来发展方向是绿色数据中心。所谓"绿色数据中心",是指通过采用自动化、资源整合与管理、虚拟化、安全以及能源管理等新技术,来应对目前数据中心普遍存在的成本快速增加、资源管理日益复杂、能源大量消耗的严峻挑战。具体包括以下几方面。

(1) 智能机房概念的引入使数据中心建设上了一个新台阶。机房的动力、环境设备,如配电、不间断电源、空调、消防、监控、防盗报警等子系统,必须时刻保障系统能正常运行。在数据中心建设中,引入智能机房集成管理系统,利用先进的计算机技术、控制技术和通信技术,将整个机房的各种动力、环境设备子系统集成到一个统一的监控和管理平台上。通过一个统一的简单易用的图形用户界面,工作人员可以随时随地监控机房的任何一个设备,获取所需的实时和历史信息,进行高效的资源管理。

(2) 不断上涨的能源成本和不断增长的计算需求,使得数据中心的能耗问题引发越来越多的关注。从长远来看,绿色数据中心是数据中心发展的必然趋势,它要求数据中心的 IT 系统、电源、制冷、基础建设等能实现最大化的能效和最小化的环境影响。2021 年 7 月,工业和信息化部印发的《新型数据中心发展三年行动计划(2021—2023 年)》提出明确要求,到 2021 年底,新建大型及以上数据中心 PUE 降低到 1.35 以下;到 2023 年底,新建大型及以上数据中心 PUE 降低到 1.3 以下,严寒和寒冷地区力争降低到 1.25 以下。

(3) 新一代数据中心将会更加广泛地采用虚拟化技术,加强对容器、云原生和边缘计算的支持。虚拟化技术下一步的发展重点包括:更为高效的资源利用;更强的可扩展性;更高的安全性。

## 1.4 习题

1. 云计算的主要特点是什么？
2. 请简述 IaaS、PaaS 和 SaaS 的主要特点。
3. 什么是云原生？云原生包含哪些主要技术？
4. 虚拟化技术分为哪几类？每一类的主要特点是什么？
5. 数据中心有哪些发展趋势？

# 第2章 基础环境建设

基础环境建设是数据中心建设的重要环节，主要涉及建筑、机电、空调、布线、消防、安防以及智能化管理等一系列基础设施系统。这些基础设施系统是数据中心中所有计算机软、硬件系统的物理载体和基础支撑，其设计和实施的高可靠性是数据中心稳定运行的前提。

本章将围绕数据中心基础设施的建设思路和相关技术，依次介绍数据中心的选址规划、空间布局、综合布线、供配电系统、空调系统、防护处理及监控系统，最后介绍近年来较为流行的模块化机房。

## 2.1 基础环境规划

数据中心基础环境规划是数据中心建设的首要问题,规划的科学性、合理性直接影响到后期数据中心运营的可用性、稳定性、安全性、成本、效率以及用户体验等方面。

### 2.1.1 数据中心选址

数据中心的建设首先要考虑选址问题。数据中心选址涉及众多因素,主要包括需求、电力、通信、交通、水源、环境、节能和安全等因素。

**1. 数据中心选址标注**

《数据中心设计规范》(GB50174-2017)针对数据中心的选址,给出了以下标准:

(1) 电力供给应充足可靠,通信应快速畅通,交通应便捷。
(2) 采用水蒸发冷却方式制冷的数据中心,水源应充足。
(3) 自然环境应清洁,环境温度应有利于节约能源。
(4) 应远离产生粉尘、油烟、有害气体以及生产或贮存具有腐蚀性、易燃、易爆物品的场所。
(5) 应远离水灾、地震等自然灾害隐患区域。
(6) 应远离强振源和强噪声源。
(7) 应避开强电磁场干扰。
(8) A级数据中心不宜建在公共停车库的正上方。
(9) 大中型数据中心不宜建在住宅小区和商业区内。

设置在建筑物内局部区域的数据中心,在确定主机房的位置时,应对安全、设备运输、管线敷设、雷电感应、结构载荷、水患及空调室外设备的安装位置等问题进行综合分析和经济比较。互为备份的数据中心之间直线距离不宜小于30km,且不宜由同一个220(或110)kV变电站供电。

**2. 数据中心选址要考虑的社会因素**

数据中心选址应该考虑以下社会因素:

(1) 城市基础设施。城市基础设施是数据中心选址的重要考量因素,数据中心所在地的城市能源供电、通信条件、交通状况和生活配套设施对数据中心的安全运行有重要影响。
(2) 人力资源。数据中心的运营离不开人力资源的保障,为确保数据中心的长远发展,数据中心所在地必须具备良好的人力资源基础,并能对人才产生足够的吸引力。
(3) 投资成本。数据中心建筑必须充分考虑投资成本与回报,需要关注固定资产和人力资源两方面投入。固定资产包括地皮、建筑物和环境建设等;人力资源需要考虑所在地收入水平。
(4) 地域稳定程度。主要考虑数据中心有可能面临的地域风险,数据中心必须远离地震、洪水、火山爆发、环境污染等多发地带，以及避免恐怖袭击和瘟疫的影响。同时，数据中心应避免位于环境复杂地区，如兵工厂、火药库、易爆炸的工厂、核电厂及军事基地附近，以及建筑物的较高楼层等。

### 2.1.2 数据中心分级及技术指标

数据中心基础设施是为确保数据中心的关键设备和装置能安全、稳定和可靠运行而设计、配置的基础工程。目前国内外有多个行业标准为数据中心的分级做了规定。《数据中心设计规范》(GB50174-2017)将数据中心分为 A、B、C 三级。

系统运行中断将造成重大经济损失或公共场所秩序严重混乱的数据中心为 A 级(容错型)。A 级数据中心的关键基础设备按容错系统配置，有多路回路承担信息系统。供电方式采用不间断电源系统和市电电源系统相结合的方式，确保供电系统能满足设备不间断运行的要求。由于系统中消除了单点故障点，因此意外事故、操作失误和维护工作等都不会导致数据中心信息系统运行中断，该类型主要用于大型数据中心的规划设计。

系统运行中断将造成较大的经济损失或公共场所秩序混乱的数据中心为 B 级(冗余型)。B 级数据中心的基础设施应按冗余要求配置，在电子信息系统运行期间，基础设施在冗余能力范围内，不得因设备故障而导致电子信息系统运行中断。该型主要用于中、小型数据中心的规划设计。

不属于 A 级或 B 级的数据中心为 C 级(基本型)。C 级数据中心的基础设施应按基本需求配置，在基础设施正常运行情况下，应保证电子信息系统运行不中断。该型设计最为简单，主要用于小型数据中心的规划设计。

互为备份的数据中心，其主、备机房的等级设定应一致。主机房内部可划分为几个不同等级的区域，并按不同的标准进行设计。数据中心根据不同的级别设定，在基础环境建设过程中，对机房设备、部件的冗余性、可用性及可靠性等方面的要求不同，主要技术指标如表 2-1 所示。

表2-1 数据中心主机房的技术指标

| 指标 | A级(容错型) | B级(冗余型) | C级(基本型) |
| --- | --- | --- | --- |
| 部件冗余 | 2(N+1) | N+1 | N |
| 年宕机时间不大于 | 0.4h | 22.0h | 28.8h |
| 综合可用性系数不低于 | 99.995% | 99.749% | 99.671% |
| 电源可靠性系数不低于 | 99.999% | 99.99% | 99.9% |
| 电源系统配置 | UPS+备用发电机 | UPS，且可设备用发电机 | UPS |

## 2.2 空间环境

在进行数据中心机房功能规划时，往往通过合理设计空间布局来实现绿色环保的目标，并同时提高数据中心的能效。数据中心作为设备的集中存放地，设备数量大、类别多且网络结构复杂，机房的供电、静音、空调及散热等问题关系到机房设备的运行性能和效率。数据中心基础环境建设主要围绕提高数据中心效能、降低电力损耗、减少占地空间和提高集约化水平等方面来进行。

### 2.2.1 功能区划分

数据中心需要在一个物理空间内实现数据的集中处理、存储、传输、交换和管理等功能。服务器、网络设备、存储设备和安全设备是数据中心机房的主要设备，除此之外，为确保这些主要设备的正常运行，供电系统、制冷系统、机柜系统、消防系统和监控系统等基础设施也很重要。在进行数据中心建设时，往往需要根据各关键基础设施的作用及相互关系，科学、合理地规划空间布局。

图 2-1 是数据中心空间布局示意图，根据功能需求，将数据中心划分为计算机房、操作中心、储藏和装载间、供电和机械间及员工办公室等区域。

(1) 计算机房(data hall)。计算机房是数据中心最核心的区域，用于容纳服务器、网络设备和存储设备等关键设备及其配套的机柜系统。计算机房通常按照机柜进行布置，可以根据需求划分为不同的机柜区域，如服务器区、网络区和存储区等。

(2) 操作中心(operations center)。操作中心是数据中心的控制中心，用于监控和管理数据中心的运行状态和设备。操作中心通常设有监控屏幕、告警系统和管理控制台等设备，以便运维人员实时监控和管理数据中心的运行。

(3) 储藏和装载间(storage and loading rooms)。储藏间用于存放备件、工具和其他设备，以便在需要时进行维修和更换。装载间用于设备上架和软件上线前的安装、调试，以便进行安装和部署。

(4) 供电和机械间(power and mechanical rooms)。供电和机械间用于承载数据中心的电力供应和机械设备。这些区域包括变配电系统、发电机房、UPS 设备、电池组和空调设备等，确保数据中心在停电或电力故障时能够持续供电和保持适宜的温度。

(5) 员工办公室(staff offices)。员工办公室用于数据中心的管理和运维。这些办公室提供工作空间和设施，例如办公桌、会议室及休息区等，供管理人员和运维人员使用。

这种分区域的规划可以使不同功能的区域在空间上有明确的划分，有利于数据中心的运营和管理。不过具体的分区划分还需要根据实际需求和数据中心的规模进行调整和优化。

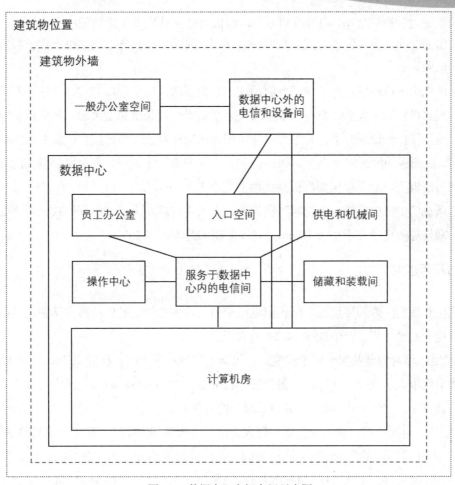

图 2-1 数据中心空间布局示意图

## 2.2.2 机柜选型及布置

机柜作为数据中心基础设施建设不可或缺的组成部分,主要用于设备规范、有序地存放。在选型和部署时,机柜应满足机房管理、人员操作、安全保障、设备和物料运输、设备散热,以及安装和维护等要求。机柜选型宜采用四立柱或六立柱的立方体框架结构,确保水平支撑平稳可靠,可按防震要求与地面固定安装,机柜侧门应可拆卸,且机柜组合安装后应符合通风散热要求。

考虑机房管理及空间问题,主机房内通道与设备间的距离应符合下列规定:
(1) 用于搬运设备的通道净宽不应小于 1.5m。
(2) 面对面布置的机柜或机架正面之间的距离不宜小于 1.2m。
(3) 背对背布置的机柜或机架背面之间的距离不宜小于 0.8m。
(4) 当需要在机柜侧面维修测试时,机柜与机柜、机柜与墙之间的距离不宜小于 1m。
(5) 成行排列的机柜,其长度超过 6m 时,两端应设有通道;当两个通道之间的距离超过 15m 时,在两个通道之间还应增加通道;通道的宽度不宜小于 1m,局部可为 0.8m。

考虑到散热的问题,机架和机柜必须按照一定的要求放置,每一排机柜统一柜面朝向。当机柜内的设备为前进风(后出风)的冷却方式，但机柜自身结构未采用封闭冷风通道时，机柜的布置宜采用面对面、背对背的方式。当发热量比较大时，在冷热通道的基础上，机柜宜采取适当的封闭措施。

下送风机房中机柜应符合下送风气流模式，机柜底部采用全开口方式，并应具有调节风量的能力。根据机柜功率大小，机柜顶部宜安装多组低噪声、长寿命型风扇。风扇电源应有单独的过载、过热保护和控制开关；有条件时还可配置风扇运行状态监控接口。机柜内的数据设备与机柜前、后面板的间距应不小于100mm，机柜层板应有利于通风，多台发热量大的设备不宜叠放在同一层板上，最下层层板离机柜底部不应小于150mm。

上送风机房中机柜应符合上送风气流模式，宜采用前后均无柜门的开架式机柜或安装网格状柜门，网格等效直径应不小于10mm，通风面积比例不小于70%。

### 2.2.3 环境要求

主机房和辅助区内的环境温湿度应满足电子信息设备的使用条件，其洁净空调系统设计应符合《数据中心设计规范》(GB50174-2017)的规定。

(1) 温度、相对湿度及空气粒子浓度。主机房的空气粒子浓度，在静态或动态条件下测试，每立方米空气中大于或等于0.5μm的悬浮粒子数应少于17 600 000粒。数据中心装修后的空气质量应符合《室内空气质量标准》(GB/T18883)的有关规定。

(2) 噪声、电磁干扰、振动及静电。有人值守的主机房和辅助区，在电子信息设备停机时，在主操作员位置测量的噪声值应小于60dB(A)。主机房和辅助区域内无线电干扰场强在80MHz～1000MHz和1400MHz～2000MHz频段范围内不应大于130dB(μV/m)；工频磁场场强不应大于30A/m。在电子信息设备停机条件下，主机房地板表面垂直及水平向的振动加速度值，不应大于500mm/s$^2$。主机房和辅助区内绝缘体的静电电压绝对值不应大于1kV。

## 2.3 布线系统

数据中心是信息化应用的通信枢纽和数据运算、交换及存储的中心。数据中心的根本要求是保障网络基础设施的可扩展性、可靠性、灵活性和安全性，其中网络连接的可靠性至关重要。为了确保数据中心内部网络的可靠性，数据中心需要采用高密度、高质量的综合布线系统。

## 2.3.1 布线系统设计原则

在整个数据中心的实施过程中,综合布线系统的生命周期最长,甚至等同于建筑物的生命周期。为了适应未来网络流量的增长和满足越来越复杂的网络管理需求,需要基于正确的设计理念来设计综合布线系统。

综合布线系统应依据标准,严格按照《综合布线系统工程设计规范》(GB50311)的有关规定进行设计;要根据数据中心的等级确定冗余性要求,并综合考虑关键设备的数量及连接方式来进行分区;选择合理的网络布线结构,以实现其增加和改动的灵活性、可扩展性和可靠性,并综合考虑将来所需的高性能和高带宽,充分预留扩展空间;数据中心发展趋势是数据越来越集中,对数据处理速度的要求也越来越高,因此要确保在相当的一段时间内,无须更换或升级布线系统。

现在布线系统已经从以服务器为中心发展到以存储为中心,因此要考虑对存储设备的有效支持。宜采用 CMP 防火等级线缆,既要注意布线的美观,又要防范背后隐藏的外来串扰威胁。在线缆敷设过程中,应避免过紧捆扎、超量的通道填充容量和过于弯曲。在规划设计时,应尽量做到以最小的空间实现最大的应用效果,通过使用高密度配线架等设备来节约空间。

## 2.3.2 拓扑结构

数据中心的布线系统应根据网络架构进行设计,宜采用分层的网络布线架构。主要包括进线间、主配线区(MDA)、水平配线区(HDA)、区域配线区(ZDA)和设备配线区(EDA)。

(1) 进线间是管理外部网络与数据中心结构化布线系统的接口,这里摆放着用于外部网络和数据中心分界的硬件设备。考虑到数据中心的安全,进线间一般放在主机房的外面。如果网络供应商较多,可以有多个进线间。

(2) 主配线区是数据中心的中心区域,这里是数据中心结构化布线系统配线点的位置。数据中心至少要有一个主配线区。数据中心网络的核心路由器和核心交换机通常在主配线区内部或邻近主配线区。

(3) 水平配线区是支持布线到设备配线区的一个空间,它是支持终端设备的局域网、存取区域网络和 KVM 交换机的位置。如果机房较小的话,主配线区可以被附近的设备或者机房当成水平配线区使用。

(4) 区域配线区是用于在水平配线区与终端设备间进行灵活配置的空间,比如天花板上方或地板下方的区域。通常区域配线区仅放置无源设备,并且与水平配线区至少分隔 15m。

(5) 设备配线区通常是放置终端设备,包括计算机系统和通信设备的区域。

《数据中心网络布线技术规程》(T/CECS485-2017)标准中数据中心综合布线系统的拓扑图如图 2-2 所示。

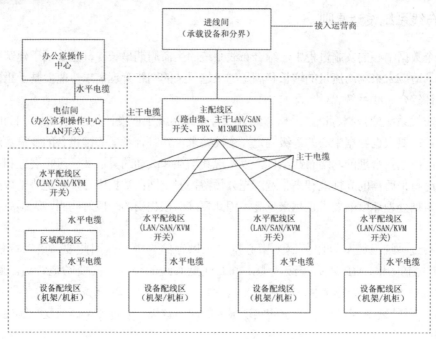

图 2-2 数据中心布线系统基本拓扑图

综合布线系统的冗余设计应根据不同级别的数据中心，分别在 MDA、HDA、ZDA 和 EDA 之间完成。在 A、B 级数据中心机房的主配线区以及水平配线区中，以多模或单模光缆为主，通常应当达到 OM3/OM4 的级别，以满足高带宽传输的基本要求。需要注意的是，A 级数据中心机房的进线间不少于 2 个，B 级数据中心机房则不能低于 1 个。在防火要求方面，A 级数据中心机房通常是以 CMP 或者是低烟无卤阻燃电缆、OFNP 等级光缆相互组合成。不同级别的数据中心机房在网络布线上的基本要求如表 2-2 所示。

表2-2 不同级别的数据中心机房在网络布线上的基本要求

| 指标 | A级 | B级 | C级 |
| --- | --- | --- | --- |
| 主配线区以及水平配线区 | OM3/OM4 多模光缆、单模光缆或 6A 类以上对绞线缆，主配线区以及水平配线区均应冗余 | OM3/OM4 多模光缆、单模光缆或 6A 类以上对绞线缆，主配线区应冗余 | — |
| 进线间 | 不少于 2 个 | 不少于 1 个 | 1 个 |
| 智能布线管理系统 | 宜 | 可 | — |
| 线缆标识系统 | 应在线缆两端打上标签 | 应在线缆两端打上标签 | 应在线缆两端打上标签 |
| 在隐蔽通风空间敷设的通信缆线防火要求 | 应采用 CMP 级或低烟无卤阻燃电缆，OFNP 或 OFCP 级光缆 | — | — |
| 公用电信配线网络接口 | 2 个以上 | 2 个 | 1 个 |

### 2.3.3 设备选型

#### 1. 布线系统在设备选型时的关注点

布线系统在设备选型时有以下几个关注点：

(1) 选择模块化的配线架以灵活配置端接数量，这样既减少端口浪费又便于日后的维护变更。使用高密度配线架来提高机柜的使用密度，节省空间。

(2) 用颜色来区分不同网络的跳线；跳线性能指标应满足相应标准的要求；采用高密度的铜缆和光纤跳线，以提高高密度环境的插拔准确性和安全性。

(3) 选择具有长久使用寿命的设备，尽量减少占用空间，使系统具有更好的传输容量及安全阻燃性；提供多种颜色以便于区分；选择的传输介质为 6A 类双绞线、多模光缆、单模光缆。

(4) 选择开放式的机架来安装配线设备；选择封闭式的机柜来安装网络设备、服务器和存储设备等；统一采用标准的 19 英寸的机架和机柜，并预留足够的布线空间、线缆管理器、电源插座和电源线以确保充足的气流。

(5) 灵活使用水平线缆管理器和垂直线缆管理器，实现对机柜或机架内空间的整合，提升线缆管理效率，避免跳线管理的杂乱无章。

(6) 采用包括配线架、模块插盒和经过预端接的铜缆和光缆组件在内的预连接系统，以快捷地连接系统部件，实现铜缆和光缆的即插即用，减少变动的风险，节省空间，使管理和操作具有方便性和灵活性。

#### 2. 布线系统在工程实施过程中的关键点

布线系统在工程实施过程中有以下几个关键点。

(1) 接地系统。常见的接地方式有两种。

第一种方式，数据中心的地面为架空地板时，使用铜牌将地板支架网状连接，同时将其连接到数据中心内的等电位接地点，机柜及机柜内的接地铜牌通过黄绿接地线或网状编织线连接到地板支架的接地点上，机柜内的铜缆配线架和设备通过黄绿接地线或网状编织线连接到机柜内的接地铜牌。

第二种方式，数据中心内部无架空地板或架空地板支架没有接地连接时，机柜及机柜内的接地铜牌则只能通过长距离的接地线连接到数据中心内的接地点。

(2) 机柜内施工特点。为了便于安装，机柜厂商常根据机柜内安装设备的不同配置生产各类机柜，如服务器机柜、网络机柜、控制柜和配线柜等。

服务器机柜的特点是进线孔相对较少且封闭性良好，同时机柜深度较大，便于设备安装。当大量的线缆需要进入服务器机柜时，由于进线孔较小，可能会在进线孔出现线缆挤压的情况，容易造成线缆损伤；线缆从两侧进入时，可能会导致进入机柜后靠近机柜正面的线缆在进入配线架时弯曲半径过小，影响线缆的传输效果。

配线柜的特点是机柜进线孔多且大，机柜内部都配有固定线缆的横担或理线器，一般两侧和机柜后部均可以进线，便于强、弱电分开走线，部分配线柜顶端还配有跳线，在出线孔便于维护，如图 2-3 所示。

图 2-3 机柜内布线图

(3) 桥架内施工特点。目前，数据中心常用的两类桥架是网格式桥架和半封闭式桥架，如图 2-4 所示。

图 2-4 桥架图

网格式桥架具有自重轻、散热好、可视性好及易于理线等优势，常用的理线方式为普通的圆形扎带绑扎和依靠固线工具的方形绑扎。无论是否使用固线附件，线缆在出桥架时一定要使用防护附件。由于网格式桥架线缆进出方便，线缆防护附件往往被忽略，线缆在出线口的支撑仅靠网格式桥架上的一条钢架，在安装初期可能不会对线缆造成太大影响，但在长时间的重力作用下，出线口的底层线缆往往被挤压变形，进而影响使用。

与网格式桥架相比，半封闭式桥架的出线方式更为复杂，出线时需在保证线缆弯曲半径的前提下尽可能美观。常用的方式为做分支桥架或在桥架边缘开口，但前者浪费材料，而后者影响美观。但若在桥架外侧边缘加装一条 U 形导轨，线缆通过夹子固定在导轨上，在保证线缆弯曲半径的前提下也非常整齐、美观。

(4) 铜缆系统的安装特点。铜缆系统的安装方式包括现场安装和预端接。为了加快施工速度并保证施工质量，大多铜缆系统选择了预端接铜缆或者集束跳线进行安装。这种安装方式较为简单。

首先，要保证链路上所有的转弯处弯曲半径均大于规定值；其次，由于预端接线缆的外径较粗，比较容易保证平顺无交叉地理线；最后，将预端接铜缆双端配线架进行接地。

现场安装方式除了保证上述预端接铜缆的安装步骤外，还要保证线缆双端模块的正确端接。目前，数据中心内的铜缆系统的传输速率已经或将要达到万兆水平，因此 6A 级或 6A 级以上的链路是数据中心的常规选择。

(5) 光缆系统的安装特点。相对于铜缆系统，数据中心内的光缆系统安装更为复杂，主要原因是外部环境和施工方式都对光纤性能有较大影响。以预端接光缆为例，首先要确保光纤主缆在桥架和机柜内的弯曲半径满足产品要求，且绑扎不能过紧(建议不要使用塑料扎带)；其次，在光缆进入配线架时要固定稳妥；最后，光纤配线架内的理线要整齐、无扭绞，尽量使用大的半径盘绕在配线架内并固定。

## 2.4 供配电系统

数据中心供配电系统是指从电源线路开始，经过中/低压供配电设备，最终到达负载的整个电路系统，主要包括电源(市电)、柴油发电机系统、自动转换开关系统(ATSE)、输入低压配电系统、不间断电源系统(UPS)、UPS 输出列头配电系统、空调系统以及其他系统，如图 2-5 所示。

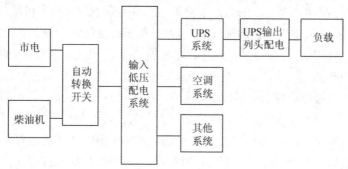

图 2-5　数据中心供配电系统结构图

### 2.4.1 等级标准要求

**1. 对供配电系统的总体要求**

数据中心业务对供配电系统的总体要求概括起来主要是连续、稳定、平衡和分类。

(1) 连续。是指电网不间断供电，但瞬时断电的情况时有发生，在数据中心的供配电系统中，合适的 UPS 型号与组网方式保证数据中心面对毫秒级至分钟级的市电异常时不会有任何中断，对于大时间尺度(如小时级，天级)的市电异常，则需要备用市电系统或者柴油发电机系统的保护。

(2) 稳定。主要指电网电压频率稳定，波形失真小。

(3) 平衡。主要是指三相电源平衡，即相角平衡、电压平衡和电流平衡。要求负载在三相之间分配平衡，主要是为了保护供电设备和负载。

(4) 分类。就是对 IT 设备及外围辅助设备按照重要性分开处理供配电。分类的实质源于各负荷可靠性要求的不一致。为不同可靠性要求的负荷配置不同的供配电系统，能够在保证安全的前提之下有效地节约成本。

**2. 对供配电系统的具体要求**

各等级数据中心对供配电系统有具体的要求，不同的数据中心要根据具体等级情况进行配置调整。

(1) C 级(基本型)数据中心。只需要提供最低的电气配电以满足 IT 设备负荷要求；供电容量少量或无冗余要求；单路供电；供电回路无检修冗余要求；单套等容量柴油发电机系统可以用于容量备用，但不需要冗余；ATS 开关用于柴油发电机系统和变压器系统的电力切换；ATS 并不是强制要求的；需要提供模拟负载；需要提供单套等容量 UPS 系统；UPS 系统应与柴油机系统兼容；UPS 应带有维修旁路以确保 UPS 检修时正常供电；应急电源可以来自不同的变压器和配电盘；变压器应能满足非线性负载使用要求；要求提供 PDU 和现场隔离变压器；配电系统不需要冗余。

(2) B 级(冗余型)数据中心。除满足 C 级要求外，还应满足如下要求：B2 机房应提供 $N+1$ 的 UPS 系统；提供发电机系统，其输出功率可按限时 500 小时运行，备用发电机是不需要的；动力设备和配电设备不需要冗余设计；发电机和 UPS 系统测试时应提供模拟负载连接；重要的机房设备配电应提供集中地 PDU 配电；PDU 出线应配置分支回路；两个冗余的 PDU 应由不同的 UPS 系统供电，并为同一 IT 配线架供电；单相或三相 IT 机架供电来源于两个不同的 PDU，且双路电源可实现静态无间隙转换；双进线静态转换 PDU 供电来自不同的 UPS 系统，并可为单相或三相设备供电；颜色标示标准被用来区分 A、B 两路供电电缆；每个回路只能为一个配线架供电，防止单回路故障影响过多的配线架；为实现配电冗余，每个机架或机柜配电回路开关容量为 20A，来源于不同的 PDU 或配电盘；满足 NEMA(美国电气制造商协会)L5-20R 标准的工业自锁插座被要求应用于机架配电系统，同时配电开关容量应根据设备容量调整放大，并标明配电回路来源。

(3) A 级(容错型)数据中心。除满足 B 级数据中心要求外，还应满足如下要求：A 级数据中心要求所有的机房设备配电、机械设备配电、配电路由、发电机、UPS 等提供 $2N$ 冗余，同时空调末端双电源配电，电缆和配电柜的维护或单点故障不影响设备运行；中高压系统至少双路供电，配置 ATS，干式变压器，变压器在自然风冷状态下满足 $2N$ 冗余；A 级数据中心发电机组应该连续和不限时运行，发电机组的输出功率应满足数据中心最大平均负荷的要求；柴油发电机应设置现场储油装置，储油量应满足 12 小时用油；市电失电时通过 ATS 自动将柴油机系统电力接入主系统；双供油泵系统可以手动和自动控制，配电来自不同电源；ASTS 用于 PDU 实现双路拓扑的配电体系为重要 IT 负载配电；设置中央电力监控系统用于监控所有主要的电力系统设备如主配电柜、主开关、发电机、UPS、ASTS、PDU、MCC、浪涌保护器、机械系统等，另外需提供一套独立的可编程逻辑控制系统(PLC)用于机械系统的监控和运行管理,以提高系统的运行效率,同时提供一套冗余的服务器系统用来保证控制系统的稳定运行;所有进线和设备具有手动旁路以便于设备维护和故障时检修;在重要负载不断电的情况下,实现故障电源与待机电源的自动切换;电池监控系统可以实时监视电池的内阻、温度、故障等状态,以确保电池时刻处于良好的工作状态;机房设备维修通道必须与其他非重要设备维修通道隔离;建筑至少有两路电力或其他动力进线路由并相互备用。

### 2.4.2 供电电源

数据中心供电系统主要有两种方式,分别为市电和柴油发电机。两者各有利弊,应根据实际情况选取合适的供电方式。

#### 1. 市电

市电的传输过程是,发电厂的发电机组输出额定电压为 3.15~20kV 的电压,升压变电所将其升至 35~500kV 进行传输,区域变电所降压至 6~10kV,配电变电所降压至 380V 进行使用。市电供电面临的问题主要包括以下几种情况。

(1) 中断。由于线路上的断电器跳闸、市电供应中断、线路中断等原因导致的中断,并且持续至少两个周期到数小时。

(2) 电压突降。市电电压有效值处于低压状态,介于额定值的 80%~85%,并且持续时间达到一个或数个周期。

(3) 电压浪涌。输出电压有效值高于额定值的 110%,并且持续时间达到一个或数个周期。

(4) 电压起伏及闪烁。市电电压有效值低于额定值,并且持续较长时间。

(5) 脉冲电压。峰值达到 6kV,持续时间从万分之一秒至二分之一周期的电压,主要由雷击、电弧放电、静态放电或大型设备的开关操作而产生。

#### 2. 柴油发电机

柴油发电机如图 2-6 所示,主要由柴油内燃机组、同步发电机、油箱、控制系统四个部分组成,利用柴油做燃料。柴油内燃机组控制柴油在汽缸内有序燃烧,产生高温、高压的燃气。燃气膨胀推动活塞使曲轴旋转,产生机械能,通过传动装置带动同步交流发电机旋转,将机械能转换为电能输出,给各用电负载提供电源。

柴油发电机组有多种分类方法,按柴油机的转速可分为高速机组(3000rpm)、中速机组(1500rpm)和低速机组(1000rpm 以下);按柴油机的冷却方式可分为水冷机组和风冷机组;按柴油机柴油调速方式可分为机械调速、电子调速、液压调速和电子喷油管理控制调速系统(简称电喷或 ECU);按机组使用的连续性可分为长用机组和备用机组;柴油发电机组通常采用三相交流同步无刷励磁发电机,按发电机的励磁方式可将发电机分为自励式和他励式。

图 2-6 柴油发电机

通常，为确保数据中心的设备获得不间断的电源供电系统，会采用"市电供电+柴油发电机组"的双电源系统。

### 2.4.3 主配电系统

主配电系统根据其在供电系统中的位置，可被视为 UPS 的上游配电系统，其主要组成部分包括自动转换开关和输入低压配电系统。

#### 1. 自动转换开关系统

ATSE(Automatic Transfer Switching Equipment)即自动转换开关电器，由一个(或几个)转换开关电器和其他必需的电器组成，用于监测电源电路(失压、过压、欠压、断相、频率偏差等)；同时，它能够将一个或几个负载电路从一个电源自动转换到另一个电源。

ATSE 可分为 PC 级和 CB 级两个级别。

(1) PC 级 ATSE。只完成双电源自动转换的功能，不具备短路电流分断(仅能接通、承载)的功能。

(2) CB 级 ATSE。既完成双电源自动转换的功能，又具有短路电流保护(能接通且能分断)的功能。

PC 级 ATSE 的可靠性高于 CB 级 ATSE，所有需要设置 ATSE 的地方，都可以采用 PC 级 ATSE，用于消防泵的 ATSE 只够采用 PC 级。重要场合优选可靠性高的 PC 级 ATSE。特别重要场合，选择通过 AC-33A 使用类别的 PC 级 ATSE。如果备用电源是发电机，而发电机的启动信号来自 ATSE 的控制器，那么就需要 ATSE 控制器具备蓄电池作为第三电源的功能，以确保控制器在常用电源出现失电状况下能够给发电机发出启动信号。

#### 2. 输入低压配电系统

输入低压配电系统的主要作用是电能分配，将前级的电能按照规定的标准与规范分配给各种类型的用电设备，主要由配电装置及配电线路组成，配电装置包含低压配电柜、低压断路器、空气开关、负荷开关、控制开关、接触器、继电器、低压计量及检测仪表等设备。数据中心低压配电采用 TN-S 系统，该系统可以对雷电浪涌进行多级保护，并对 UPS 和电子信息设备进行电磁兼容保护。

低压配电方式有放射式、树干式、链式三种形式。

(1) 放射式。是指由总配电箱直接供电给分配电箱或负载的配电方式。优点是各负荷独立受电，一旦发生故障只局限于本身而不影响其他回路，供电可靠性高，控制灵活，易于实现集中控制。缺点是线路多、经济性差和系统灵活性较差。

(2) 树干式。是指由总配电箱至各分配电箱之间采用一条干线连接的配电方式。优点是投资费用低、施工方便和易扩展。缺点是干线发生故障时，影响范围大和供电可靠性差。

(3) 链式。是指在一条供电干线上带多个用电设备或分配电箱，与树干式不同的是，其线路的分支点在用电设备上或分配电箱内，即后面设备的电源引自前面设备的端子。优点是线路上无分支点，适合穿管铺设电缆线路，节省有色金属。缺点是线路或设备检修以及线路发生故障时，相连设备全部停电，供电的可靠性差。另外，考虑到施工连接线及接头的增加会进一步降低可靠性，要求链级数控制在 3~4 级之间，总容量不超过 10kW。

## 2.4.4 UPS

UPS(Uninterruptible Power System)如图 2-7 所示，是一种利用电池化学能作为后备能量，在市电断电或发生异常等电网故障时，不间断地为用户设备提供(交流)电能的能量转换装置。UPS 的设计和选型对数据中心供电系统的建设具有重要的意义。

图 2-7 UPS

### 1. UPS 分类及定义

UPS 运行分为双变换运行、互动运行、后备运行三类方式，所以 UPS 分为在线式 UPS、在线互动式 UPS、后备式 UPS 三种。

(1) 在线式 UPS。在线式 UPS 也叫双变换 UPS，原理如图 2-8 所示。在正常运行方式下，由整流器/逆变器组合连续地向负载供电。当交流输入供电超出 UPS 预定允差时，UPS 单元转入储能供电运行方式，由蓄电池/逆变器组合在储能供电时间内，或者在交流输入电源恢复到 UPS 设计的允差之前(按两者之较短时间)，连续向负载供电。

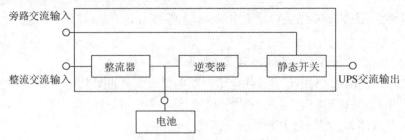

图 2-8 在线式 UPS 原理图

在线式 UPS 由于采用了 AC/DC、DC/AC 双变换设计，可完全消除来自市电电网的任何电压波动、波形畸变、频率波动及干扰产生的任何影响。同其他类型 UPS 相比，在线式 UPS 对负载的稳频、稳压供电，供电质量优势明显，且器件、电气设计成熟，因此其应用非常广泛。

(2) 在线互动式 UPS。在线互动式 UPS 原理如图 2-9 所示。在正常运行方式下，由合适的电源通过并联的交流输入和 UPS 逆变器向负载供电。市电正常时，交流电通过工频变压器直接输送给负载；当市电超出上述范围，在 150～276V 时，UPS 通过逻辑控制，驱动继电器动作，使工频变压器抽头升压或降压，然后向负载供电同时还给电池充电。若市电低于 150V 或高于 276V，UPS 将启动逆变器工作，由电池逆变器向负载供电。

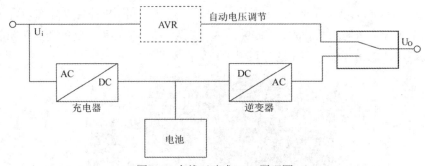

图 2-9 在线互动式 UPS 原理图

在线互动式 UPS，当市电正常时，效率高，可达 98%以上，但输出电压稳定精度差，市电掉电时，因为输入开关存在开断时间，UPS 输出仍有转换时间，但比后备式要小。

(3) 后备式 UPS。后备式 UPS 原理如图 2-10 所示。在市电正常时，UPS 一方面通过滤波电路向用电设备供电，另一方面通过充电回路给后备电池充电。当电池充满时，充电回路停止工作，在这种情况下，UPS 的逆变电路不工作。当市电发生故障时，逆变电路开始工作，后备电池放电，在一定时间内维持 UPS 的输出。

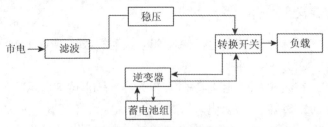

图 2-10 后备式 UPS 原理图

后备式 UPS，当市电正常且输出带载时，效率高，可达 98%以上，输入功率因数和输入电流谐波取决于负载电流，输出电压稳定精度差，但能满足负载要求；市电掉电时，输出有转换时间，一般可做到 4~10ms，足以满足普通负载要求，但对服务器等用电设备存在一定的风险，后备时间一般不长。

### 2. UPS 供电方案

UPS 应用中，通常有五种供电方式：单机工作供电方案、热备份串联供电方案、直接并机供电方案、模块并联供电方案及双母线(2N)供电方案。

(1) 单机工作供电方案。单机工作供电方案为 UPS 供电方案中结构最简单的一种，就是单台 UPS 输出直接接入用电负载。一般用于小型网络、单独服务器、办公区等场合，系统由 UPS 主机和电池系统组成，不需要专门的配电设计和工程施工，安装快捷，缺点是可靠性较低。

(2) 热备份串联供电方案。串联备份技术是一种比较早期、简单而成熟的技术，它被广泛地应用于各个领域，备机 UPS 的逆变器输出直接接到主机的旁路输入端，在运行中一旦主机逆变器出现故障，就能够快速切换到旁路，由备机的逆变器输出供电，保证负载不停电。

方案优点：结构简单、安装方便；价格便宜；不同公司、不同功率的 UPS 也可串联。方案缺点：不中断负载用电的扩容必须带电操作，十分危险；主、从机老化状态不一致，从机电池寿命降低；当负载有短路故障时，从机逆变器容易损坏。

(3) 直接并机供电方案。直接并机供电方案是将多台同型号、同功率的 UPS，通过并机柜、并机模块或并机板，把输出端并接而成，以便共同分担负载功率。其基本原理是，在正常情况下，多台 UPS 均由逆变器输出，平分负载和电流；当一台 UPS 故障时，由剩下的 UPS 承担全部负载。

方案优点：多台 UPS 均分负载，可靠性大大提高；扩容相对以前方案方便很多；正常运行均分负载，系统寿命和可维护性大大提高。方案缺点：成本较高，在并机输出侧存在单点故障。

(4) 模块并联供电方案。所谓模块并联供电方案实质上是直接并机供电方案的一种，只不过其具体的实现方式和传统的直接并机供电方案有所不同，模块化 UPS 包括机架、可并联功率模块、可并联电池模块、充电模块等。

(5) 双母线($2N$)供电方案。为保证机房 UPS 供电系统可靠性，$2N$ 或 $2(N+1)$ 的系统在中、大型数据中心中得到了大规模的应用，也被称为双总线或者双母线供电系统。正常工作时，两套母线系统共同负荷所有的双电源负载，通过 STS 的设置，各自负荷一半的关键单电源负载。

双总线系统真正实现了系统的在线维护、在线扩容和在线升级，提供了更大的配电灵活性，满足了服务器的双电源输入要求，解决了供电回路中的"单点故障"问题，做到了点对点的冗余，极大增加了整个系统的可靠性和安全性，提高了输出电源供电系统的"容错"能力。

该方案建设成本相对较高，在实际建设过程中，需要注意可靠性和经济性的适当权衡。

### 3. UPS 容量计算

确定不间断电源系统的基本容量需要考虑以下几个因素。

(1) 设备负载。首先确定需要由 UPS 供电的设备的总负载，包括计算机、服务器、网络设备、存储设备等。设备的负载通常以瓦特(W)或千瓦(kW)为单位给出。

(2) 负载类型。不同类型的设备对电力的需求不同。一些设备可能对电力的稳定性和纹波要求较高。因此，需要考虑设备的功率因数、纹波要求和电压调整能力等因素。

(3) 运行时间要求。确定 UPS 系统需要提供电力的持续时间。这取决于应用的需要和业务的要求。例如，对于关键应用，可能需要 UPS 系统提供较长时间的持续供电。

(4) 冗余要求。在一个 UPS 系统发生故障时，另一个 UPS 系统可以接管电力供应。这将增加 UPS 系统的容量需求。

(5) 未来扩展。考虑未来扩展的可能性。如果预计设备负载将增加，需要确保 UPS 系统具有足够的容量来满足未来的需求。

不间断电源系统的基本容量可按式 2.1 计算：

$$E \geqslant 1.2P \tag{2.1}$$

其中，E 代表不间断电源系统的基本容量，不包含备份不间断电源系统设备[kW/(kV·A)]，P 代表电子信息设备的计算负荷[kW/(kV·A)]。

## 2.4.5 二级配电系统

二级配电系统，是指 UPS 下游配电系统，主要由输出精密配电系统和机架配电系统组成。

### 1. 输出精密配电

数据中心对供电系统的可靠性及可管理性要求越来越高。IT 用户需要对信息设备的供电系统进行更可靠与更灵活的配电、更精细化的管理，以及更准确的成本消耗核算等。列头配电柜，如图 2-11 所示，不但能够完成传统的电源列头柜的配电功能，同时还应该具有许多强大的监控管理功能，使得数据中心的管理者可以随时了解负载机柜的加载情况、各配电分支回路的状态、各种参数及不同机群的电量消耗等。

全面的电源管理功能，将配电系统完全纳入机房监控系统，监测内容丰富。对配电母线可以监测三相输入电压、电流、频率、总功、有功功率、功率因数、谐波百分比、负载百分比等。同时还可以监测所有回路(包括每一个输出支路)断路器电流、开关状态、运行负载率等。

列头配电设备实时监测每一个服务器机架的能耗情况，精确计算并测量每一个服务器机柜、每一路开关的用电功率和用电量。通过后台监控系统可以分月度、季度、年度进行报表统计。

列头配电产品应提供 RS232、RS485 或简单网络管理协议(SNMP)等多种智能接口通信方式，可以将其纳入机房监控系统中，其所有信息通过一个接口上传，系统更加可靠，可以节省监控投资。

基础环境建设

图 2-11　列头配电柜

随着 IT 用户对配电可管理性的要求越来越高，列头配电产品应用的场合越来越多。列头配电产品应根据不同的场地需求，选用单母线系统或者双母线系统。其支路断路器可以选择固定式断路器，也可以选择热插拔可调相断路器。支路断路器容量有 16A、25A、32A、63A 四种，有单极或三极可选。当分支回路选择热插拔可调相断路器时，系统不断电即可进行检修、扩容，同时不用改变后端的电缆接线就可进行三相负载的负荷平衡，非常灵活方便。

为了解决机房的零地电压问题，列头配电产品还可以内置隔离变压器。

2. 机架配电

数据中心机架配电系统基本上是以电源分配单元(Power Distribution Unit, PDU)为主要载体。PDU 也叫电源分配管理器，如图 2-12 所示。电源的分配是指电流、电压和接口的分配，电源管理涵盖了开关控制(包括远程控制)、电路中的各种参数监视、线路切换、承载的限制、电源插口匹配安装、线缆的整理、空间的管理及电涌防护和极性检测等功能。

图 2-12　PDU 外形图

当前 PDU 正迅速地朝着智能化、网络化的方向发展，着重实现数据中心用电安全管理和运营管理的功能。通过对各种电气参数的个性化、精确化的计量，不但可以实现对现有用电设备的实时管理，也可以清楚地知道现有机柜电源体系的安全边界在哪里，从而实现对机架用电的安全管理。此外，通过实时监测每台 IT 设备的耗电情况，可以得到数据中心每一个细节的电能数据，进而实现对机架乃至数据中心用电的运营管理。

选择 PDU 的第一步是了解 PDU 后端设备的总功率、电流及电压的情况，然后了解 PDU 后端设备的数量，以便确定 PDU 应该配置多少输出插孔，以及插孔的形式。为了正确选择插孔的输出电流值，需要注意机柜的总功率。机柜的总功率受到总用电量的限制。

### 2.4.6　新一代数据中心配电系统发展趋势

新型数据中心将具备高技术、高算力、高能效、高安全四个特征。与"四高"相对应的，则是数据中心单体规模的持续扩大和单机柜功率密度不断增加。

#### 1. 传统的供配电系统存在的挑战

目前，单机柜功率多数已经从传统的 2.5kW～4kW，提升到 8kW～16kW，部分采用液冷技术的数据中心单机柜则可以达到 40kW 甚至上百千瓦的超高标准。面对如此爆发式增长的数据中心需求，传统的供配电系统存在以下挑战：

(1) 占地面积大，电能损耗高。传统数据中心机房供电系统的占地面积与主机房空间之比接近 1∶1，这与新一代数据中心"高密化"的要求相去甚远。

(2) 系统复杂度高，交付难度大。随着数据中心的大型化、规模化发展，供电、温控、管理等子系统建设与改造的复杂度明显上升。

(3) 运维效率低，被动响应滞后。智能化运维、主动化管理是数据中心运维的大势所趋。但在传统数据中心，仍以告警驱动的被动式响应为主，周期性的巡检很难满足数据中心高可靠运行的需要，运维效率的提升与管理方式的转变迫在眉睫。

#### 2. 供配电发展的整体趋势

为了保障高算力时代数据中心可以获取稳定、安全的电力供应，数据中心供配电系统正面临着前所未有的挑战。未来数据中心供配电发展的整体趋势有以下几个方面。

(1) 由独立的供配电设备向一体化、模块化的深度融合组件方向发展。深度融合组件包含配电柜、UPS、监控设备等。采用高密 UPS、一体化集中监控，提升能效的同时也提升了系统整体的可靠性。

(2) 由高压、集中式的交流大 UPS 向低压、分布式的直流小 UPS 方向发展。由主机房外集中式铅酸电池向 IT 机柜内分布式小(锂)电池方向发展。

(3) 由被动化向智能化发展。AI 智能技术的加持，让数据中心供配电不仅在管理层面实现统一监控和管理，而且能实现故障预警和健康度评估，大幅提升供配电系统的安全性和可靠性。

(4) 由高耗能、粗放型向绿色低碳、精细化能源利用发展，新一代数据中心能源结构深度"脱碳"成为大势所趋。风光储等分布式能源的采用为数据中心与电网间的动态响应提供了更多降低能源成本和碳排放的机会。传统的依靠柴油发电机和 UPS 为关键负载提供高品质电能的配电架构，正在演进为由储能系统来实现。未来，数据中心能源格局将更加多样化，备用电源方案、电网服务以及配电架构将具有更大的发展空间。

## 2.5 空气调节系统

数据中心的设备需要在合适的温湿度环境中运行，因此，空调系统非常重要。数据中心空调系统的设计与选型要考虑诸多问题，例如，如何预测数据中心规模，如何解决与功率密度相关的热量问题，如何使系统达到预期的可用性，如何实现系统的可扩展性、适应性和可改造性，如何兼顾系统的经济性，如何提高系统的可维护性等，都要在数据中心空气调节系统的规划设计中反映出来。

### 2.5.1 空调制冷类型

根据制冷方式不同，数据中心空调制冷类型主要分为风冷型、水冷型、液冷型三大类。

#### 1. 风冷型空调

风冷型空调按照空气来源的不同，目前主要包括新风制冷和空调制冷。新风制冷是指用数据机房外部空气(新风)作为冷却介质的冷却方式。当数据中心内部温度高于外部环境时，可以直接将外部冷空气通过风机输送进数据中心，再将升温后的空气通过通道排至室外，采用该方式可比空调制冷节能40%，但对空气质量条件敏感，需添加灰尘过滤系统和增加除湿系统来调控空气质量。当前新风制冷技术发展迅速，如设计分布式气流冷却系统(DACS)和吹吸通风冷却系统(BDVCS)可实现数据中心全年无空调设备的温度控制。新风制冷数据中心对环境要求高，在全年平均气温低的温带或寒带地区，使用新风制冷方式能节约大量制冷成本。

风冷型空调系统由室内机与室外机通过氟管路连接而成，室内机中的主要器件是电子膨胀阀、蒸发器、压缩机和室内风机，可实现制冷和气流输送等功能。室外机中的主要器件是冷凝器、室外风机，主要用于散热。室外机组一般安装在室外或屋顶，常规情况下室外机不高于室内机20米，不低于室内机5m，室内外管路推荐小于60m。室外机部分如图2-13所示。

图 2-13 风冷型空调的室外机

室内机的类型分为房间级制冷、行级制冷及机柜级制冷,如图2-14所示。行级制冷和机柜级制冷可以降低气流的输配距离,减少风机耗电,行级制冷配合冷热池封闭可以取得较好的冷却效果。对于200 kW以下的数据中心,应采用房间级制冷,无须高架地板即可部署。在部署较高密度负载时(每机柜5kW或更高),应考虑行级制冷。与房间级或行级制冷相比,机柜的气流路径更短,且专用度更准确,使得气流完全不受任何安装变动或机房约束的影响。

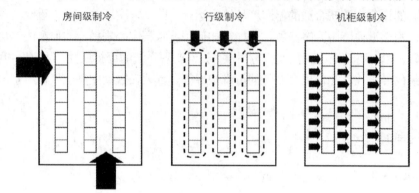

图2-14 风冷型空调室内机制冷分类

风冷型空调系统的优势是简单独立,可靠性高,后期扩展及分期建设较为方便。缺点是室外机组数量较多,不宜大规模建设,整体效能不高,适合中小型数据中心。

### 2. 水冷型空调

水冷型空调系统主要由水冷冷水机组、冷冻水泵、冷却塔、冷却水泵、水处理设备、定压补水系统、冷冻水末端空调及管路阀门等组成。水冷型空调系统通过冷却水塔和冷却水泵将水降温,进而使水冷机组中冷凝器内的制冷剂降温,降温后的制冷剂流向蒸发器中,经蒸发器对循环的水降温,降温后的水送至室内末端设备(风机盘管)与室内空气进行热交换,从而实现对温度的调节。

室外机包含冷却塔、冷却水泵等,通常安装在室外或楼顶,一般一台冷冻机组对应一组冷却塔(便于维修和保证备机系统正常待机)。冷却水通过冷却塔来降温,由于水在大气中蒸发时可能代入杂质,因此要设计安装水处理系统来除垢、除沙尘、除钠镁离子等。另外,考虑到数据中心全年连续运行的特点,还需设计冬季防结冰措施。室外机如图2-15所示。

图2-15 水冷型空调的室外机

室内机包含水冷机组、冷冻水泵及冷冻水末端空调等。水冷机组一般是安装在机房中的，多数安装在地下室或设备层中，占地面积比较大，并且需要安装的设备也比较多。冷冻水末端空调也分为房间级、行级和机柜级空调三种类型。水冷型空调其实就是一个温差小、风量大的大型风机盘管，一般推荐采用地板下送风和天花板上回风。为了保证IT设备的安全和便于设备检修，推荐设置物理上独立的空调设备间，四周做拦水坝，地面做防水处理和设置排水管道，安装漏水报警设备。推荐采用N+1或N+2的冗余配置方案。

水冷型空调的优点是制冷效率高，节能效果好，不存在室内机与室外机的距离限制；缺点是数据中心内部有水循环系统，需要设置防漏水检测和防护措施，运维复杂，日常运行费用也比较高，需要专人进行管理和维护，并且冷却塔内的高温高湿环境极易滋生对人体有害的病菌，也会污染周围的大气。

### 3. 液冷型空调

液冷技术是一种利用流动液体将计算机内部元器件产生的热量传递到计算机外，以确保计算机工作在安全温度范围内的冷却方法，在冷却效率方面要比风冷至少提高了15%至20%。液冷技术可以分为间接液冷、直接单相液冷和直接两相液冷三类。

（1）间接液冷是指液体与发热部件通过热的良导体间接接触，液体在通道内发生相变或非相变升温吸热，发热部件降温的冷却方式。间接液冷分为冷板冷却和热管冷却，其中冷板冷却在实际应用中液体大多不发生相变，而热管冷却过程中液体会发生相变。

冷板冷却是将金属冷板与IT设备芯片贴合，液体在冷板中流动，芯片发热时将热传导给冷板金属，液体流过冷板时升温，利用热量交换将芯片热量带出，通过管道与外界冷源进行换热，如图2-16所示。冷板冷却是芯片级别的冷却方式，也是目前液冷数据中心采用最广泛的散热冷却方式。

图2-16 冷板液冷

热管冷却是一种通过在IT设备中添加热管导热元件，充分利用热传导与液体相变的快速热传递性质，将热量迅速传递到外界的冷却方式，如图2-17所示。与冷却板不同的是，液体在热管与发热部件接触端吸热相变，利用相变潜热吸收热量变为气态，气态介质在压差的作用下流向冷凝端，在冷凝端冷凝相变释放热量，凝结液通过热管吸液芯的毛细作用或者重力作用流回蒸发段，循环往复传递发热设备的热量，再通过风冷或液冷对冷凝段冷却换热。由于热管冷却实施较为复杂，且制冷效果较冷板提升不明显，因此，在数据中心中的应用并不多。

图 2-17 热管液冷

(2) 直接单相液冷是将不影响 IT 设备部件正常工作的绝缘液体与部件直接接触,液体不发生相变来带走热量的冷却方式。分为单相浸没式液冷和单相喷淋式液冷两类。

单相浸没式液冷将 IT 设备浸没在装有冷却介质的密封槽中,提前规划好液体流动通道,冷却介质经过设备换热不发生相变,利用升温显热来交换热量,升温后的液体在循环泵的作用下流出冷却介质槽,进入冷却器降温后流回冷却介质槽,达到循环换热的目的,其工作原理如图 2-18 所示。单相浸没式液冷适用最高 100 kW/m$^2$ 的服务器机柜。需要注意的是,对于直接单相液冷材料,需满足绝缘性强、黏度低、闪点高或不燃、腐蚀性小、热稳定性高、生物毒性小等性能要求。

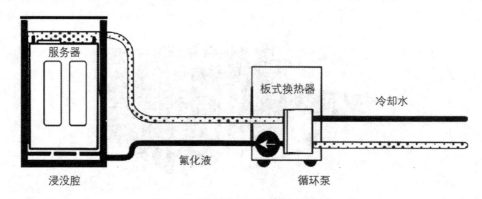

图 2-18 单相浸没式液冷原理示意图

单相喷淋是利用喷头将冷却介质喷淋到发热部件表面,冷却介质在部件表面形成薄边界层,换热同时不发生相变,且能在局部产生单相强对流换热效果,利用升温显热带走热量。冷却介质接触到热源表面前,已雾化或者分散为小液滴。这一过程主要通过液体喷头的压差来进行,其工作原理如图 2-19 所示。

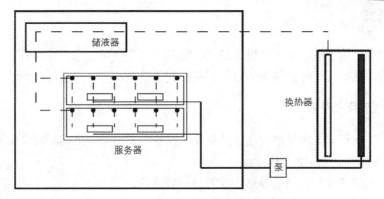

图 2-19 单相喷淋式液冷原理示意图

(3) 直接两相液冷的关键点在于利用冷却介质相变的潜热进行冷却，一般采用沸点在 80℃以下的冷却介质。该冷却方式分为两相浸没式液冷和相变喷淋式液冷两类。

两相浸没式液冷的液体在冷却介质槽内与热源接触，在热源表面形成的蒸汽气泡上升到冷却介质槽上方区域，蒸汽经过换热在冷凝器中重新变为液态，流回槽内。两相浸没式液冷材料在满足直接单相液冷要求前提下，需要较低的沸点，在 IT 设备稳定运行范围内进行相变吸热，利用相变潜热吸收热量，冷却介质可采用 FC-72、Novec-649、HFE-7100 或 PF-5060 等短链氟化物，可将芯片温度维持在 85℃以下，并且蒸汽在冷凝器冷却后可以通过重力作用返回液槽，无须额外提供循环动力，单机柜功率密度可达 110 k°CW/m$^2$ 以上，其工作原理如图 2-20 所示。

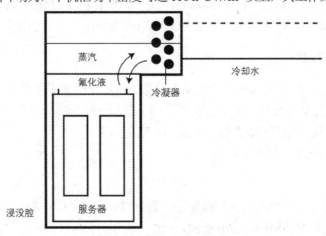

图 2-20 两相浸没式液冷原理示意图

相变喷淋是在单相喷淋基础上发展而来的一种冷却方式，它通过将冷却介质雾化成微小液滴，在发热部件表面形成液膜，利用液体汽化带走热量。这种冷却方式的特点在于液膜不发生明显流动，且冷却效率是非相变的 3 倍以上。相变喷淋是目前已知冷却能力最强的冷却方式，前景广阔，尽管其耗能较高，但仍适合用于散热冷却机柜功率密度在 140 kW/m$^2$ 以上的 IT 设备。然而，目前尚无商业化的数据中心应用方案。

未来数据中心制冷系统的发展趋势主要包括利用绿色能源或自然环境制冷(地热、太阳能等新能源及海底、山洞等自然环境)、优化冷热通道、应用新型液冷材料，以及发展热回收制冷系统等。

### 2.5.2 负荷计算

为了确定空调机的容量,以满足机房温度、湿度、洁净度和送风速度的要求,必须首先计算机房的热负荷。热负荷的计算结果关系到后续的设备选型。

#### 1. 机房的热负荷主要来源

机房内部产生的热量,包括室内计算机及外部设备的发热量、机房辅助设施和机房设备的发热量(电热、蒸气水温及其他发热体)。

机房外部产生的热量,包括传导热、放射热和对流热。

(1) 传导热。通过建筑物本体侵入的热量,如从墙壁、屋顶和地面等传入机房的热量。

(2) 放射热。由于太阳照射从玻璃窗直接进入房间的热量(显热)。

(3) 对流热。从门窗等缝隙侵入的高温室外空气(包含水蒸气)所产生的热量。

#### 2. 制冷量概略计算

在机房初始设计阶段,为了较快地选定空调机的容量,可采用此方法,即根据单位面积所需制冷量进行估算。

计算机房(包括程控交换机房):

(1) 楼层较高时,机房单位面积制冷量约为250~300kcal/($m^2$h)。

(2) 楼层较低时,机房单位面积制冷量约为150~250kcal/($m^2$h)(根据设备的密度做适当增减)。

(3) 办公室(值班室)的单位面积制冷量约为90kcal/($m^2$h)。

#### 3. 简易热负荷计算

计算机房空调负荷,主要来自计算机设备、外部设备及机房设备的发热量,这些设备的发热量大约占总热量的80%以上,其次是照明热、传导热、辐射热等,总热负荷量为各单项发热量总和。其中,单项发热量计算(单位为 kcal/h),说明如下:

(1) 外部设备发热量计算

$$Q = 860 N\phi \tag{2.2}$$

式 2.2 中,$N$ 为用电量(kW);$\phi$ 为同时使用系数,一般取 0.2~0.5;860 为功的热当量(kcal/h),即 1kW 电能全部转化为热能所产生的热量。

(2) 主机发热量计算

$$Q = 860 \times P \times h_1 \times h_2 \times h_3 \tag{2.3}$$

式 2.3 中,$P$ 为总功率(kW);$h_1$ 为同时使用系数;$h_2$ 为利用系数;$h_3$ 为负荷工作均匀系数。机房内各种设备的总功率,应以机房内设备的最大功耗为准,并使用 0.6~0.8 的总系数进行修正。

(3) 照明设备热负荷计算

$$Q = C \times P \tag{2.4}$$

式 2.4 中，$P$ 为照明设备的标称额定输出功率(W)；$C$ 为每输出 1W 所散发的热量，单位为 kcal/(hW)，通常白炽灯为 0.86kcal/(hW)，日光灯为 1.0kcal/(hW)。

(4) 人体发热量

人体发出的热随工作状态而异。机房中工作人员可按轻体力工作处理。当室温为 24℃时，其显热负荷为 56cal，潜热负荷为 46cal；当室温为 21℃时，其显热负荷为 65cal，潜热负荷为 37cal。在两种情况下，其总热负荷均为 102cal。

(5) 围护结构的传导热

$$Q = KF(t_1 - t_2) \quad (2.5)$$

式 2.5 中，$K$ 为围护结构的导热系数(kcal/(m²h℃))；$F$ 为围护结构面积(m²)；$t1$ 为机房内温度(℃)；$t_2$ 为机房外的计算温度(℃)。当计算不与室外空气直接接触的围护结构如隔断等时，应将室内外计算温度差乘以修正系数，其值通常取 0.4～0.7。

(6) 从玻璃透入的太阳辐射热

$$Q = KFq \quad (2.6)$$

式 2.6 中，$K$ 为太阳辐射热的透入系数；$F$ 为玻璃窗的面积(m²)；$q$ 为透过玻璃窗进入的太阳辐射热强度(kcal/(m²h))。透入系数 $K$ 值取决于窗户的种类，其值通常取 0.36～0.4。

(7) 换气及室外侵入的热负荷

通过门、窗缝隙和开关而侵入的室外空气量，随机房的密封程度、人的出入次数和室外的风速而改变。这种热负荷通常都很小，如需要，可将其折算为房间的换气量来确定热负荷。

(8) 其他热负荷

此外，机房内使用大量传输电缆，也是发热体。其计算如下：

$$Q = 860Pl \quad (2.7)$$

式 2.7 中，860 为功的热当量(kcal/h)；$P$ 为每米电缆的功耗(W)；$l$ 为电缆的长度(m)。

### 2.5.3 设备选型

#### 1. 数据机房的环境

数据机房的环境如果不适宜，会对数据处理和存储工作产生负面影响，可能使数据运行出错、宕机，甚至使系统故障频繁而彻底关机。

(1) 高温和低温。高温、低温或温度快速波动都有可能破坏数据处理并导致整个系统关闭。温度波动可能改变电子芯片和其他板卡元件的电子和物理特性，从而引发运行出错或故障。

(2) 高湿度。高湿度可能造成磁带物理变形、磁盘划伤、机架结露、纸张粘连、MOS 电路击穿等故障。

(3) 低湿度。低湿度不仅产生静电，同时还加大了静电的释放，此类静电释放会导致系统运行不稳定甚至数据出错。

### 2. 选择机房空调应考虑的问题

根据《数据中心设计规范》GB5014-2017 要求，数据中心的主机房内冷通道或机柜进风区域的温度一般在 18~27℃，相对湿度不宜大于 60%，保持温度和湿度符合设计条件对于数据机房的平稳运行至关重要。在选择机房空调时，应重点考虑以下几个问题。

(1) 制冷能力。在选型时，需要根据机房内部的面积、设备数量、人员数量及采用的设备的功率等因素进行综合考虑，以确定所需的制冷量。机房空调的制冷能力应能满足数据中心的散热需求，确保机房内的温度和湿度稳定在适宜的范围内，以保证服务器等设备的正常运行。

(2) 可靠性。在选型时，需要考虑机房空调的品牌、质量、性能和售后服务等因素，选择具有高可靠性的机房空调系统，以确保在发生故障时能够及时修复，并且具备备用系统以保持连续运行。

(3) 能效比。随着节能环保意识不断增强，机房空调的节能性能也成了选型的一个重要因素。在选型时，需要考虑机房空调的能效比、制冷剂的环保性以及机房空调的智能控制等因素，以确保机房空调能够在降低机房内部温度的同时，也能够达到降低能耗和运行成本的目的，并且符合环保要求。

(4) 可扩展性。考虑到数据中心的未来发展和扩展需求，选择具备可扩展性的机房空调系统，以便根据需求增加或减少散热能力。

(5) 可维护性。选择易于维护和保养的机房空调系统，以便能够定期进行清洁和维修，延长使用寿命并减少故障发生的可能性。

(6) 可管理性。选择具备自动故障检测和报警功能的机房空调系统，以便能够及时发现和处理故障。

## 2.5.4　机房专用空调与普通舒适空调的区别

数据中心机房专用空调在设计上与传统的舒适性空调有较大区别，具体表现在以下几个方面。

### 1. 制冷量用途

机房内显热量占全部热量的 90% 以上，这些发热量产生的湿量很小，因此对空调的制冷量有着特殊需求。

机房专用空调在设计上严格控制蒸发器内蒸发压力，增大送风量，使蒸发器表面温度高于空气露点温度从而避免除湿，产生的冷量全部用来降温，提高了工作效率，降低了湿量损失。

普通空调主要为了满足人员舒适性的需求而设计，其送风量小，送风焓差大，降温和除湿同时进行，制冷量的 40%~60% 用于除湿，使得实际冷却设备的冷量减少很多，大大增加了能量的消耗。

### 2. 送风除尘性能

机房专用空调送风量大，机房换气次数多，整个机房内能形成整体的气流循环，使机房内的所有设备均能平均得到冷却。同时因其具有专用的空气过滤器,所以它能及时高效地滤掉空气中的尘埃,保持机房的洁净度。

普通空调风量小,风速低,不能在机房形成整体的气流循环,机房冷却不均匀。另外,由于送风量小,换气次数少,机房内空气不能保证有足够高的流速将尘埃带回到过滤器上,导致尘埃在机房设备内部沉积,对设备本身产生不良影响。

### 3. 设计寿命

数据中心机房内多数电子设备处于连续运行状态。机房专用空调在设计上可大负荷常年连续运转,并要保持极高的可靠性,通常设计寿命为 10 年以上,能够全年 365 天,每天 24 小时不间断运行。普通空调则设计为时间段内连续运行,不能长时间不间断工作。

### 4. 湿度控制能力

机房专用空调一般还配备了专用加湿系统、高效率的除湿系统及电加热补偿系统,这些系统通过微处理器,能够精确地根据各传感器及馈回来的数据控制机房内的温度和湿度。而普通空调一般不配备加湿系统,仅能控制温度,且控制精度较低、湿度则较难控制,不能满足机房设备的需要。

综上所述,机房专用空调与普通空调在产品设计方面存在显著差别,无法互换使用。数据中心机房内必须使用机房专用恒温恒湿精密空调,如图 2-21 所示。

图 2-21 恒温恒湿精密空调室内机

## 2.5.5 机房气流组织规划

规划好数据中心机房气流组织,有着非常重要的意义,它能将冷热空气有效隔离,让冷空气顺利送入通信设备内部,进行热交换,将产生的热空气送回至空调机组,避免不必要的冷热交换,提高空调系统效率,减少机房运行费用。

1. 数据中心机房中的几种气流组织形式

数据中心气流组织分为以下四种形式,即机房气流组织形式、静压仓气流组织形式、机架气流组织形式,以及 IT 设备气流组织形式。

(1) 机房气流组织形式,取决于精密空调的送、回风方式。不同方式会导致整个机房的气流组织形式截然不同。同时,机房内部机柜的摆放形式不同,其气流组织也是不同的。

(2) 数据中心的静压仓是为了保证有足够的送风压力而设计的一个压力容器,它是精密空调送出的冷风所经过的第一道气流路径,它的压力以及精密空调的送风速度都是不可忽略的。

(3) 机架是数据中心为 IT 设备提供的可靠的物理运行微环境场所,机架气流组织形式显得非常关键,它是精密空调送出的冷风与 IT 设备进行热交换的最后一个环节。

(4) 设备内的气流组织关系到设备前进风、后排风的方式,还有排风位置是在服务器的左侧还是右侧,因为设备排风的方向对气流组织的影响是很大的。

2. 合理规划数据中心气流组织

合理规划数据中心气流组织的最终目的是给 IT 设备快速散热、提高空调资源利用率、减少不必要的冷源浪费和降低数据中心 PUE 值。

(1) 合理规划 IT 设备气流组织。合理规划 IT 设备的气流组织最重要的就是要了解我们所使用 IT 设备的用电功率及损耗、发热功率、风扇的进出风及温差情况,单台设备所需要的风量计算,等等。有了这些数据,就可以计算出整个数据中心所需要的冷却需求,并根据这些数据来选择精密空调的容量。

(2) 合理规划机房气流组织。机房气流组织如图 2-22 所示,与其有关的主要因素包括精密空调送风方式的选择、机架的摆放方式以及走线的方式。

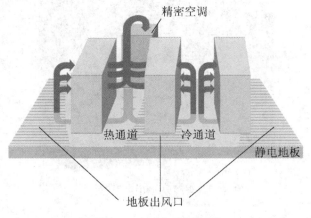

图 2-22 机房气流组织图

数据中心精密空调应采用架空地板下送风、上回风的方式;制冷量应该根据 IT 设备的总功耗(或总散热量)来进行计算;IT 设备应采用上走线、网格桥架的方式,改善空调回风效果。

计算机设备及机架采用"冷热通道"的布置方式。将机柜采用"背靠背、面对面"的方式摆放,这样在两排机柜的正面面对通道中间布置冷风出口,形成一个冷空气区"冷通道",冷空气流经设备后形成的热空气排放到两排机柜背面中的"热通道"中，热空气回到空调系统，使整个机房气流、能量流流动通畅，提高了机房精密空调的利用率，从而进一步提升了制冷效果。

（3）合理规划静压仓气流组织。在规划静压仓的气流组织时，确保架空地板下的送风断面风速控制在 1.5～2.5m/s 的范围内；活动地板净高度不宜小于 400mm；架空地板内不应布放通信线缆，空调管道和线缆不应阻挡空调送风。

（4）合理规划机架气流组织。防止气流乱窜，必须保证机架的进风与出风口是隔离的。也就是说，在 IT 设备没有到位的情况下，应该用挡风板将没有用到的位置封闭起来。所有的线缆不再采用传统方式辅在机架前部两侧，而是通过埋线器从机架的后端进线。

## 2.6 防护处理

数据中心机房的安全是整个信息系统安全的前提，如果数据中心机房存在电击、火灾、漏水及电磁泄漏等安全隐患，这些隐患可能导致数据中心机房发生事故，进而使整个信息系统的安全无法得到保障。

### 2.6.1 静电防护

#### 1. 静电危害

静电的危害集中体现在以下几个方面。

（1）静电放电时可能产生宽带电磁脉冲干扰，可以通过多种途径耦合到通信和数据处理设备的低电平数字电路中，导致电路电平发生翻转，出现误动作。

（2）当人体静电造成静电泄放时，瞬时脉冲高，平均功率可达千瓦以上，足以击穿或烧毁敏感元器件。

（3）静电放电造成的杂波干扰，还可能引发通信设备中的用户板、中继板、控制板间歇式失效，信息丢失或功能暂时性丧失，且由于存在潜在损伤，在以后的工作中出现类似情况不好判断，也不好排除，最终会由于静电放电或其他原因使电子器件过载，进而引起致命失效。

#### 2. 静电产生的途径

计算机机房静电产生的途径主要有以下四个方面。

（1）机房地板上的地毯易产生静电积累。

（2）工作人员穿着的毛纤类衣物，是静电产生的温床，同时，他们穿着的橡胶、绝缘性的鞋也会导致静电无法释放。

（3）设备正常工作时会产生静电，如 EMI 抗干扰滤波电路的开关电源和显示器等。

（4）从线路上侵入的感应静电，如不同种类的线路合并铺设，会在线路表皮交错感应静电；

机房外的电磁干扰、设备工作时的电磁干扰,也会在线路表皮感应静电。

### 3. 防护措施

静电可以通过以下几种方法来进行防护。

(1) 机房电磁屏蔽。机房电磁屏蔽的基本原理基于"法拉第笼",根据接地导体静电平衡的条件,笼体是一个等位体,电荷分布在笼体的外表面上,从而可以将其用于消除外界电磁感应对机房内设备的影响。根据这一原理,机房空间内应设置金属屏蔽网或金属屏蔽室,屏蔽网间电气导通,可靠接地;机房内的金属门、窗、防静电地板等,应使用金属导线(最好是绝缘包裹的导线)与室内的汇流排进行等电位连接。机房宜选择在建筑物底层中心部位,其设备应远离外墙结构柱及屏蔽网等可能存在强电磁干扰的地方。

(2) 合理布线。强电线路与弱电线路分开铺设,防止强电干扰;布置信号线路的路由走向时,应尽量减少由线缆自身形成的感应环路面积。强电、弱电分开铺设,通常在机房外部都能够做到,但是在许多机房,预留的电源、信号线缆较长,在室内空间有限的情况下,会被打卷存放。施工时要把打卷的线缆留出适当的长度,割掉多余的部分,使线缆尽可能地平铺放置。进入机房的线缆屏蔽层、金属桥架、光缆的金属接头等,应在进入机房时做一次接地处理,即与机房内汇流排可靠连接。防静电地板下面的强电线缆与弱电线缆在平铺时距离不能太近,避免相互交叉穿行,确保它们分开铺设,保持合理间距。

(3) 接地及等电位连接。接地是消除静电最基础的一环,接地的好坏直接关系到静电消除的效果,如图 2-23 所示。通常情况下,机房的接地采用共用接地装置,阻值一般要求不大于 4Ω;如果设备有特殊要求,应按照最小值接入。在工程实践中,常用的做法有两种。一是机房的接地干线采用铜质材料,截面积不小于 $16mm^2$,并与机房内设置的局部等电位接地端子板可靠连接。机房内的其他接地线路也需与该接地端子板可靠连接,以消除不同接地之间的干扰和反击。二是机房内的金属机柜外壳、金属设备外壳、线缆屏蔽层、金属桥架、屏蔽网(包括静电底板)等均需与局部等电位接地端子板电气导通。

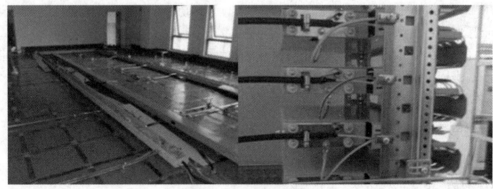

图 2-23 机房接地施工图

(4) 保持机房适当的湿度。主要用于释放机房空气中游离的电荷,降低空气中电荷的浓度。机房的湿度应适当,以不结露为宜,以免因湿度过大损坏设备。在室内放置一个湿度计,过度干燥时,开启加湿器;湿度过大时,开启除湿器(有独立空调的,可以使用空调的除湿功能,而不必单独设置除湿器),将湿度控制在合理的范围内。

(5) 人员管理。一是工作人员穿戴防静电服装,佩带腕带。在进入机房前,工作人员应穿戴好防静电工作服,并在接触设备前,触摸一下接地良好的金属设施,释放身上的静电。对于在机房内长时间操作的人员,最好戴上腕带,腕带的另一端应就近可靠接至设备机架或外壳。二是使用静电消除设备。当综合采取上述措施仍不能满足系统运行要求时,可以使用一些静电消除设备,如离子风静电消除器、感应式静电消除器等,这些设备能在一定程度上进一步缓解静电放电的危害。

### 2.6.2 防火

**1. 数据中心火灾原因**

数据中心火灾发生通常出于以下原因。
(1) 电缆、继电器、电路板和信号处理设备等因过热导致初期火灾。
(2) 设备故障起火,如 UPS 的 AC/DC 变换环节故障、电池组接线端短路,以及空调设备电加热器等都会引起火灾。
(3) 环境和人为因素引起的火灾,如雷击、静电放电、接线操作时带电操作等。

**2. 数据中心消防系统**

(1) 数据中心消防区域的划分。数据中心各类房间的性质、用途不同,在进行消防系统设计时,从防火角度出发可将机房划分为脆弱区、危险区和一般要求区。

① 脆弱区。一旦出现火灾,将会使整个数据中心 IT 系统停止运行,业务完全中断,或者使一些重要信息受到严重破坏。该类房间人员数量极少,多为无人值守的房间,包括主机房区及基本工作房间中的运行控制室、高低压配电室、UPS 室、蓄电池室等。

② 危险区。指放置易燃物质的房间,这类房间易引起火灾,但容易被人们忽视,包括未记录的磁介质存放间、打印纸存放间、资料室、储藏室及机电油库等。

③ 一般要求区。指除上述两个区域以外的房间,包括办公室、休息室、更衣间等。工作人员较多,如果有火灾发生,应能及时发现并处理,其设备的损坏对数据中心的安全影响不是最直接的。

(2) 数据中心消防系统设计。消防系统的主要作用是控制或扑灭火灾,保护建筑及设备。常见的消防系统有消火栓系统、自动喷水灭火系统、高压细水雾灭火系统和气体灭火系统等。除此之外,还会配备建筑灭火器,以便在火灾初期进行及时扑救。

① 消火栓系统。属于建筑消防的常规配置,可以有效地保护建筑、设备和人员。对于数据中心建筑来说,一旦到了动用消火栓的阶段,也就意味着火势已经蔓延或扩大了。此时,大量的水喷射到机房内部,对设备及机房的破坏就在所难免了。

② 自动喷水灭火系统。也是常规的建筑灭火系统,具有经济、高效的特点。数据中心建筑严禁系统误喷也严禁系统处于准工作状态时管道漏水。在工程实际应用中一般采用预作用系统保护走廊等公共区域,从而大大降低误喷率,并减少水浸损失对数据中心机房运行的影响。对

于行政管理区，如办公室、休息室、更衣间等，也可以采用普通湿式灭火系统。

③ 高压细水雾灭火系统。高压水经特殊喷嘴产生极其细小且具有充足动量的雾状水滴，如图2-24所示。其灭火机理是依靠水雾化成细小的雾滴，充满整个防护空间并包裹保护对象的空隙，通过冷却、窒息等方式进行灭火。其灭火效率远高于普通水喷淋系统，并具有高效、环保、节水的特点。与传统的自动喷水灭火系统相比，细水雾灭火系统用水量少、水渍损失小、传递到火焰区域以外的热量少，适用于扑救带电设备火灾和可燃液体火灾。

图 2-24　高压细水雾灭火系统

④ 气体灭火系统。气体灭火剂可分为化学气体灭火剂和惰性气体灭火剂，代表物分别为七氟丙烷和 IG541，如图 2-25 所示。数据中心建筑气体灭火系统设计要充分考虑安全性(人员、被灭火设备等)、灭火效率、系统运行的稳定性和可靠性、经济性及环保洁净性等因素。

图 2-25　气体灭火系统

**3. 防火系统的选择及标准**

针对不同的防护区采取不同的灭火系统极为重要。主机房区、UPS 配电室、电池间、高低压配电室、照明配电室、电信接入间等防护区，应采用高压细水雾灭火系统或者气体灭火系统。新风机房、走廊、行政管理区等应采用喷淋系统，且宜采用预作用系统。

(1) 高压细水雾系统。水质不应低于现行《生活饮用水卫生标准》(GB 5749-2022)；系统需要配备必要的过滤器，过滤器的规格、材质和设置部位要保证系统安全运行；根据保护对象的火灾危险性及空间尺寸选用不同的高压细水雾喷头类型。

(2) 气体灭火系统。目前多采用 IG541 有管网全淹没组合分配系统；防护区不宜超过 8 个，最大防护区面积不宜大于 $800m^2$，容积不宜大于 $3600m^3$，机房架空地板、机房精密空调区等均为气体灭火保护区，要计入系统内；组合分配系统的灭火剂储存量，应按储存量最大的防护区确定；合理划分系统，尽量将防护区容积相近的房间划分为同一系统以降低系统规模；防护区应同时设计泄压口、灾后通风等系统；应考虑人员撤离时间，一般设计为系统延时 30s。

(3) 火灾自动报警系统。根据机房火灾的特点建议采用感烟和感温探测器交叉组合使用。

(4) 消防废水排放。数据中心建筑应设计必要的消防排水系统，以备不时之需；系统地漏应采用洁净室地漏或自闭式地漏；精密空调间、加湿器、设有架空地板的机房等房间地面应设置挡水和排水设施；电气设备下可以增设底座，电气房间门口可以加设活动门槛等以防水浸危害；设置必要的漏水检测设施，提高系统的安全性。

### 2.6.3 防水

#### 1. 数据中心的水灾隐患

机房位于顶层时，因漏水可造成水灾；位于底层时，因上下水管道堵塞也可能造成水灾。机房内的暖气系统漏水、水冷系统因设计不当而损坏导致的漏水、机房区内水源检修阀漏水，以及机房内卫生间下水管道漏水等情况，均可能造成水灾。

#### 2. 机房建设时合理规划防水

机房选址时，应远离水源。同时，在机房的总体设计中，要考虑到机房顶面的防水问题，在机房顶面的楼层相应的地面要做好防水处理。

若机房使用暖气系统，应在暖气下设立防水槽，确保一旦暖气漏水，水能够被有效收集和处理；采用钢串片式暖气片，管道全部采用焊接，防止漏水。

与机房区无关的水管不得穿过主机房。若无法避免，应做好防结露保温措施，水管应采用镀锌钢管螺纹连接，接缝处确保严密并经试压检验，管道阀门不应设在机房内。机房应远离有上下水的房间和卫生间。机房内必须安装水源时，应设防水沟或地漏，并加强管理，防患于未然。

#### 3. 定期消除隐患，让数据中心远离水灾

定期检查机房空调设备专用水源的密封性能，发现有泄漏处应及时修理。对于机房建在楼顶层的单位，应定期检查机房屋面有无渗水漏水的情况，清除屋顶排雨水装置的堵塞物，保障雨水泄水管道的畅通无阻。

采取多种措施，防止雨水从窗户、门底进入或渗入，防止空调设备冷凝水漏在机房里。采

用现代化漏水检测系统，一旦发生漏水，及时报警，及时处理，以免酿成水灾。

**4. 机房防水处理实例**

在机房空调上、下水管安装时采用铝塑管。铝塑管的特点是在安装过程中可以做到整个上下水管路中间无接头，从而有效解决了上下水管路的渗漏水问题。

在精密空调下方处装有防水托盘，并在防水托盘里安装漏水报警感应线，这样一旦漏水发生，也可及时报警。

可以在空调室和主机房间地面砌 100mm 高的防水坝，并在防水坝的范围内做防水处理。在整个防水坝的范围内安装漏水报警系统，并与空调上水进水电磁阀联动，以便在发生漏水时及时切断水源。

由于机房外采用水消防，故可以在机房气体保护区分界墙体安装 400mm 高的防水坝以隔断可能产生的水患。

给进入机房的所有水管做保温处理，以防止由于温差产生结露水，并在空调室和主机房区设置排水地漏。通过以上防水处理，保证机房防水措施万无一失。

### 2.6.4 防雷

**1. 雷电损害的主要途径**

(1) 直击雷通过过避雷针直接导入地下，导致地网地电位上升。地电位的高电压通过设备的接地线引入电子设备造成地电位反击。

(2) 当雷电流沿引下线入地时，会在引下线周围产生磁场，导致引下线周围的各种金属管(线)上因感应而产生过电压。

(3) 进出建筑物或设备机房的电源线和通信线等在外部受直击雷或感应雷而加载的雷电压及过电流沿线路入侵电子设备，造成设备因过电压损坏。

因此，需要针对雷击浪涌入侵的三种途径采取相应的措施和防雷设备。

**2. 综合防雷的防护原理**

(1) 过电压。一切对电气设备绝缘有危害的电压升高，统称为过电压。在供电系统中，过电压按其产生的原因不同，通常分为两类：内部过电压与雷电过电压。

(2) 泄放和均衡。雷电防护的中心内容是泄放和均衡。

① 泄放是将雷电与雷电电磁脉冲的能量通过大地泄放，并且应符合层次性原则，即尽可能多、尽可能远地将多余能量在引入通信系统之前泄放入地；层次性就是按照所设立的防雷保护区分层次对雷电能量进行削弱。

② 均衡就是保持系统各部分不产生足以致损的电位差，即系统所在环境及系统本身所有金属导电体的电位在瞬态现象时保持基本相等，这实质是基于均压等电位的连接。一个电位补偿系统由可靠的接地系统、等电位连接用的金属导线和等电位连接器(防雷器)组成，这个完备的电位补偿系统可以在极短时间内形成一个等电位区域，这个区域相对于远处可能存在数十千伏的

电位差。重要的是，在需要保护的系统所处区域内部，所有导电部件之间不存在显著的电位差。

(3) 雷电防护系统。雷电防护系统由外部防护、过渡防护和内部防护三部分组成。外部防护由接闪器、引下线、接地体组成，可将绝大部分雷电能量直接导入地下泄放；过渡防护由合理的屏蔽、接地、布线组成，可减少或阻塞通过各入侵通道引入的感应；内部防护由均压等电位连接、过电压保护组成，可均衡系统电位，限制过电压幅值。

### 3. 数据中心的防雷保护

(1) 机房的直击雷的防护。主要针对机房所在建筑物所做的防止直击雷击中建筑物而引起的直接损坏和间接引起的雷电电磁脉冲造成的损坏。通常的做法是，在建筑物上安装完善的避雷网、带，加装避雷针。由于通信机房有时所处位置较为空旷，不建议在建筑物上安装超过建筑物高度的避雷针，其原因在于：传统意义上的避雷针是将雷电通过避雷针进行放电入地，而没有考虑强大的雷电流在通过避雷针时所产生的具有较高能量的雷电电磁脉冲，这种由避雷针引雷直接衍生的雷电电磁脉冲是对现代计算机网络系统的最大威胁。

(2) 电源系统的感应雷防雷保护。电源采用三级防雷保护有利于雷电流的逐渐释放，将雷电过电压逐级衰减，使之降到设备能承受的范围之内。电源第一级电涌保护器主要安装在大楼总配电柜(箱)内，第二级电涌保护器主要安装在计算机中心机房的分配电柜(箱)内，第三级电涌保护器主要安装在设备电源输入的前端，使感应雷电过电压下降到设备承受的范围之内，以保护设备的安全。

(3) 通信系统的感应雷防雷保护。机房设备的系统综合防雷，单有电源的防雷保护是不够的，因为雷电流除了会从电源端入侵外还会通过通信通道入侵。对于计算机网络信号的防雷保护，主要针对的是传输设备及终端设备的保护，根据接口的不同类型，安装相应的防雷设备，可以对馈线、串口、并口、网络接口、各种协议接口、话路配线、光纤等进行全面可靠的保护，从而确保机房内设备信号系统的安全。

(4) 机房内等电位连接。机房的等电位措施主要是为了减少各设备之间点位不均导致的设备间放电而造成的设备损坏。主要做法是，在机房静电地板下铺设铜箔或铜编织带。

(5) 合理布线及优化设计。机房的布线是否合理往往直接影响设备的运行安全。在机房设备间进行布线时，应注意布线的合理性以及屏蔽电磁干扰，如尽量避免强、弱电在同一个线槽内，使强、弱电系统保持独立分开。同时在机房的设备摆放上应注意，设备与建筑立柱及靠墙之间的距离，最小应大于1.5m，设备如靠墙太近则容易造成墙内的钢筋在泄流时对设备进行闪络放电。

## 2.6.5 防电磁泄漏

数据中心里包含有大量的电子设备和线缆，这些部件都会产生电磁辐射，相互影响。面对电磁辐射，可以适当部署一些电磁屏蔽技术，有效减少大部分辐射。

数据中心内部的电磁辐射来源非常广泛，配电箱、大功率电动机、高频开关电源、空调设备、各种电子设备均可产生周期性脉冲式电磁辐射，各种线缆、光纤、跳线架、机柜等也会产生电磁干扰信号。电磁波具有方向性，相同方向的电磁波叠加，辐射强度增加，相反方向的电磁波叠加，辐射强度减弱，多次叠加产生一些强度较大的辐射波，会对其他设备，甚至人造成伤害。

电磁屏蔽是利用屏蔽体来阻碍和减少电磁能量传输的一种技术，通过屏蔽可以防止外来的电磁能量进入某一区域，避免周围的敏感电子设备受到干扰，同时限制内部辐射的电磁能量漏出该内部区域，在内部区域及时消除，避免电磁干扰影响周围环境。在数据中心里，可通过以下几个技术进行电磁屏蔽。

(1) 施工技术。数据中心的建筑物结构中含有许多金属构件，如金属屋面、金属网格、混凝土钢筋、金属门窗和护栏等。在进行数据中心设计时，将这些自然金属物件在电气上连接在一起，可以构成一个立体屏蔽网。这种自然屏蔽能有效阻挡外部侵入的各种辐射，保护内部设备免受干扰。

(2) 接地技术。电子设备必须接地，尤其是直流设备更为敏感，因此务必接地处理。数据中心里的屏蔽及非屏蔽系统、光缆，也均需实施保护接地。良好的接地条件，可以保证雷电和电力线上负荷切换产生的浪涌电流、各种电磁辐射在设备和缆线屏蔽层上形成的感应电流以及静电电流经过接地系统时被及时释放，从而可以有效消除电磁辐射。

(3) 设备屏蔽技术。很多设备本身具有一定的抗电磁干扰的能力，设备在设计时就会考虑电磁辐射的问题。虽然敏感器件通过增加封闭的金属层，可以形成一层保护膜，但不能给整个设备增加一个金属外壳，这就需要设备的元器件具备一定的抗辐射能力。每个设备在设计时都要做电磁辐射实验，看抗辐射能力是多大，保证在通用的数据中心环境中可以使用。

数据中心的电磁屏蔽是一项长期的维护工作，数据中心机房内部电磁环境复杂多变，需要周期性地对环境进行检查，要求数据中心运维人员每天拿着测量设备，到机房内设备区进行细致测量，发现隐患及时采取措施，快速消除，要将检查电磁环境或电磁场强度作为数据中心日常运维的一项重要工作来开展。

## 2.7 监控系统

数据中心引入监控系统，对机房内空间环境、设备运行环境和机电设备的运行状况进行实时监测，能够实现对数据中心安全防护和环境的统一监控，减轻维护人员负担，提高数据中心的安全性和系统的可靠性，实现机房的科学管理。

### 2.7.1 安防监控

数据中心的安全防范系统设计至关重要，它是一项复杂的系统工程，需要从物理环境和人为因素等各方面来全面地考虑，一般由视频安防监控系统、出入口控制系统、入侵报警系统、电子巡更系统、安全防范综合管理系统等系统组成。

## 1. 设计原则

系统的防护级别与被防护对象的风险等级相适应，同时技防、物防、人防相结合，探测、延迟、反应相协调，既要满足防护的纵深性、均衡性、抗易损性要求，也要满足系统的安全性、可靠性、可维护性要求，还需兼顾系统的先进性、兼容性、可扩展性、经济性和适用性要求。

## 2. 安全等级定义

针对数据中心不同功能区域，可以定义四个安全保障等级区。数据机房楼内的模块机房及监控中心区域被定义为一级安全保障等级区；机电设备区、动力保障区被定义为二级安全保障等级区；运维办公区域被定义为三级安全保障等级区；园区周界区域被定义为四级安全保障等级区。

## 3. 视频安防监控系统

视频安防监控系统根据数据中心园区的使用功能和安全防范要求，对建筑物内外的主要出入口、通道、电梯厅、电梯轿厢、园区周界及园区内道路、停车场出入口、园区接待处及其他重要部位进行实时有效的视频探测、视频监视以及图像显示、记录和回放。

视频监控系统经历了从模拟到数字、从传统到网络、从基本功能到智能化视频监控的发展过程。这些发展使得视频监控系统在图像质量、存储容量、传输距离和智能分析等方面都有了显著的提升，为安全监控和管理提供了更多的选择和功能。数据中心机房内一般按照机柜的排列方位安装摄像监控设备，例如在设备通道间安装，如图 2-26 所示。

图 2-26　机房视频监控图

## 4. 出入口控制系统

出入口控制系统即门禁系统，作为数据中心园区安全防范系统的主要子系统，它承担两大主要功能一是实现对进出数据中心园区各重要区域和各重要房间的人员进行识别、记录、控制和管理；二是实现其内部公共区域的治安防范监控。

出入口控制系统要求能满足多门互锁逻辑判断、定时自动开门、刷卡防尾随、双卡开门、卡加密码开门、门状态电子地图监测、输入/输出组合、反胁迫等功能需求。控制所有设置门禁的电锁开/关,实行授权安全管理,并实时地将每道门的状态向控制中心报告。

通过管理电脑预先编程设置,系统能对持卡人的通行卡进行有效性授权(进/出等级设置),设置卡的有效使用时间和范围(允许进入的区域),便于内部统一管理。系统还可以设置不同的门禁区域、门禁级别。

### 5. 入侵报警系统

根据相关规范、标准,在数据中心园区的周界围墙、重要机房和重要办公室设置入侵报警探测器、紧急报警装置。入侵报警系统采用红外和微波双鉴探测器、玻璃破碎探测器等前端设备,构成点、线、面的空间组合防护网络。

周界围墙采用电子围栏或红外对射探测器,地下油罐周界采用电子围栏及图像跟踪相结合的防护手段、措施,重要机房、档案库、电梯间、室外出入口等设置双鉴探测器。

对探测器进行时间段设定,在晚上下班后,楼内工作人员休息时段及节假日设防,并与视频安防监控系统进行联动,有人出入时联动监视画面弹出,监测人员出入情况,及时发现问题防止不正常侵入,同时声光报警器报警。

### 6. 电子巡更系统

在园区内采用在线式电子巡更系统。在主要通道及安防巡逻路由处设置巡更点,同时利用门禁系统相关点位作为相应的巡更点。

### 7. 安全防范综合管理系统

利用统一的安防专网和管理软件将监控中心设备与各子系统设备联网,实现由监控中心对各子系统的自动化管理与监控。当安全管理系统发生故障时,不影响各个子系统的独立运行。

(1) 对安防各子系统的集成管理。主要针对视频监控系统、出入口控制系统及入侵报警系统,在集成管理计算机上,可实时监视视频监控系统主机的运行状态、摄像机的位置、状态与图像信号;同时,也能实时监视出入口控制系统主机、各种入侵出入口的位置和系统运行、故障、报警状态,并以报警平面图和表格等方式显示。

(2) 安防系统联动策略。主要包括安保系统与门禁、照明、电梯、CCTV(闭路电视监控系统)、紧急广播、程控交换机等系统的高效联动。安保系统与消防系统联动策略为:当大楼内某一区域发生火警时,立即打开该区域所有的通道门(其他区域的门仍处于正常工作状态),并启动该区域的摄像机系统,设置预置位进行巡视,多媒体监控计算机启动报警,并将图像信号切换到控制室指挥中心、公安监控室、消防值班室的监视器上进行显示。

数据中心的综合安防管理需要综合考虑人防、物防及技防。设防管理仅是技术手段,制度的管理和执行更为重要。

## 2.7.2 环境监控

数据中心的环境监控系统通常由监控主机、计算机网络、智能模块、协议转换模块、信号处理模块、多设备驱动卡及智能设备等组成。目前的环境监控系统进一步增强了系统的报警功能，除现场的多媒体报警外，另设置了电话通知、短信通知、E-mail 通知等方式，能适应现场无人值守的实时监控模式。

### 1. UPS 系统监控

在数据中心的电源区，环境监控系统通过 UPS 厂家提供的智能通信接口及通信协议，实时监视 UPS 整流器、逆变器、电池、旁路、负载等各部分的运行状态与参数，如图 2-27 所示。环境监控系统可全面诊断 UPS 状况，监视 UPS 的各种参数。一旦 UPS 报警，系统将自动切换到相应的 UPS 运行画面。越限参数将变色，并伴随报警声音，同时提供相应的处理提示。针对重要的参数，可提供曲线记录，可查询一年内的参数运行曲线，并可显示选定具体时间(以天为单位)该参数的最大值、最小值，方便管理员全面了解 UPS 的运行状况，及时发现并解决 UPS 运行中出现的各种问题。

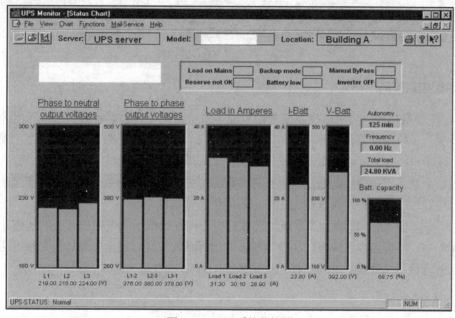

图 2-27　UPS 系统监控图

### 2. 精密空调系统监控

环境监控系统通过机房精密空调自带的智能通信接口，可实时、全面诊断空调状况，监控空调各部件(压缩机、风机、加热器、加湿器、去湿器、滤网等)的运行状态与参数，并可远程修改空调设置参数(温度与湿度)，实现空调的远程开关机，如图 2-28 所示。环境监控系统一旦监测到有报警或参数越限，将自动切换到相关的运行画面。越限参数将变色，并伴随报警声音，同时提供相应的处理提示。对重要参数，可提供曲线记录，用户可通过曲线记录直观地看到空调机组的运行品质。空调机组即使有微小的故障，也可以通过系统检测出来，及时采取措施防止空调机组进一步损坏。对严重的故障，系统可按用户要求加设电话语音报警。

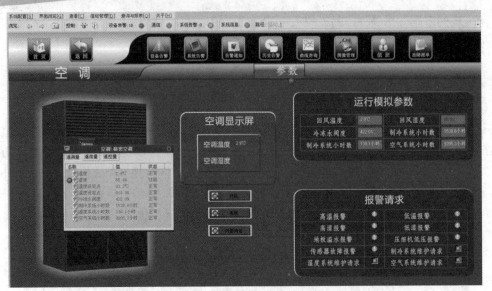

图 2-28 精密空调系统监控图

### 3. 供配电系统监控

(1) 配电参数检测。环境监控系统采用智能电量检测仪，对数据中心的总输入电源柜的电量进行检测。该检测仪带有报警功能和智能通信接口，可与环境监控系统主机相连，采集所需的参数，使用户能方便读取配电的电流、电压，了解供电质量，同时，用户可以查看所监测配电线路的参数及其历史曲线。通过分析有关参数的历史曲线，数据中心管理员能清楚地知道供电电源的可靠性，为合理地管理数据中心电源提供科学的依据。

(2) 开关状态检测。环境监控系统监视数据中心内各级低压配电输出开关的状态。当开关跳闸或断电时，环境监控系统自动切换到相应的运行画面，同时发出多媒体语音和电话语音报警，通知管理员尽快处理，并将事件记录到系统中。

### 4. 漏水监控

环境监控系统对数据中心内的漏水水源进行实时监测，根据数据中心场地的情况，采用绳式漏水传感器将水源包围起来，一旦漏水，系统可确保在第一时间报警，使维护人员能尽快进行处理。这类系统有时还可用作数据中心洁净度的检测工具，当感应线上的尘埃集结到一定厚度，系统会报警提示管理人员派人处理。

### 5. 温湿度监控

环境监控系统采集数据中心内部各空间点位的实时温湿度，提供各点位准确的实际温湿度值，便于管理员通过调节送风口的位置、数量，设定空调的运行温湿度值，使数据中心各点的温湿度达到合理范围，确保设备的安全正常运行。另外，为了保证电池的使用寿命，管理员也需要了解电池间的温湿度，并将其控制在合理范围内。

#### 6. 消防监控

数据中心的环境监控系统接收来自消防控制箱给出的报警信号,实时监测数据中心内的火灾情况,即便无人值守,也可以确定消防工作状态。一旦消防系统报警,环境监控系统可根据需要联动门禁系统打开所有的门锁,让工作人员能尽快地脱离现场,同时启动相应的消防灭火措施。

## 2.8 模块化机房

模块化机房是一种新型的数据中心建设和管理方式,它将传统的数据中心设施划分为独立的模块,以获得快速部署、灵活扩展和可定制化的优势。模块化机房的核心思想是将整个数据中心拆分为多个独立的模块单元,每个模块都具备完整的基础设施。这些模块可以根据实际需求进行组合和扩展,以满足不同规模和功能需求的数据中心。

### 2.8.1 模块化机房的兴起

#### 1. 传统数据中心面临的问题

传统数据中心在建设和运维过程中常常面临如下问题。

(1) 建设周期长。传统数据中心需要进行大规模的建筑施工、设备安装等工作,导致建设时间较长,无法快速响应业务需求。

(2) 扩展性差。传统数据中心的扩展性较差,一旦业务需求增加,往往需要进行大规模的扩建,包括新增机房、扩大电力供应、增加冷却系统等,增加了扩展的成本和复杂性。

(3) 能耗高。大型空调系统和高功率设备造成了数据中心巨大的电力损耗,传统数据中心的建设没有很好地考虑用电、制冷、气流管理等问题,导致很多数据中心的 PUE 偏高,不利于节能和环保。

(4) 机房运维难度大。数据中心的机房运维包括设备维护、故障排除、安全管理等,需要专业的技术人员和复杂的运维流程,增加了运维的难度和成本。

#### 2. 模块化机房的优点

为了解决传统数据中心在建设和运维过程中面临的问题,模块化机房逐渐兴起。模块化机房具有以下优点。

(1) 建设周期短。模块化机房采用预制的模块,可以快速搭建和部署,从而大大缩短了建设周期,并能更快地响应业务需求。模块化机房的组装和调试工作可以与其他建设工作同时进行,提高了效率和速度。

(2) 扩展性强。模块化结构使得扩展变得更加方便。可以根据实际需求,逐步增加模块来扩展数据中心的容量，实现分期建设，避免了一次性大规模扩建的成本和复杂性。

（3）可靠性强。模块化机房采用标准化的模块设计，模块之间具有高度的一致性和兼容性。这使得每个模块都可以独立运行，如果某个模块出现故障，不会影响其他模块的正常运行，提高了数据中心的稳定性和可靠性。

（4）能耗低。模块化机房通常采用节能的设计和技术，如高效的冷却系统、智能化的电力管理等，能够有效降低能耗，提高能源利用效率。

（5）运维简单。模块化机房的运维相对简单，模块化设计使得设备维护和故障排除更加容易，同时可以通过智能化的监控系统进行远程监控和管理，降低运维成本和难度。

（6）安全性高。模块化机房通常配备了完善的安全措施，如防火墙、监控系统等，保障机房的安全性和数据的保密性。通过合理的安全设计，减少了机房面临的安全风险。

模块化机房的建设形式分为微模块化机房和预制模块化机房两种。

## 2.8.2 微模块化机房

微模块化机房是一种较小规模的模块化机房解决方案，它通常由多个独立的微模块组成，每个微模块都是一个独立的完整空间，主要由机柜、密闭通道、供配电系统、制冷系统、智能监控系统、通风系统、综合布线和消防系统组成，如图2-29所示。

图2-29　微模块组成示意图

在确定微模块化机房规模之前，首先应该明确所需设备数量，计算出机柜的数量，然后根据机柜数量和功耗计算电源、制冷等需求，最终才能确定微模块化机房的规模。除了选址、环境、电气、布线、消防等方面应符合《数据中心设计规范》GB50174-2017的标准外，微模块化机房对机房高度、地面负荷等参数还有额外的要求。主要体现在以下两个方面。

（1）主机房净高应不低于3.9m，配电室净高不低于4m。目前微模块主流产品的高度在2.5 m~2.8m，架空地板的高度一般不超过 40cm。考虑到走线架与其他管道的空间，主机房净高至少需要3.9m。

（2）主机房的地面荷载应不低于12kN/m$^2$，UPS电池及配电室的地面荷载应不低于16kN/m$^2$。

目前，绿色、模块化、智能化是数据中心产品技术创新的重点，我国正在积极推进绿色转型，以实现碳达峰碳中和的目标，促进能源资源节约和生态环境保护，在模块化机房设计方面，也充分体现了这个发展趋势。华为FusionModule2000作为一款微模块化机房的产品，主要应用于中小数据中心场景，它采用模块化设计，将智能母线、温控、机柜、通道、布线、监控等集成在一个模块内,具有一体化集成、安全可靠、架构兼容、快速灵活部署、智能化监控、高效稳定等优势,同时能够节省占地面积和能源。华为智能微模块通过引入 AI 技术,实现了供配电和制冷的智能联动控制,对机房资产进行自动化管理,从而提升了数据中心的可靠性、可用性及运维效率。该产品规格如表2-3 所示。

表2-3 FusionModule2000产品规格

| 项目 | | 规格描述 |
| --- | --- | --- |
| 微模块 | 尺寸规格 | 单排密封冷／热通道(L×W×H):<br>L×2400×2410mm,L≤15 m;L×1350×2000mm,L≤15 m<br>L×1600×2000mm,L≤15 m<br>双排密封冷／热通道(L×W×H):<br>L×3600×2410mm,L≤15 m;L×3400×2410mm,L≤15 m<br>L×3600×2610mm,L≤15 m |
| | 支持 IT 柜数量 | 单排:≤24 柜;双排:≤48 柜 |
| | 电源制式 | 380/400/415VAC,50/60Hz |
| | 单模块 IT 负载 | ≤180kW(UPS 内置);≤145kW(一体化配电柜);≤310kW(精密配电柜);<br>≤310kW(智能母线) |
| | 走线方式 | 上进线上出线 |
| | 安装方式 | 可直接水泥地面安装,也可架空地板安装 |
| 行级风冷温控 | 制冷量 | 25kW/35kW/46kW/65kW |
| | 室内机尺寸<br>(H×W×D) | 2000mm×300mm×1100mm(25kW)<br>2000mm×300mm×1200mm(35kW)<br>2000mm×600mm×1200mm(46kW/65kW) |
| | 输入电源 | 380/400/415VAC、50/60Hz |
| | 制冷剂 | R410A |
| 一体化 UPS<br>(UPS 内置) | 输入功率因数 | 满载＞0.99,半载＞0.98 |
| | 输出功率因数 | |
| | 额定容量 | 30~125kVA:<br>负载≤120kW,功率模块数≤4,单个功率模块容量 30kVA<br>负载＞120kW,功率模块数≥5,单个功率模块降额到 25kVA;<br>180kVA:最大支持7 个 30kVA 功率模块,功率模块6+1 冗余 |
| | 输出规格 | IT:2×24×40A/1P,温控:8×40A/3P 或 8×63A/3P,照明:3×10A/1P |

### 2.8.3 预制模块化机房

预制模块化机房是一种更大规模的模块化机房解决方案，它由多个预制的模块组成，每个模块都是独立的机房单元。预制模块化机房通常在工厂中进行制造，然后在现场进行组装和安装，适用于大型企业或高可用性和扩展性的数据中心。它由多个标准化的模块组成，包括机房主体、供电系统、空调系统、UPS 系统、监控系统和消防系统等，如图 2-30 所示。

图 2-30　预制模块化机房

目前，预制模块化机房已经从单机房模式向平层或多层堆叠部署方式演进，预制程度逐渐加深。这里介绍一款代表性产品——华为的 FusionDC1000C 系列。FusionDC1000C 系列面向新建大型预制数据中心，采用全模块化设计，模块工厂预制预集成预测试，减少现场工作，支持快速建设及在线升级扩容。该产品由不同功能模块组成，主要包括五种典型的模块：设备模块、MEP 制冷模块、电力模块、水利模块和辅助模块。预制模块化机房配备数据中心基础设施管理系统，同时采用 AI 技术(iCooling、iPower 和 iManager)，提升运营效率。FusionDC1000C 预制模块化数据中心机房产品的规格如表 2-4 所示。

表2-4　FusionDC1000C产品规格

| 类别 | 项目 | 产品规格(智能风墙制冷) |
| --- | --- | --- |
| 整体参数 | 海拔 | 海拔≤4000m |
| | 环境适应性 | A/B/C 类环境，C 类为距离强腐蚀源(海边、垃圾堆放、重污染化工厂等)500m~3700m |
| | 工作温度 | -5~+55℃，-40~+45℃(低于-5℃需要进行外墙保温) |
| | 工作湿度 | 5%RH~95%RH |
| | 堆叠层数 | ≤5 层 |
| | 箱体寿命 | 标准 25 年，支持定制 50 年 |
| | 总 IT 容量 | ≤2016kW(在 336 柜/层的情况下) |
| | 平均单柜功率 | ≤12kW(单柜最大可达 15kW) |
| | 安装方式 | 600mm×1200mm×2000mm，600mm×1200mm×2200mm |

(续表)

| 类别 | 项目 | 产品规格(智能风墙制冷) |
|---|---|---|
| 载荷设计 | 活动载荷 | 供电区域 15kN/m²，设备区域 12kN/m²，走廊及公共区域 5kN/m²，顶板挂载 2.4kN/m²，屋面(不上人)0.75kN/m |
| 电气参数 | 电源制式 | 380/400/415V、50/60Hz、3P+N+PE |
| | UPS 配置 | 2×1200kVA |
| 温控参数 | 制冷冗余 | N+1 |
| | IT 设备区域温湿度范围 | 18~27℃；20%RH~80%RH |
| | 围护结构传热系数 | 总传热系数≤ 0.3 W/(m²×K) |
| 消防参数 | 灭火系统 | 含设备区域气体消防，非设备区域水喷淋 |

### 2.8.4 模块化机房的发展趋势

未来模块化机房的发展趋势将更加智能化、绿色环保、可持续发展和安全可靠。这将为各行各业提供更加高效、可靠和可持续的数据中心机房解决方案，满足不断增长的信息技术需求。

(1) 智能化。随着人工智能、大数据、物联网等技术的不断发展，模块化机房将越来越智能化。通过集成感知设备、自动化控制系统和智能管理平台，实现机房的智能监控、优化调度和自动化运维。智能化的模块化机房将能够更加高效地响应和适应不同的工作负载需求，提高机房的可用性和能源利用效率。

(2) 绿色环保。随着环保意识的提升和节能减排要求的加强，模块化机房的发展趋势将更加侧重于绿色环保。未来的模块化机房将采用更节能的供电和空调系统，利用可再生能源和能源回收技术，以减少能源消耗和碳排放。同时，模块化机房还将注重环境友好的材料选择和设计，减少对环境的影响。

(3) 可持续发展。数字经济的快速发展和信息技术的普及应用，推动了数据中心机房需求的不断增长。模块化机房将朝着可持续发展的方向发展，包括提高机房的可扩展性和可迁移性，以适应未来的业务需求和技术变革。同时，模块化机房还将注重资源的有效利用和循环利用，以延长机房的使用寿命。

(4) 安全可靠。随着网络安全威胁的增加和数据安全重要性的提升，模块化机房的发展将更加注重安全性和可靠性。未来的模块化机房将采用更高级的安全技术和设备，保护机房的物理安全和信息安全。同时，模块化机房还将加强故障容错和灾备能力，确保机房的连续运行和业务可用性。

## 2.9 习题

1. 简述数据中心选址需要考虑的因素。
2. 数据中心一般包含哪些功能分区?简述其主要功能。
3. 简述不同级别的数据中心机房在网络布线上的基本要求。
4. 数据中心 UPS 容量计算需要综合考虑哪些因素?
5. 数据中心空调制冷类型主要分为哪几类?
6. 机房热负荷的主要来源有哪些?
7. 简述机房专用空调与普通舒适空调的区别。
8. 如何合理规划数据中心气流组织?
9. 静电产生的途径有哪些?如何防护?
10. 数据中心常见的消防系统有哪些?
11. 数据中心的环境监控系统通常包含对哪些子系统的监控?
12. 请简述模块化机房相较于传统数据中心的优点。

# 第3章 网络子系统

网络子系统作为数据中心的重要组成部分,承担着连接数据中心大规模服务器进行大型分布式计算的重要角色。随着数据中心流量从传统的以"南北流量"为主演变为以"东西流量"为主,数据中心网络的带宽量和性能面临着新的挑战,加上虚拟化技术的应用需求不断提高,这些都需要有相应的网络技术进行支撑。

本章主要介绍数据中心网络子系统规划与设计方法,内容包括数据中心关键网络设备的工作原理、主流网络设备厂商的数据中心网络解决方案,以及数据中心网络新技术。

## 3.1 数据中心网络规划与设计

网络子系统作为数据中心的重要组成部分，承担着连接数据中心大规模服务器进行大型分布式计算的重要角色。随着数据中心流量从传统的以"南北流量"为主演变为以"东西流量"为主，数据中心网络的带宽量和性能面临着新的挑战，加上虚拟化技术的应用需求，这些都需要有相应的网络技术进行支撑。数据中心网络架构的高可用性、易扩展性、易管理性，关系着上层应用系统能否安全、高速、可靠地运行。数据中心基础网络设计应根据业务需求、用户需求以及安全需求等，完成对业务系统、网络资源的有效整合，通过采用高可用技术和良好的网络设计，实现数据中心可靠运行，保证业务系统的不间断性。

### 3.1.1 数据中心网络的需求分析

随着云计算、大数据、人工智能等新技术的发展，新一代数据中心的网络架构发生了很大的转变：由传统的以"南北流量"为主转变为以"东西流量"为主；由三层树形结构转变为大二层结构；由逐层收敛型网络向无阻塞胖型网络发展。这些转变对网络建设的需求产生了较大的影响，需要更加关注带宽需求、低延迟需求、网络可扩展性需求、网络安全性以及网络管理和维护等方面的要求，并在需求分析阶段予以充分考虑，确保网络建设能够满足新一代数据中心的业务需求。

**1. 新一代数据中心网络架构对网络建设需求的影响**

新一代数据中心网络架构的转变对网络建设需求的影响主要体现在以下几个方面。

（1）带宽需求增加。新一代数据中心网络架构以"东西流量"为主，即注重数据中心内部的流量，这意味着数据中心网络建设需要提供更高的带宽来支持大量服务器之间的通信和数据交换。因此，在需求分析阶段，需要准确评估网络的带宽需求，以确保网络能够满足业务的数据传输速度要求。

（2）低延迟需求提升。新一代数据中心网络架构的转变还要求网络具备低延迟的特性，以满足实时交互性应用的需求。在需求分析阶段，需要重点关注网络的延迟要求，并选择合适的网络设备和技术来降低数据传输的延迟，提升应用的响应速度。

（3）网络可扩展性要求提高。新一代数据中心网络架构倾向于采用大二层结构，即核心层和接入层。通过简化网络拓扑来提高网络的可扩展性。在需求分析阶段，需要考虑数据中心的扩展计划，并选择支持高度可扩展的网络设备和技术，以满足未来业务增长的需求。

（4）网络安全性要求提升。网络子系统的安全性要求不仅需要对各种安全威胁和风险进行分析和评估，还需要制定相应的安全策略和措施。在需求分析阶段需重点关注网络的安全需求，包括防火墙、入侵检测系统、访问控制等安全设备和技术的选择和配置。

（5）网络管理和维护要求提高。新一代数据中心要求网络具备良好的可管理性和可维护性。

在需求分析阶段，需要考虑网络的管理和维护需求，包括网络监控、故障检测和排除、性能优化等方面。选择支持集中式管理和自动化运维的网络管理工具和技术，以提高网络的管理效率和可靠性。

**2. 新一代数据中心网络建设需求分析**

综合考虑上述数据中心网络建设需求的变化，新一代数据中心网络建设的需求分析应从业务需求、用户需求、安全需求、系统需求以及成本需求五个方面进行。

(1) 业务需求。首先需要明确数据中心的主要业务需求，包括数据传输速度、容量、可靠性等方面的要求。例如，如果数据中心主要用于存储和处理大数据，那么其对网络的带宽和扩展性需求会更高；如果数据中心需要支持实时交互性应用，则网络的延迟需求会更为重要。

(2) 用户需求。了解数据中心的用户需求，包括用户的角色、使用模式以及对网络服务的期望。例如，如果数据中心主要为单位内部员工提供服务，那么用户的需求可能更注重可靠性、安全性和灵活性。如果数据中心为公共云服务提供商，那么用户可能更关注网络的可扩展性和性能。

(3) 安全需求。数据中心的网络安全是非常重要的。需要分析和评估各种安全威胁和风险，并制定相应的安全策略和措施。例如，针对网络的防火墙、入侵检测系统、访问控制等安全设备和技术，需要根据具体的安全需求进行选择和配置。

(4) 系统需求。数据中心网络通常由多个子系统组成，包括服务器、存储系统、交换机等。需要对这些子系统进行需求分析，包括性能、容量、互联方式等方面的要求。同时，还需要考虑系统的可管理性和可维护性，以方便后续的运维工作。例如，如果数据中心需要支持更深度的虚拟化，那么网络的可虚拟化和可编程性需求会更高。

(5) 成本需求。数据中心网络建设的成本也是一个重要的考虑因素。需要对建设和运维成本进行分析和评估，包括硬件设备、软件许可、人力资源等方面的费用。根据成本预算确定数据中心网络建设的可行性和优先级。例如，可以考虑使用开源软件和硬件设备，以降低成本。

## 3.1.2 数据中心网络的设计目标

数据中心网络是承载所有生产环境的系统，并为核心业务系统服务器和存储设备提供安全可靠的接入平台。数据中心网络建设目标包括实现高可用、易扩展、易管理和节能环保。

(1) 高可用。数据中心网络在充分考虑系统的应变能力、容错能力和纠错能力的基础上，应采取可靠的网络设备和技术，确保整个网络基础设施运行稳定、可靠，从而能够为上层应用提供不间断的网络服务。数据中心网络的高可用性可以通过冗余技术来实现，如电源冗余、处理器冗余、模块冗余、设备冗余、链路冗余等。

(2) 易扩展。目前数据中心所承载的业务越来越多，也越来越复杂，未来的业务承载范围会变得更多更广。业务系统频繁调整与扩展在所难免，因此数据中心网络必须能够适应业务系统的频繁调整，支持大量的服务器和设备连接、支持高带宽需求、支持快速的网络扩展等，以确保在性能上能够满足未来的业务发展。对于网络设备的选择和协议的部署，应遵循业界标准，确保良好的互通性和互操作性，以支持业务的快速部署。

(3) 易管理。数据中心网络设备数量较大，各种协议和应用部署越来越复杂，对运维人员的要求也越来越高，单独依赖运维人员个人的技术能力和业务能力是无法保证业务运行的持续性的。因此数据中心网络需要具备完善的运维管理平台，对网络设备的运行情况进行全面掌握，减少日常运维的人为故障。一旦出现故障，能够借助管理工具快速定位、快速修复。

(4) 节能环保。数据中心网络需要采用节能的网络设备、优化网络拓扑结构、动态调整设备功率等方式来降低能源消耗。具有节能特性的网络设备，可以根据网络负载的变化来调整功耗；通过设计合理的网络拓扑结构，减少冗余和不必要的网络链路，可以降低能源消耗；选择能源效率高的交换机和路由器等硬件设备，能够根据实际负载动态调整功耗。

### 3.1.3 数据中心网络的架构设计

#### 1. 网络拓扑设计

整体网络拓扑采用扁平化两层组网架构，网络设备从传统的核心层、汇聚层、接入层三层结构转变为核心层、接入层两层结构，服务器连接接入层网络设备，如图 3-1 所示。扁平化的网络结构可以有效地简化网络拓扑，降低网络运维的难度。在服务器区构建大二层网络，更适合未来的虚拟机大量部署及迁移。

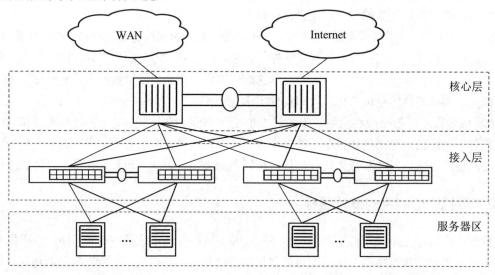

图 3-1 数据中心网络整体拓扑

#### 2. 网络核心层设计

数据中心网络核心层用于承接各区域之间的数据交换，是整个数据中心的核心枢纽，因此核心交换机设备应选用可靠性高的网络设备。

核心交换区的主要功能是实现数据中心内部各分区之间以及数据中心与外部网络之间的高速交换，是数据中心网络总架构"南北"向流量与服务功能分区间"东西"向流量的交汇点。核心交换区必须具备高速转发的能力，同时还需要有很强的扩展能力，以便应对未来业务的快速增长。

核心交换设备应选用专用于数据中心的核心交换机，这种类型的交换机一般为框式交换机，具有较多的业务槽位，可以根据实际需求配备合适的业务板卡。核心交换设备应具备以下特征：

(1) 采用 CLOS 正交交换架构，交换容量在 300Tbps 以上，包转发率在 100Tpps 之上；

(2) 提供多种接口密度的 400GE/100GE/40GE/10GE/GE 业务板；最高支持 500 个以上 100GE/10GE 全线速接口；

(3) 交换机主要硬件(主控板、交换网板、监控板、电源、风扇)全部采用热备设计；主控板 1+1 热备份；交换网板 N+M 热备份；监控板 1+1 热备份；电源采用双路输入，N+N 备份；风扇框 1+1 备份；

(4) 支持 VS、CSS 等设备虚拟化技术；支持 BGP-EVPN、VXLAN 等网络虚拟化技术；

(5) 支持 IPv4/IPv6 的主要单播路由协议和组播路由协议；

(6) 支持 SDN 技术。

数据中心核心交换机一般配置两台，工作在双活模式，保证出现单点故障时不中断业务，提高网络的可用性。通过虚拟化技术进行横向整合，将两台物理设备虚拟化为一台逻辑设备，实现跨设备的链路聚合，与接入层交换机堆叠相配合，实现端到端堆叠部署。

数据中心核心层的网络容量应支持未来一段时期内的业务扩展，核心模块对外接口为万兆以上接口。按照"核心-边缘架构"的设计原则，核心模块应避免部署访问控制策略(如 ACL、路由过滤等)，保证核心模块业务的单纯性与松耦合，便于下联功能模块扩展时，不影响核心业务，同时可以提高核心模块的稳定性。

### 3. 网络接入层设计

接入层包括服务器接入区、办公接入区等。接入层部署时要考虑到链路的高可用性，接入层部署双机，避免单点故障，并采用虚拟化技术，将两台物理设备虚拟化为一台逻辑设备，实现跨设备链路捆绑，与核心交换机配合实现端到端虚拟化配置。

接入层交换机的选项主要考虑以下技术指标：

(1) 支持二层/三层全线速转发，交换容量不低于 1Tbps，包转发率不低于 500Mpps；

(2) 接口类型支持 100GE/40GE/25GE/10GE/GE，接口数量在 32 个以上；

(3) 支持常见的堆叠技术、链路聚合技术和网络虚拟化技术。

### 4. 网络安全出口设计

合理的网络出口设计在建设数据中心网络的过程中至关重要，安全可靠的网络出口确保数据中心不会在互联网中成为信息孤岛。随着信息技术的发展，数据中心的规模越来越大，网络出口不能成为数据中心未来发展的瓶颈。目前，数据中心网络出口一般采用多链路、多出口的模式，如图 3-2 所示。

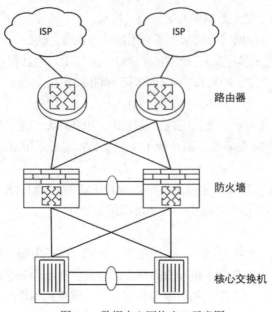

图 3-2 数据中心网络出口示意图

出口设备一般采用两台高性能路由器与运营商网络互联,在出口的位置可以实现设备冗余、出口链路冗余和多出口选择,从而确保网络出口的可靠性和可用性。出口路由器和核心交换设备之间采用至少两台万兆防火墙或其他安全设备进行互联。两台万兆防火墙进行堆叠,保证了设备、链路冗余以及出口智能选路和链路负载分担,在防火墙设备上,可配置相应的 NAT 策略、策略路由、访问控制、阻断策略等一系列安全策略。除此之外,还可以配备其他安全设备,例如 IDS、IPS、WAF 等,以确保整个数据中心网络的安全可靠。

## 3.2 数据中心网络核心设备

### 3.2.1 三层交换机工作原理

核心路由交换机,也称为三层交换机(Layer 3 Switch),是常见数据中心网络的核心设备。与传统的二层交换机相比,三层交换机不仅可以像二层交换机一样转发数据包,还可以像路由器一样识别 IP 地址,并对数据包进行路由转发。三层交换机采用快速硬件处理和高速缓存技术,能够实现局域网内不同网段的通信,同时也能支持 VLAN 的划分和 IP 地址的分配等高级功能。相比于传统的路由器,三层交换机具有更高的转发性能和更低的时延,能够更好地满足现代数据中心对于高速、高效、安全、可靠的网络需求。

三层交换机是具有部分路由器功能的交换机,是二者的有机结合,但并不是简单地把路由器设备的硬件及软件叠加在局域网交换机上。三层交换技术在 OSI 参考模型的网络层实现了数据包的高速转发,应用三层交换技术既可以实现网络的路由目的,又可以使不同的网络状况达到最优。三层交换机内部构件主要由 ASIC 芯片和 CPU 组成。ASIC 芯片的主要作用是完成二层和三层的转发,内部包含基于二层转发的 MAC 地址表和基于 IP 地址的三层转发表;CPU 主要作用是对数据转发的控制,维护一些软件表项,包括路由表和 ARP 表,并根据软件表项的转发信息来配置 ASIC 的三层转发表。三层交换机的高速转发体现在 ASIC 芯片上。三层交换机的最重要目的是加快大型局域网内部的数据交换,所具有的路由功能也是为此服务的,能够做到一次路由多次转发。数据包转发等规律性的过程由硬件高速实现,而路由信息更新、路由表维护、路由计算、路由确定等功能,由软件实现。

当三层交换机经过一次路由后,通过路由表、MAC 地址表的查找,形成了源 IP 地址、目的 IP 地址、源 MAC 地址、出入接口的相互映射关系。那么三层交换机再次收到相同的数据包时,就不再进行路由,而是查找这张映射关系表,直接进行交换,这就是三层交换机可以实现一次路由多次交换的原因。

通过一个三层交换机相连的主机进行通信时,当源主机发起一个通信之前,首先将目的主机的 IP 地址与自己的 IP 地址进行比较,如果两者处在同一个网段,那么源主机会直接向目的主机发送 ARP 请求,目的主机会回答 ARP 请求并告诉源主机自己的 MAC 地址,然后,源主机用对方的 MAC 地址作为报文的 MAC 地址进行报文发送,这种情况是位于同一个网段中的主机互访,这时三层交换机用作二层转发。

当源主机判断出自己的 IP 地址与目的主机的 IP 地址不在同一个网段时,则会通过网关来转发报文,即发送 ARP 请求来获取网关 IP 地址对应的 MAC 地址,源主机得到网关的 ARP 的应答后,用网关的 MAC 地址作为报文的"目的 MAC 地址",以源主机的 IP 地址作为报文的"源 IP 地址",以目的主机的 IP 地址作为"目的 IP 地址",先把发送给目的主机的数据发给网关。

网关在收到源主机发送给目的主机的数据后,通过查看得知源主机和目的主机的 IP 地址不在同一网段,于是把数据包上传到三层交换引擎(ASIC 芯片),查看有无目的主机的三层转发表,如果在三层硬件转发表中没有找到目的主机的对应表项,则向 CPU 请求查看软件路由表,如果有目的主机所在网段的路由表项,则还需要得到目的主机的 MAC 地址,因为数据包在链路层是要经过帧封装的。于是三层交换机 CPU 向目的主机所在网段发送一个 ARP 广播请求包,以获得目的主机 MAC 地址。交换机获得目的主机 MAC 地址后,向 ARP 表中添加对应的表项,并转发由源主机到达目的主机的数据包。同时,三层交换机三层引擎会结合路由表生成目的主机的三层硬件转发表。以后到达目的主机的数据包就可以直接利用三层硬件转发表中的转发表项进行数据交换,不用再查看 CPU 中的路由表了,大大提高了转发速度。三层交换机工作过程如图 3-3 所示。从三层交换机的结构和工作原理可以看出,真正决定高速交换转发的是 ASIC 中的二、三层硬件表项,而 ASIC 的硬件表项基于 CPU 维护的软件表项。

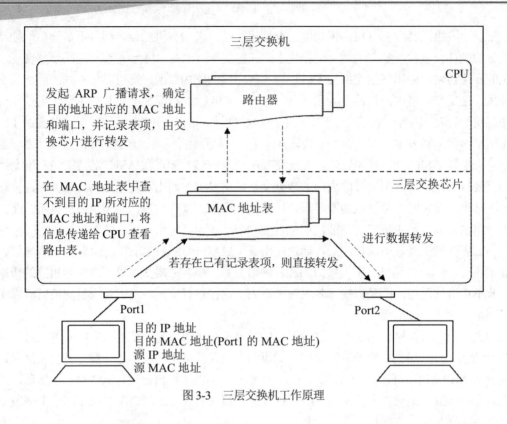

图 3-3 三层交换机工作原理

## 3.2.2 三层交换机在数据中心中的优势

随着数据中心的规模越来越大,在网络路由和交换层面的数据流量也随之增加,所以现在对数据中心网络设备的要求也越来越高。三层交换机在数据中心的建设中起着越来越重要的作用,它不需要将广播封包扩散,而是直接利用动态建立的 MAC 地址来通信,具有多路广播和虚拟网间基于 IP 和 IPX 等协议的路由功能。这主要依靠专用的 ASIC 把传统的路由软件处理的指令转化为 ASIC 芯片的嵌入式指令,从而加速了对 IP 包的转发和过滤,使得高速下的线性路由和服务质量都有了质的飞跃。三层交换机在数据中心的优势,具体表现在以下几个方面。

(1) 高性能。三层交换机采用可编程、可扩展的 ASIC 芯片,拥有强大的路由交换性能,因此可针对所有网络接口进行无阻塞线速路由和交换,具有极高的吞吐量,数据包的转发速度可以比同级别的路由器高百倍。支持带宽预留(RSVP),基于服务类别(CoS)和服务质量(QoS)的优先级处理机制,支持 IEEE802.1p 和业务分类。三层交换机在对第一个数据流进行路由后,会产生一个 MAC 地址与 IP 地址的映射表,当同样的数据流再次通过时,将根据此表直接从二层通过而不是再次路由,从而消除了路由器进行路由选择而造成网络的延迟,提高了数据包转发的效率。同时,三层交换机的路由查找针对的是数据流,它借助缓存技术,能够很容易利用 ASIC 技术来实现查找,因此,可以节约成本,并实现快速转发。

(2) 灵活的网络拓扑。数据中心网络通常需要灵活的网络拓扑,以适应不同的应用需求和业务场景。三层交换机拥有多种协议的路由选择,如 IP(RIPv1/v2、OSPF)、IPMulticast(DVMRP、PIM)和 IPX 等;支持 VLAN 划分和端口聚合等功能,能够实现灵活的网络拓扑和负载均衡。

通过划分 VLAN，根据端口、协议等的不同类型，可以将一个物理网络划分为多个逻辑网络，实现不同 VLAN 之间的数据交换和路由，如图 3-4 所示。

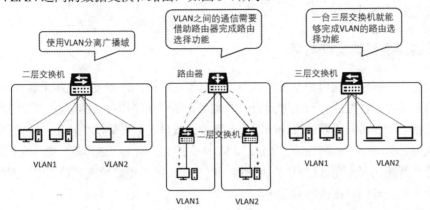

图 3-4　二层交换机与三层交换机 VLAN 通信对比

(3) 多层路由功能。作为核心路由交换机，三层交换机具备强大的路由功能。它能够实现不同子网之间的数据转发和路由选择，支持静态路由和动态路由协议(如 OSPF、BGP 等)，以实现灵活的数据转发策略。多层路由功能使得数据中心网络能够构建更复杂的网络架构并实现更高效的数据传输。

(4) 高可用性。数据中心对网络的可用性要求非常高，任何网络故障都可能导致业务中断。三层交换机通常采用冗余设计，包括双电源、双风扇等冗余组件。此外，它还支持热插拔和热备份功能，以便在硬件故障时能够快速恢复，保证数据中心网络的高可用性。

(5) 安全性。数据中心对网络安全的要求也非常高。三层交换机通常具有强大的安全性功能，可通过设定访问控制列表 ACL(Access Control List)的过滤规则、虚拟专用网络(VPN)以及基于防火墙的安全策略等，实现数据的安全传输和访问控制，保护数据中心网络的安全。

(6) 管理和监控功能。三层交换机通常具有丰富的管理和监控功能，能够实时监测网络的状态和性能，并提供可视化的管理界面。此外，它还支持远程管理和配置，方便管理员对网络进行管理和维护。

### 3.2.3　三层交换机与路由器的区别

三层交换机和路由器都是网络层设备，两者的主要区别体现在以下几个方面。

(1) 使用场景不同。路由器主要用于连接不同类型的网络，适合在广域网中使用，尤其适合在不同的自治域之间转发数据包；三层交换机主要用于校园网和园区网等局域网场景，适合连接局域网内的不同网段，进行网段之间的快速转发。

(2) 转发效率不同。三层交换机的转发效率高于路由器。三层交换机主要依靠 ASIC(Application-Specific Integrated Circuit)三层交换芯片来完成数据包的转发。可以实现一次路由多次转发，从而消除了路由器进行路由选择而造成的网络延迟，提高了数据包转发的效率。而路由器的数据包转发主要在第三层进行，每一个数据包都要在第三层进行查表，因此工作效率低于三层交换机。

(3) 支持的接口类型不同。路由器主要用于广域网，由于广域网中链路类型比较多，因此路由器支持的接口类型比较多；三层交换机主要用于局域网，一般只支持以太网接口，不支持广域网上的一些链路类型。

### 3.2.4 三层交换机的发展趋势

随着数据中心网络的规模和流量的增加，对三层交换机的性能要求也越来越高。未来的三层交换机将继续提升转发能力和处理能力，以实现更高的性能和更低的延迟。这可能涉及更强大的硬件交换芯片和转发引擎的设计，以及更高效的数据包处理算法的应用。因此，未来三层交换机的发展趋势将集中在高性能、低延迟、SDN 支持、虚拟化和云计算、安全性和隐私保护，以及自动化和智能化等方面。这些趋势将使得三层交换机能够更好地满足数据中心网络对高速、可靠、安全和可管理的数据传输的需求。

## 3.3 数据中心网络主流产品

华为公司是全球重要的网络设备供应商之一，在我国积极推进新型基础设施建设、全力构建新型信息服务体系的背景下，华为公司推出了面向下一代云计算数据中心的 CloudFabric 解决方案，旨在构筑弹性、虚拟、开放的云数据中心网络，以支撑企业云业务长期发展。华为 CloudFabric 方案支持业界多个主流云平台，能够承载各类云业务和云应用，适用于互联网、金融、政府、能源、企业、运营商等行业。CloudFabric 解决方案的网络设备涵盖了数据中心交换机、负载均衡器以及防火墙等。

针对数据中心的业务需求，华为公司专门推出了 CloudEngine 系列交换机。华为 CloudEngine 系列支持虚拟云网络(Virtualized Fabric)技术，通过在物理网络上构建虚拟网络，实现了对虚拟机的灵活管理和网络资源的动态分配。华为的数据中心交换机系列具有高性能、高可靠性和灵活扩展性等特点，其中，16800 系列定位为数据中心网络核心层设备，9800/8800/6800/5800 系列定位为接入层设备。

### 3.3.1 核心交换机

CloudEngine 16800 是华为推出的首款面向 AI 时代的数据中心交换机。该设备采用了 iLossless 智能无损交换算法，对全网流量进行实时学习训练，实现网络 0 丢包与 E2Eμs 级时延，并达到最高吞吐量。软件平台基于华为新一代操作系统，在提供稳定、可靠、高性能的 L2/L3 层交换服务的同时，还构建了一个智能、极简、安全且开放的数据中心云网络平台。产品外观如图 3-5 所示。

图 3-5 华为 CloudEngine 16800 交换机

　　CloudEngine 16800 主要有三款产品：16804、16808 和 16816，其主要区别是业务板扩展槽的数量不同、交换能力不同。该系列产品的技术规格如表 3-1 所示。

表3-1 CloudEngine 16800产品规格

| 项目 | CloudEngine 16804 | CloudEngine 16808 | CloudEngine 16816 |
| --- | --- | --- | --- |
| 交换容量(Tbps) | 387/1161 | 645/1935 | 1290/3870 |
| 包转发率(Mpps) | 230 400 | 460 800 | 921 600 |
| 业务槽位 | 4 | 8 | 16 |
| 交换网槽位 | 9 | | |
| 交换架构 | Clos 正交架构、信元交换、VoQ(Virtual Output Queue，虚拟输出队列)实现无阻塞交换 | | |
| 设备虚拟化 | 支持 VS(Virtual System)一虚多技术，最多能虚拟成 16 台逻辑交换机 | | |
| | 支持 M-LAG(Multichassis Link Aggregation Group) | | |
| 网络虚拟化 | 支持 VxLAN routing 和 VxLAN bridging | | |
| | 支持 EVPN(Ethernet Virtual Private Network，以太网虚拟专网)实现二层网络互联的 VPN 技术 | | |
| | 支持 QinQ access VxLAN， | | |
| 数据中心互联 | 支持 BGP-EVPN(Border Gateway Protocol - Ethernet Virtual Private Network) | | |
| | 支持 VxLAN Mapping，实现多数据中心二层互通 | | |
| 网络融合 | 支持 PFC | | |
| | 支持 RDMA(Remote Direct Memory Access，远端内存直接访问)和 RoCE(RDMA over Converged Ethernet)，包含 RoCE v1 和 RoCE v2 | | |
| SDN | 支持 iMaster NCE-Fabric 网络控制引擎 | | |

(续表)

| 项目 | | CloudEngine 16804 | CloudEngine 16808 | CloudEngine 16816 |
|---|---|---|---|---|
| 可编程特性 | | 支持 OpenFlow 协议 | | |
| | | 支持 OPS(Open Programmability System，开放可编程系统)编程 | | |
| | | 支持 Ansible 自动化配置，Module 开源发布 | | |
| VLAN | | 支持 Access、Trunk、Hybrid 方式 | | |
| | | 支持 default VLAN | | |
| | | 支持 QinQ | | |
| IP 路由 | | 支持 RIP、OSPF、ISIS、BGP 等 IPv4 动态路由协议 | | |
| | | 支持 RIPng、OSPFv3、ISISv6、BGP4+等 IPv6 动态路由协议 | | |
| | | 支持 IP 分片重组 | | |
| IPv6 | | VxLAN Over IPv6 | | |
| | | IPv6 VxLAN over IPv4 | | |
| | | 支持 IPv6 ND(Neighbor Discovery，邻居发现) | | |
| | | 支持 PMTU (Path MTU Discovery，路径 MTU 发现) | | |
| 组播 | | 支持 IGMP、PIM-SM、PIM-DM、MSDP、MBGP 等组播路由协议 | | |
| | | 支持 IGMP Snooping | | |
| | | 支持 IGMP Proxy | | |
| | | 支持组播成员接口快速离开 | | |
| | | 支持组播流量抑制 | | |
| | | 支持组播 VLAN | | |
| 可靠性 | | 精细化微分段安全隔离(IPv4 和 IPv6) | | |
| | | 支持 LACP(Link Aggregation Control Protocol，链路聚合控制协议)，将多个物理链路组合成一个逻辑链路 | | |
| | | 支持 M-LAG (Multi-Chassis Link Aggregation Group，多设备链路聚合组)，实现跨设备的链路聚合 | | |
| | | 支持 ESI(Ethernet Segment Identifier，以太网段标识)功能 | | |
| | | 支持 STP(Spanning Tree Protocol，生成树协议)、RSTP(Rapid Spanning Tree Protocol，快速生成树协议)、VBST(Virtual Bridged LANs，虚拟桥接局域网)和 MSTP (Multiple Spanning Tree Protocol，多生成树协议)，实现网络环路防御和冗余备份 | | |
| | | 支持 BPDU(Bridge Protocol Data Unit，桥协议数据单元)保护 | | |
| | | 支持 SmartLink 及多实例 | | |
| | | 支持 DLDP(Device Link Detection Protocol，设备链路检测协议) | | |

(续表)

| 项目 | | CloudEngine 16804 | CloudEngine 16808 | CloudEngine 16816 |
|---|---|---|---|---|
| 可靠性 | | 支持硬件 BFD(Bidirectional Forwarding Detection，双向转发检测)，最小 3.3ms 发包间隔 ||| 
| | | 支持 VRRP(Virtual Router Redundancy Protocol，虚拟路由器冗余协议)、VRRP 负载分担、硬件 BFD(Bidirectional Forwarding Detection，双向转发检测)for VRRP |||
| | | 支持硬件 BFD for BGP/IS-IS/OSPF/静态路由 |||
| | | 支持 BFD for VxLAN |||
| | | 支持 ISSU(In-Service Software Upgrade，在线软件升级) |||
| RoCE 特性 | | 支持 RoCE 与其他 IP 流量按比例调度，保障 RoCE 流量零丢包 |||
| | | 支持 RoCE 网络质量监控 |||
| | | 支持自适应调整流量阈值，保障 RoCE 业务在各种流量模型下端口带宽利用率能达到 90%以上，并且零丢包 |||
| QoS | | 支持基于 Layer2 协议头、Layer3 协议、Layer4 协议优先级等的组合流分类 |||
| | | 支持 ACL、CAR、Remark 等动作 |||
| | | 支持 PQ(Priority Queuing，优先级队列)、DRR(Deficit Round Robin，亏空轮询)、PQ+DRR 等队列调度方式 |||
| | | 支持 WRED、尾丢弃(Tail-Drop)等拥塞避免机制 |||
| | | 支持流量整形(Traffic Shaping) |||
| 智能运维 | | 支持 iPCA(Packet Conservation Algorithm for Internet，适用于 Internet 的网络包守恒算法) |||
| | | 支持 Telemetry |||
| | | 支持 1588v2(PTP) |||
| | | 支持 ERSPAN 增强 |||
| | | 支持 IFIT |||
| | | 支持 DPFR |||
| | | 全流分析 |||
| | | IOAM |||
| | | 智能流量分析 |||
| | | Packet Event：丢包可视、超长时延可视 |||
| | | 支持全网路径探测 |||
| | | 支持缓存的微突发状态统计 |||
| | | 支持 VxLAN OAM：VxLAN ping、VxLAN tracert |||

(续表)

| 项目 | | CloudEngine 16804 | CloudEngine 16808 | CloudEngine 16816 |
|---|---|---|---|---|
| 智能无损 | | AI ECN(Artificial Intelligence Explicit Congestion Notification，人工智能显式拥塞通知) | | |
| | | PFC 死锁预防 | | |
| | | iNOF | | |
| | | ECN Overlay | | |
| 安全和管理 | | 支持 802.1x 认证 | | |
| | | MACsec | | |
| | | 支持 RADIUS 和 HWTACACS 用户登录认证 | | |
| | | 命令行分级保护、未授权用户无法侵入 | | |
| | | 支持防范 MAC 攻击、广播风暴攻击、大流量攻击 | | |
| | | 支持 ICMP 实现 ping 和 traceroute 功能 | | |
| | | 支持端口镜像和流镜像 | | |
| | | 支持 RMON | | |

CloudEngine 16800 系列采用先进的硬件架构设计，整机最大支持 3870Tbps 交换容量，当前最高支持 576 个 400GE、2304 个 100GE、2304 个 40GE 或 2304 个 10GE 全线速接口。CloudEngine 16800 系列采用无背板 Clos 正交架构和工业级的可靠性设计，以及严格的前后风道设计，并支持丰富的数据中心特性。它还采用了 VoQ(Virtual Output Queue)机制，在入口侧构建独立的虚拟输出队列，实现了基于交换网的精细化 QoS 功能。

在网络虚拟化方面，CloudEngine 16800 系列通过 VxLAN 结合 EVPN(Ethernet Virtual Private Network)实现数据中心内以及数据中心间的业务部署。它支持 VxLAN routing 和 VxLAN bridging，并采用 QinQ 网络封装技术，在 VxLAN 封装的数据包中添加额外的 QinQ 标签，从而在 VxLAN 隧道内部实现多层次的 VLAN 隔离。通过使用 QinQ 访问 VxLAN，可以在 VxLAN 网络中实现更细粒度的隔离和多租户支持。每个 VxLAN 隧道可以包含多个 QinQ 标签，每个标签对应不同的 VLAN，从而实现更复杂的网络划分和隔离。

在支持数据中心互联方面，CloudEngine 16800 系列采用 BGP-EVPN(Border Gateway Protocol-Ethernet Virtual Private Network，边界网关协议-以太网虚拟专用网络)以及 VxLAN Mapping 等技术，支持多租户、跨子网的虚拟化网络，具有高度可扩展性和灵活性，这些技术可用于构建数据中心网络中的虚拟化专网，支持虚拟机迁移和跨数据中心的互联等应用场景。

在支持网络融合方面，CloudEngine 16800 系列采用 RDMA over Converged Ethernet (RoCE)网络协议，允许应用通过以太网实现远程内存访问，而无须经过中央处理单元(CPU)的介入，可以大幅度降低数据传输的延迟和 CPU 的负载，提高数据传输的效率和性能。目前 RoCE 有两个协议版本，v1 和 v2。其中 RoCE v1 是一种链路层协议，允许在同一个广播域下的任意两台主机直接访问。而 RoCE v2 是一种网络层协议，可以实现路由功能。

在保证可靠性方面，cloudEngine 16800 系列支持 LACP(Link Aggregation Control Protocol)以及 M-LAG (Multi-Chassis Link Aggregation Group)，可实现物理链路聚合以及跨设备的链路聚合；支持 ESI(Ethernet Segment Identifier)功能，采用唯一的标识 ESI；支持 BPDU(Bridge Protocol Data Unit，桥协议数据单元)保护，防止非控制器设备发送 BPDU 消息，以防止网络中出现无效的生成树协议(STP、RSTP、MSTP)信息；支持 DLDP(Device Link Detection Protocol，设备链路检测协议)功能，实时监控光纤或铜质双绞线(例如超五类双绞线)的链路状态；如果发现单向链路存在，DLDP 协议会根据用户配置，自动关闭或通知用户手工关闭相关接口；支持 VRRP(Virtual Router Redundancy Protocol，虚拟路由器冗余协议)、VRRP 负载分担、硬件 BFD(Bidirectional Forwarding Detection，双向转发检测)for VRRP 以及 ISSU(In-Service Software Upgrade，在线软件升级)，实现了冗余路由功能、流量负载均衡功能、快速故障检测和恢复功能以及在线升级，提高了网络的可靠性、性能和可用性。

此外，CloudEngine 16800 作为新一代核心交换机，采用了多种绿色节能创新技术，大幅降低设备能源消耗。在配电和散热方面，华为 CloudEngine 16800 单板采用相变散热。如碳纳米导热垫和 VC(Vapor Chamber，真空腔均热板散热技术)相变散热等最新技术的引入，以及混流风扇，使得散热效率提升 4 倍，相较于之前的产品，温度降低了 19℃。得益于此，数据中心的单比特功耗下降 50%，单位空间性能提升 5 倍。

## 3.3.2 接入交换机

华为在数据中心网络接入交换机方面，有多个产品系列，主要区别在于接口类型和密度。这里主要介绍 8800 系列。

CloudEngine 8800 系列是华为公司面向数据中心推出的新一代高性能、高密度、低时延以太网接入交换机。CloudEngine 8800 系列采用先进的硬件结构设计，提供高密度的 100GE/40GE/25GE/10GE 端口，软件平台基于华为新一代的 VRP8 操作系统，支持丰富的数据中心特性和高性能的堆叠，风道方向可以灵活选择。CloudEngine 8800 系列可以与数据中心核心交换机 CloudEngine 16800 配合，构建弹性、虚拟和高品质的数据中心网络。产品外观如图 3-6 所示。

图 3-6　华为 CloudEngine 8800 交换机

该系列中包含多款产品。CloudEngine 8850-64CQ-EI 支持 12.8Tbps 交换容量、4482Mpps 包转发率和 L2/L3 全线速转发；支持最多 64 个 100GE QSFP28 接口或者 64 个 40GE QSFP+ 接口。8850E-32CQ-EI 支持 6.4Tbps 交换容量、2030Mpps 包转发率和 L2/L3 全线速转发；支持

最高 32 个 100GE QSFP28 接口或者 32 个 40GE QSFP+接口，和 1 个 10GE SFP+接口。8800 系列在网络虚拟化、数据中心互联以及可靠性等功能支持上与 16800 系列类似。CloudEngine 8800 系列的产品规格如表 3-2 所示。

表3-2　CloudEngine 8800产品规格

| 项目 | CloudEngine 8850-32CQ-EI | CloudEngine 8850-64CQ-EI |
|---|---|---|
| 交换容量(Tbps) | 6.4/102.4 | 12.8/204.8 |
| 包转发率(Mpps) | 2030 | 4482 |
| 交换架构 | Clos 正交架构、信元交换、VoQ(Virtual Output Queue，虚拟输出队列)实现无阻塞交换 ||
| 设备虚拟化 | 支持 iStack 堆叠 ||
| | 支持 M-LAG ||
| 网络虚拟化 | 支持 VxLAN routing 和 VxLAN bridging ||
| | - | 支持 TRILL |
| | 支持 QinQ access VxLAN， ||
| | 支持 BGP-EVPN ||
| 数据中心互联 | 支持 VxLAN Mapping，实现多数据中心二层互通 ||
| 网络融合 | 支持 FCOE ||
| | 支持 RDMA 和 RoCE(RoCE v1 和 RoCE v2) ||
| | 支持 DCBX(Data Center Bridging Exchange，数据中心桥接交换)、PFC(Priority-based Flow Control，基于优先级的流量控制)、ETS(Enhanced Transmission Selection，增强型传输选择) ||
| SDN | 支持 iMaster NCE-Fabric ||
| 可编程特性 | 支持 OPS 编程 ||
| | 支持 Ansible 自动化配置，Module 开源发布 ||
| VLAN | 支持 Access、Trunk、Hybrid 方式 ||
| | 支持 default VLAN ||
| | 支持 QinQ ||
| | 支持 MUX VLAN ||
| | 支持 GVRP(Generic Attribute Registration Protocol，通用属性注册协议) ||
| IP 路由 | 支持 RIP、OSPF、ISIS、BGP 等 IPv4 动态路由协议 ||
| | 支持 RIPng、OSPFv3、ISISv6、BGP4+等 IPv6 动态路由协议 ||
| IPv6 | 支持 IPv6 的 TCP、Ping、Tracert Socket、UDP、RawIP ||
| | VxLAN Over IPv6 | - |
| | IPv6 VxLAN over IPv4 ||
| | 支持 IPv6 ND(Neighbor Discovery) ||
| | 支持 PMTU 发现(Path MTU Discovery) ||

(续表)

| 项目 | | CloudEngine 8850-32CQ-EI | CloudEngine 8850-64CQ-EI |
|---|---|---|---|
| 组播 | | 支持 IGMP、PIM-SM、PIM-DM、MSDP、MBGP 等组播路由协议 | |
| | | 支持 IGMP Snooping | |
| | | 支持 IGMP Snooping Proxy | |
| | | 支持组播成员接口快速离开 | |
| | | 支持组播流量抑制 | |
| | | 支持组播 VLAN | |
| | | 支持组播 VxLAN | |
| 可靠性 | | 支持 LACP | |
| | | 支持 ERPS 以太环保护协议(G.8032) | |
| | | 支持 STP、RSTP、VBST 和 MSTP | |
| | | 支持 BPDU 保护、Root 保护、环路保护 | |
| | | 支持 SmartLink 及多实例 | |
| | | 支持 DLDP | |
| | | 支持硬件 BFD(Bidirectional Forwarding Detection),最小 3.3ms 发包间隔 | |
| | | 支持 VRRP、VRRP 负载分担、硬件 BFD for VRRP | |
| | | 支持 BFD for BGP/IS-IS/OSPF/静态路由 | |
| | | 支持 BFD for VXLAN | |
| QoS | | 支持基于 Layer2 协议头、Layer3 协议、Layer4 协议优先级等的组合流分类 | |
| | | 支持 ACL、CAR、Remark、Schedule 等动作 | |
| | | 支持 PQ、WRR、DRR、PQ+WRR、PQ+DRR 等队列调度方式 | |
| | | 支持 WRED、尾丢弃等拥塞避免机制 | |
| | | 支持流量整形(Traffic Shaping) | |
| 智能运维 | | 支持全网路径探测 | |
| | | 支持 Telemetry | |
| | | - | 支持 1588v2 |
| | | 支持 INT (IOAM)和 ERSPAN 增强 | |
| | | RoCE 流量可视:支持对 RoCE 流量 KPI 进行分析 | |
| | | 智能流量分析 | |
| | | 支持缓存的微突发状态统计 | |
| | | 支持 VxLAN OAM:VxLAN ping、VxLAN tracert | |

(续表)

| 项目 | CloudEngine 8850-32CQ-EI | CloudEngine 8850-64CQ-EI |
|---|---|---|
| 智能无损网络 | AI ECN | |
| | PFC 死锁预防 | |
| | Fast CNP：发送 CNP 报文给源端服务器网卡，缩短 CNP 报文的反馈路径 | |
| | DLB：动态负载均衡 | |
| | ECN Overlay | |
| | - | INC：网算一体功能(仅 CE8850-64CQ-EI 支持) |
| 安全和管理 | 支持 802.1x 认证 | |
| | 支持防 DOS、ARP、ICMP 攻击 | |
| | 支持端口隔离、端口安全、Sticky MAC | |
| | 命令行分级保护、未授权用户无法侵入 | |
| | 支持 IP、MAC、端口、VLAN 的组合绑定 | |
| | 支持 AAA、Radius、HWTACACS 等多种认证方式 | |
| | 支持 RMON | |

## 3.4 网络虚拟化

数据中心网络虚拟化的核心思想是将网络资源汇集为一个大的资源池，然后根据用户的需求进行资源的动态分配。网络虚拟化技术的复杂性在于网络资源比较复杂，从服务器上的网卡，到网络链路，再到网络设备，都需要分别进行虚拟化。因此，可以将网络虚拟化划分为网卡虚拟化、网络链路虚拟化、网络设备虚拟化和虚拟网络等几个部分。

### 3.4.1 网卡虚拟化

网卡虚拟化通过在物理服务器上创建多个虚拟网络接口，使得每个虚拟网络接口都具有自己的 MAC 地址和 IP 地址。这样的虚拟网络接口可以被分配给虚拟机或容器，使它们能够与物理网络进行通信。网卡虚拟化可以通过软件虚拟化或硬件虚拟化来实现，它提供了更好的网络资源管理和灵活性，使得虚拟机或容器能够更好地利用网络资源，具有提高网络性能、简化网络管理、提供资源隔离等优势。

**1. 软件网卡虚拟化**

软件网卡虚拟化是一种在操作系统层面实现的虚拟化技术，通过在主机操作系统上创建虚拟网络接口来实现。这种技术可以将物理服务器的网络资源划分为多个虚拟网络接口，并将其分配给虚拟机使用。软件网卡虚拟化可以分为以下两种模式。

(1) 虚拟化管理软件(VMM)中的网卡虚拟化：这种模式是在虚拟化管理软件(如 VMware vSphere、华为 FusionCompute、新华三 CAS)中实现的。这些管理软件提供了虚拟网络接口的创建和管理功能，可以为虚拟机或容器分配虚拟网络接口，并将其连接到物理网络。通过这种方式，虚拟机或容器可以直接通过虚拟网络接口与物理网络进行通信。

(2) 操作系统自带的网卡虚拟化：这种模式是在操作系统层面实现的，常见的是 Linux 下的 macvlan 技术。通过 macvlan 技术，可以在 Linux 操作系统中创建虚拟网络接口，并将其与物理网络接口进行绑定。这样，虚拟机或容器可以通过虚拟网络接口与物理网络进行通信，而无须虚拟化管理软件的介入。

### 2. 硬件网卡虚拟化

硬件网卡虚拟化是一种在物理服务器的网络适配器上实现的虚拟化技术，它通过在硬件网卡上创建虚拟网络接口来实现。这种技术可以提供更高的性能和更低的延迟，因为虚拟机可以直接与硬件网卡进行通信，无须经过主机操作系统的虚拟化层。硬件网卡虚拟化通常使用以下两种技术实现。

(1) SR-IOV(Single Root I/O Virtualization)。SR-IOV 是一种硬件虚拟化技术，它允许物理网卡创建多个虚拟功能(VF)并将其分配给虚拟机或容器。每个 VF 都有自己的 MAC 地址和 PCI-E 设备 ID，可以直接与虚拟机进行通信，绕过主机操作系统的虚拟化层。SR-IOV 技术通过 VF 驱动程序和物理网卡上的硬件支持来实现。

(2) VMDq(Virtual Machine Device queues)。VMDq 是一种在物理网卡上实现的硬件虚拟化技术，它可以将物理网卡的接收和发送队列划分为多个虚拟队列，每个虚拟队列可以分配给一个虚拟机或容器。每个虚拟队列都有自己的 MAC 地址和接收/发送队列，可以直接与虚拟机进行通信。VMDq 技术通过物理网卡上的硬件支持和驱动程序来实现。

软件网卡虚拟化的灵活性高、成本低、易于部署和维护，因此，适用于对性能要求不高、成本较低、灵活性要求较高的场景；而硬件网卡虚拟化具有高性能、高可靠性与高扩展性等优点，适用于对性能、可靠性与可扩展性要求较高的场景。

## 3.4.2 网络链路虚拟化

链路虚拟化是日常使用最多的网络虚拟化技术之一。常见的链路虚拟化技术有链路聚合和隧道协议，这些虚拟化技术增强了网络的可靠性与便利性。

### 1. 链路聚合

链路聚合是最常见的二层虚拟化技术。链路聚合将多个物理端口捆绑在一起，虚拟成为一个更大的逻辑端口。当交换机检测到其中一个物理端口链路发生故障时，会停止在此端口上发送报文，根据负载分担策略在余下的物理链路中选择报文发送的端口。链路聚合可以增加链路带宽，实现链路层的高可用性。在网络拓扑设计中，为了实现网络的冗余，一般都会使用双链路连接的方式。然而，如果想用链路聚合方式将双链路连接到两台不同的设备，传统的链路聚合功能不支持跨设备的聚合，在这种背景下，虚拟链路聚合(Virtual PortChannel，VPC)技术应运而生。VPC很好地解决了传统聚合端口不能跨设备的问题，既保障了网络冗余又增加了网络可用带宽。根据不同的配置方式，链路聚合可以分为手工负载分担模式和动态链路聚合协议LACP(Link Aggregation Control Protocol)。

(1) 手工负载分担模式。在手工负载分担模式下，管理员需要手动配置每个物理链路的聚合组成员和负载分担方式。这种模式需要管理员对链路聚合进行详细的配置，并确保各个链路的负载分担均衡。管理员可以根据需求，选择不同的负载分担算法，如基于源IP地址、目的IP地址、源MAC地址、目的MAC地址等。虽然手工负载分担模式提供了更大的灵活性，但需要管理员进行手动配置和调整。

(2) 动态链路聚合协议LACP。LACP是一种自动化的链路聚合协议，用于动态配置和管理链路聚合组。LACP协议允许网络设备之间进行通信，以协商链路聚合的配置和管理。通过LACP协议，网络设备可以自动检测并协商链路聚合组的成员和负载分担方式。LACP协议提供了快速的链路故障检测和恢复机制，以提高链路聚合的可靠性。

**2. 隧道协议**

隧道协议(Tunneling Protocol)是两个或多个子网穿过另外一个网络实现子网互联的一种技术，使用隧道传递的数据可以是不同协议的数据帧或包。隧道协议将其他协议的数据帧或包重新封装然后通过隧道发送。新的帧头提供路由信息，以便通过网络传递被封装的负载数据。隧道可以将数据流强制送到特定的地址，并隐藏中间节点的网络地址，还可根据需要提供对数据加密的功能。隧道技术可以分为二层和三层隧道协议。二层隧道协议主要用于在二层数据链路层封装和传输数据，而三层隧道协议则在网络层封装和传输数据。

常见的二层隧道协议包括两种。

(1) PPTP(Point-to-Point Tunneling Protocol)。PPTP是一种用于建立虚拟专用网络(VPN)连接的协议。它通过在IP网络上建立点到点的隧道连接，将数据封装在GRE(通用路由封装)协议中进行传输。PPTP通常用于远程访问和跨网络连接。

(2) L2TP(Layer 2 Tunneling Protocol)。L2TP是一种用于建立虚拟专用网络VPN(Virtual Private Network)连接的协议。它结合了PPTP和L2F(Layer 2 Forwarding)协议的优点，通过在IP网络上建立点到点的隧道连接，将数据封装在L2TP协议中进行传输。L2TP通常用于远程访问和跨网络连接。

常见的三层隧道协议有IPSec(Internet Protocol Security)，它是一种用于保护IP通信的协议套件。IPSec通过在IP数据包中添加安全性扩展头(ESP)和认证头(AH)，实现数据的加密、认证和完整性保护。IPSec可以用于建立安全的站点到站点连接或远程访问连接，提供安全的数据传输和网络隔离。

### 3.4.3 网络设备虚拟化

网络设备虚拟化(Network Device Virtualization)，是指将物理上独立的多台设备整合成一台单一逻辑上的虚拟设备，或者将一台物理设备虚拟化成多台逻辑上独立的虚拟设备，前者是多虚一技术，后者是一虚多技术。通过将多台设备虚拟化成单台网络设备，设备可用的端口数量、转发能力和性能规格都能得到显著提升；同时也提高了运营效率，管理维护时只需要登录虚拟化设备，就可以直接管理虚拟化为一体的所有设备，简化了网络管理。当部署一虚多技术时，可以将设备的网络功能物理上分离为几个独立的单元，以供不同的用户使用。虽然不同用户的不同业务都由这一台设备完成，但是网络之间是完全隔离的，业务之间不能互访，从而保证了用户数据的安全。网络设备虚拟化技术在数据中心已经开始广泛应用，逐渐成为数据中心网络的标准配置，有效提升了设备的利用率和网络运行的可靠性。

网络设备虚拟化技术可以分为以下四类：横向虚拟化技术、纵向虚拟化技术、跨设备虚拟化技术和虚拟交换技术。其中前三种技术实现了多虚一，而最后一种技术实现了一虚多。

(1) 横向虚拟化技术。横向虚拟化技术是将多台物理设备整合为逻辑上的一台设备。该技术将设备的转发层面和控制层面做了整合，简化了网络拓扑、方便管理，还可以防止环路，同时设备的可靠性和可用性也得到了提升。例如华为的 CSS(Cluster Switch System)、istack、新华三的 IRF(Intelligent Resilient Framework)和锐捷的 VSU(Virtual Switch Unit)等。横向虚拟化技术可以实现设备的冗余和负载均衡，提高网络的可用性和容错性。

(2) 纵向虚拟化技术。纵向虚拟化技术是将同一厂商的不同档次的设备在逻辑上形成 1 台"大"的逻辑设备，可以理解为档次低的设备是该"大"设备的一块板卡，通过该技术可以达到简化管理、防止环路的目的。但该技术在现实情况下用得并不多。通过纵向虚拟化技术，可以实现网络设备的灵活配置和升级，提高网络的可扩展性和可管理性。常见的纵向虚拟化设备包括虚拟路由器、虚拟交换机、虚拟防火墙等。

(3) 跨设备虚拟化技术 M-LAG(Multi-chassis Link Aggregation Group)。跨设备虚拟化技术一般指的是 M-LAG。M-LAG 技术通过将一台设备与另外一台设备进行跨设备链路聚合，可以将多个物理设备虚拟化为一个逻辑设备，把链路可靠性从单板级提高到了设备级，组成双活系统。M-LAG 技术可以实现多个设备之间的链路聚合，提高网络的传输效率和可靠性。

(4) 虚拟交换技术。虚拟交换技术可以将一台物理交换机虚拟成多台虚拟交换机，每台虚拟交换机服务不同的用户和业务，可以最大限度地利用交换机资源，降低网络运营成本，实现业务、故障的隔离，提高网络的安全性和可靠性。

### 3.4.4 虚拟网络

虚拟网络是由虚拟链路组成的网络。虚拟网络节点之间的连接并不使用物理线缆连接，而是依靠特定的虚拟化链路相连。典型的虚拟网络包括虚拟专用网络 VPN(Virtual Private Network)、虚拟局域网 VLAN(Virtual Local Area Network)和虚拟可扩展局域网 VxLAN(Virtual Extensible Local Area Network)。

(1) 虚拟专用网 VPN。VPN 常用于连接中、大型企业和分支机构。虚拟专用网通过公用网络比如互联网来传送内联网的信息。利用已加密的隧道协议来达到保密、终端认证、信息准确性等安全效果。这种技术可以在不安全的网络上传送可靠的、安全的信息。

(2) 虚拟局域网 VLAN。VLAN 可以将一个物理局域网划分为多个逻辑上的虚拟局域网。VLAN 可以将不同的设备划分到不同的虚拟局域网中,实现物理隔离。每个 VLAN 都有一个唯一的标识符 VLAN ID,用于区分不同的虚拟局域网。VLAN 可以通过端口、MAC 地址、IP 地址等方式进行划分。对于大规模网络场景,广播包的泛滥会对网络通信产生较大的影响,VLAN 可以防止广播包泛滥。一个物理局域网最多可以划分为 4094 个 VLAN。

(3) 虚拟可扩展局域网 VxLAN。VxLAN 是 IETF 定义的 NVO3(Network Virtualization over Layer 3)标准技术之一,采用三层协议封装二层报文,实现三层网络内的二层网络扩展,以满足数据中心虚拟机迁移和多租户的需求。VxLAN 数据包可以在不同的数据中心之间跨越三层网络传输二层报文,从而实现了跨数据中心的虚拟机迁移。VxLAN 技术在封装数据包时使用了 24 位的 VxLAN 网络标识符(VNI),从而可以支持多达 16 777 216 个虚拟网络。

### 3.4.5 网络虚拟化的发展趋势

数据中心网络虚拟化在未来的发展中将呈现以下趋势。

(1) 软件定义网络(Software Defined Network, SDN)和网络功能虚拟化(Network Functions Virtualization, NFV)的结合。SDN 和 NFV 是两个重要的网络虚拟化技术,它们将进一步融合在一起,提供更加灵活、可编程和可自动化的数据中心网络环境。SDN 可以提供集中式的网络控制和管理,而 NFV 可以将网络功能转换为软件,实现网络功能的灵活部署和弹性扩展。将 SDN 和 NFV 结合起来,可以实现更高级别的网络虚拟化,提供更好的网络资源利用率和服务质量。

(2) 容器化网络虚拟化。随着容器技术的广泛应用,容器化网络虚拟化将成为数据中心网络的重要发展方向。容器化网络虚拟化可以将网络功能集成到容器中,实现更轻量级、快速部署和可移植的网络服务。容器化网络虚拟化可以提供更高的灵活性和可扩展性,使得数据中心能够更好地适应容器化应用的需求。

(3) 跨云和多云网络虚拟化。随着多云环境的普及,跨云和多云网络虚拟化将成为趋势。跨云网络虚拟化可以实现不同云服务提供商之间的互联互通,提供统一的网络管理和策略控制。多云网络虚拟化可以将多个云环境中的网络资源整合起来,形成一个统一的虚拟网络,提供高度灵活和可扩展的跨云服务。

(4) 5G 和边缘计算的网络虚拟化。未来数据中心网络虚拟化将在支持 5G 和边缘计算中发挥重要作用。数据中心网络虚拟化可以帮助构建 5G 网络的核心和边缘部分,提供高速、低延迟和可靠的网络连接。同时,数据中心网络虚拟化还可以支持边缘计算中的网络管理和资源分配,实现边缘设备和云端资源之间的协同工作。

(5) 安全性和隐私保护的加强。数据中心网络虚拟化将不断加强对安全性和隐私保护的考虑。虚拟网络的隔离和安全性将得到进一步加强,以防止潜在的攻击和数据泄露。同时,数据中心网络虚拟化还将提供更强大的安全策略和控制机制,以满足不断增长的安全需求。

## 3.5 SDN

软件定义网络(SDN)，是由美国斯坦福大学 CleanSlate 研究组提出的一种新型网络架构，是网络虚拟化的一种实现方式。SDN 通过分离网络设备的控制平面与数据平面，将网络的能力抽象为应用程序接口提供给应用层，从而构建了开放可编程的网络环境，在底层各种网络资源虚拟化的基础上，实现对网络的集中控制和管理。SDN 的理念并非无限制地增加网络复杂度，而是对网络进行抽象以屏蔽底层复杂度，为上层提供简单的、高效的配置与管理。SDN 的目的是实现网络互联、网络行为的定义和开放式的接口，从而支持未来各种新型网络体系结构和新型业务的创新。

SDN 不是一种具体的技术，而是一种思想，一种理念。SDN 让软件应用参与到网络控制中并起到主导作用，而不是让各种固定模式的协议来控制网络。在架构角度上，SDN 的控制平面与数据平面分离，利用控制器进行集中管理；从业务角度考虑，SDN 通过控制器使底层网络中被抽象出来的网络资源抽象成服务，实现了应用程序与网络设备的操作系统的解耦合；从运营角度看，网络可以通过编程的方式来访问，从而实现应用程序对网络的直接影响和控制，一些新型的接口可以实现传统网络管理不能做到的网络优化。

### 3.5.1 SDN 发展历程

SDN 最初由 2006 年斯坦福大学的 CleanSlate 研究组提议，并于 2009 年被正式提出，同年，项目组发布了 OpenFlow1.0 规范协议。2011 年开放网络基金会(Open Networking Foundation, ONF)组织成立，致力于推动 SDN 构架、技术标准化和发展工作，其中核心会员有：Google、Facebook、NTT、微软、雅虎、德国电信等。2012 年，ONF 发布了 SDN 三层架构模型，并得到了业界的广泛认可。2012 年，INRENET2 在美国上百所高校部署了 SDN。同年，谷歌宣布其骨干网络已经全面运行在 OpenFlow 上，并且通过 10GE 网络连接分布在全球各地的 12 个数据中心，从而证明 OpenFlow 不仅仅是停留在学术界的一个研究模型，而是完全具备了可以在产品环境中应用的成熟技术。2013 年 4 月，思科和 IBM 联合微软、BigSwitch、博科、戴尔、微软、NEC、惠普、红帽和 VMware 等发起并成立了 OpenDaylight 项目，与 LINUX 基金会合作，开发 SDN 控制器、南北向 API 等软件，旨在打破大厂商对网络硬件的垄断，驱动网络技术创新，使网络管理更容易、更廉价。SDN 在我国也得到了快速的发展，华为、中兴、新华三等公司都推出了基于 SDN 的产品和解决方案，2022 年的市场规模约为 45 亿元，预计到 2026 年将达到 125 亿元。

### 3.5.2 SDN 架构

根据 ONF 组织提出的标准，SDN 构架主要分为应用层、控制层、转发层三个层面，如

图 3-7 所示。

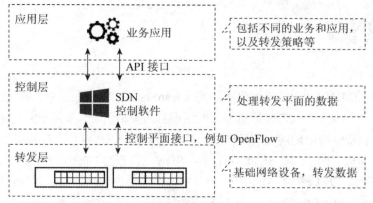

图 3-7 SDN 架构图

应用层通过控制层提供的编程接口对底层设备进行编程,从而将网络的控制权开放给用户,基于此开发各种业务应用,可以管理和控制应用的转发及处理策略,支持对网络属性的配置以提升网络的利用率,也能够保证特定应用的安全和服务质量。

控制层一般指控制器(Controller)。控制器集中管理网络中所有设备,将整个网络虚拟化为一个资源池,根据用户不同的需求以及全局网络拓扑,灵活动态地分配资源。控制器具有网络的全局视图,支持网络拓扑和状态信息的汇总与维护,可以基于应用控制来调用不同的转发面资源,并负责管理整个网络。对上层,通过开放 API 接口向应用层提供对网络资源的控制能力,使得业务应用能够便利地调用底层的网络资源和能力,直接为业务应用服务;对下层,通过标准的协议与基础网络进行通信,如 ONF 提出的 OpenFlow 协议,它是物理设备与控制器之间信号传输的通道,相关的设备状态、数据流表项和控制指令都需要经由 SDN 接口传达,以实现对设备的管控。

转发层主要是硬件设备,专注于单纯的数据、业务物理转发,关注的是与控制层之间的安全通信,要求其处理性能一定要优异,以实现高速数据转发。

### 3.5.3 SDN 的优缺点

SDN 具有以下优点。

(1) 灵活性。SDN 架构使网络更加灵活和可编程。通过控制器的集中管理,网络管理员可以根据需要快速配置和调整网络策略和服务,而无须逐个设备进行配置。

(2) 可编程性。SDN 允许网络管理员使用编程语言和 API 来定义网络行为和服务。这使得网络能够根据应用程序的需求进行自动化和定制化的配置。

(3) 可管理性。SDN 架构提供了更好的网络管理功能。通过集中的控制器和可编程性,网络管理员可以更方便地监控和管理整个网络,进行故障排除和性能优化。

(4) 创新性。SDN 为网络服务提供商和应用程序开发人员提供了创新的机会。他们可以利用 SDN 的灵活性和可编程性来开发新的网络服务和应用程序,从而提供更好的用户体验和业务价值。

与此同时，SDN 在安全性、可靠性、兼容性等问题上也面临着多重挑战。

(1) 安全风险。SDN 的集中控制器可能成为网络攻击的目标，一旦被攻击，整个网络的安全性可能会受到威胁。因此，对 SDN 网络进行保护和加固是非常重要的。

(2) 单点故障。SDN 架构中的集中控制器是整个网络的关键组件，一旦控制器出现故障或网络中断，整个网络的可用性和性能可能会受到影响。

(3) 兼容性问题。SDN 技术需要与现有的网络设备和协议进行兼容。如果网络设备不支持 OpenFlow 协议或与控制器不兼容，可能需要进行设备替换或升级，这增加了部署和维护的成本和复杂性。

### 3.5.4 OpenFlow

OpenFlow 是一种网络通信协议，用于 SDN 架构中控制器和转发器之间的通信。OpenFlow 协议是 SDN 理念的具体实现。OpenFlow 的标准由 ONF 制定和发布，第一个版本于 2009 年 12 月发布，截至 2024 年 6 月，最新的版本是 2014 年 12 月发布的 1.5 版。

OpenFlow 的核心是将原本完全由交换机、路由器控制的数据包转发，转化为由支持 OpenFlow 特性的交换机和控制服务器分别完成的独立过程。OpenFlow 交换机是整个 OpenFlow 网络的核心部件，主要管理数据层的转发。OpenFlow 交换机至少由三部分组成：流表(Flow Table)，告诉交换机如何处理流；安全通道(Secure Channel)，用于连接交换机和控制器；OpenFlow 协议，一个公开的、标准的供 OpenFlow 交换机和控制器通信的协议。

OpenFlow 交换机接收到数据包后，首先在本地的流表上查找转发目标端口，如果没有匹配，则把数据包转发给控制器，由控制层决定转发端口，如图 3-8 所示。

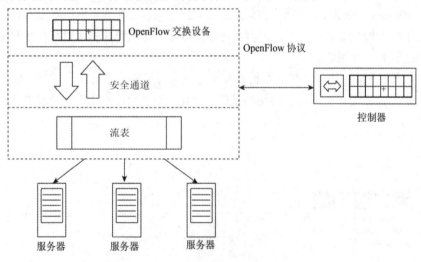

图 3-8　OpenFlow 架构图

(1) 流表。流转发表由很多个流表项组成，每个流表项就是一个转发规则。进入交换机的数据包通过查询流表项来获得转发的目的端口。流表项由头域、计数器和操作组成。其中头域是个十元组，是流表项的标识；计数器用来计数流表项的数据；操作标明了与该流表项匹配的数据包应该执行的操作。

(2) 安全通道。安全通道是将 OpenFlow 交换机连接到控制器的接口。控制器通过这个接口控制和管理交换机，同时控制器接收来自交换机的事件并向交换机发送数据包。交换机和控制器通过安全通道进行通信，而且所有的信息必须按照 OpenFlow 协议规定的格式来执行。

(3) OpenFlow 协议。OpenFlow 协议用来描述控制器和交换机之间交互信息的标准以及控制器和交换机的接口标准。协议的核心部分是用于 OpenFlow 协议信息结构的集合。

### 3.5.5 SDN 的发展趋势

SDN 技术在未来将继续发展，以满足不断变化的网络需求和应用场景。网络自动化、人工智能与机器学习的结合、多云和混合云支持、安全性增强、边缘计算支持以及 SD-WAN 的普及等将是 SDN 未来的发展趋势。这些趋势将进一步推动网络的创新和进步，为用户提供更灵活、可靠和安全的网络服务。各趋势的具体内容如下。

(1) 网络自动化：随着 SDN 技术的成熟和普及，网络管理将越来越自动化。通过编程和自动化工具，网络管理员可以更方便地配置、监控和优化网络，提高效率和降低管理成本。

(2) 人工智能与机器学习的结合：将人工智能和机器学习应用于 SDN，可以使网络更加智能化和自适应。通过分析和学习网络数据，人工智能和机器学习可以帮助优化网络性能、预测和解决故障，并提供更智能的网络服务。

(3) 多云和混合云支持：随着云计算的广泛应用，SDN 将继续支持多云和混合云环境。通过 SDN 技术，可以实现跨不同云平台和数据中心的网络管理和流量优化，提供更灵活和可扩展的云服务。

(4) 安全性增强：未来 SDN 网络将会更加注重网络安全，尤其是网络安全的自动化和可编程性。通过集中的控制器和可编程性，网络管理员可以更好地监控和应对网络威胁，并实施更精细的访问控制和安全策略。

(5) 边缘计算支持：边缘计算是指将计算和存储资源推向网络边缘，以减少延迟和提高应用响应性。SDN 技术可以支持边缘网络的管理和优化，使边缘设备和应用能够更好地集成到整个网络体系中。

## 3.6 大二层网络

传统的三层数据中心网络架构是根据"南北流量"较大的情况设计的，但云计算和虚拟化技术从根本上改变了数据中心网络的流量特征，从传统的以南北流量为主变为了以"东西流量"为主。在数据中心中，虚拟机动态迁移得到了广泛应用。虚拟机动态迁移是在保证虚拟机上服务正常运行的同时，将一个虚拟机系统从一个物理服务器移动到另一个物理服务器的过程。该过程对于最终用户来说是无感知的，能在不影响用户正常使用的情况下，灵活调配服务器资源，或者对物理服务器进行维修和升级。

在二层网络下,一旦服务器迁移到其他二层域,就需要变更 IP 地址、TCP 连接等,这台服务器原来所承载的业务就会中断,而且,这种变更会牵一发而动全身,与迁移的虚拟机相关的其他服务器、虚拟机也要变更相应的配置,影响较大。为了打破这种限制,实现虚拟机的大范围甚至跨地域的动态迁移,就要求把虚拟机迁移可能涉及的所有服务器都纳入同一个二层网络域,这样才能实现虚拟机的大范围无障碍迁移。整个数据中心网络都是一个广播域,这样,服务器可以在任意地点创建、迁移,而不需要对 IP 地址或者默认网关做修改。为了解决这个问题,数据中心大二层网络技术应运而生。

大二层网络架构是一种 Level 2 over Level 3 的技术,更适用于 Web 应用、高性能计算以及搜索等业务,且网络结构简单,便于管理。在大二层架构中,Level 2/Level 3 的分界在核心交换机,核心交换机以下,也就是整个数据中心,可以包含多个 VLAN,VLAN 之间通过核心交换机做路由进行连通。大二层的网络架构如图 3-9 所示。

随着二层网络的不断扩大,为了保障网络的可靠性,一般会采用设备冗余和链路冗余的方法,这样就导致了大量环路的产生。二层网络处于一个广播域下,就会形成广播风暴,导致端口阻塞和设备瘫痪。因此,二层网络的核心问题就是如何解决环路问题以及由此产生的广播风暴。在传统网络架构中,通常采用 VLAN 与 STP 技术解决这一问题。VLAN 技术通过划分 VLAN 来缩小广播域,STP 技术用于消除网络数据转发路径中产生的环路。这两个技术结合使用,在主机数量较小的网络中是可行的。

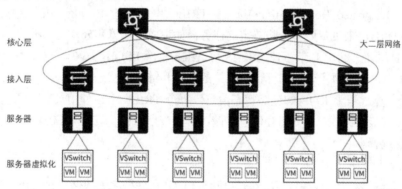

图 3-9　大二层网络架构图

但是在大规模数据中心中,由于有上万台的虚拟机在运行,出现了一些新的问题:首先,VLAN 的数量远远不够;其次,当 STP 节点过多时,网络的收敛性能会呈指数级下降;另外,如何实现跨网段和跨数据中心的虚拟机自动迁移也是一个挑战。为了解决这些新问题,出现了多链路透明互联 TRILL (Transparent Interconnection of Lots of Links)技术和虚拟可扩展局域网 VxLAN 技术。

### 3.6.1　TRILL

TRILL 是 IETF 标准组织制定的一项标准技术,弥补了 STP 协议的不足。它把三层路由的稳定、可扩展、高性能的优点,引入了适应性强但性能受限、组网范围受限的二层交换网络,建立了一个灵活、可扩展、可升级的高性能新二层架构。

TRILL 基于标准的以太网协议,但在逻辑上创建了一个无环的、多路径的拓扑结构。它使用 IS-IS(Intermediate System to Intermediate System)协议来计算和维护转发路径,利用 TRILL 封装机制,将数据包封装在以太网帧中进行传输。它还引入类似 IP 的 TTL 字段和 RPF 算法在数据转发平面进行环路避免和消除,确保数据转发的安全可靠。

TRILL 的概念最早由 Joe Touch 和 Radia Perlman 在 2006 年提出,在 2009 年提交给 IETF(Internet Engineering Task Force)进行标准化工作,IETF 在 2010 年发布了 TRILL 基本协议的第一个版本。随着标准的发布,一些厂商开始实现和部署 TRILL 技术,如思科的 FabricPath 和华为的 TRILL 技术解决方案。随着实际应用和经验积累,TRILL 技术不断改进和演化,以满足不断变化的数据中心网络需求。

### 1. TRILL 协议的工作原理

TRILL 协议的工作原理主要包含以下四个方面:邻居关系建立、LSDB 同步、路径计算和转发。

(1) 邻居关系建立。

① IS-IS 邻居发现。TRILL 网络中,运行 TRILL 协议的设备被称为 RB(Routing Bridge,路由桥),RB 之间通过 IS-IS 协议进行邻居发现,并通过交换 Hello 消息和 Link State PDU(LSP) 来维护邻居关系和同步链路状态数据库(Link State Database, LSDB)。这样,每个 TRILL 节点都能够了解整个网络的拓扑结构,并建立邻居关系。

② DRB(Designated Router Bridge)选举。TRILL 网络中的 Rbridge 还会选举一个特殊的 Rbridge 作为 DRB,来负责处理一些特定的任务,如生成树计算和分发树的维护。

(2) LSDB 同步。TRILL 节点使用 IS-IS 协议维护一个 LSDB,其中包含了整个网络的拓扑信息。LSDB 中包含了每个节点的标识、连接的链路和链路的状态信息。

(3) 路径计算。基于 IS-IS 的链路状态信息,每个 TRILL 节点使用最短路径优先算法计算到达目的节点的最佳路径。这些路径信息存储在每个节点的转发信息库(FIB)中,以便在转发过程中进行路径选择。

(4) 转发。

① TRILL 封装。当源设备要发送数据包时,TRILL 会将原始数据包封装在 TRILL 帧中。TRILL 帧由源 TRILL 节点的标识、目的 TRILL 节点的标识、路径信息和原始数据包组成。TRILL 采用 MAC-in-MAC 封装技术,将以太网帧封装在另一个以太网帧中,以实现透明的跨多个链路的转发。这种封装方式保留了原始以太网帧的 MAC 地址,使得 TRILL 网络能够与现有以太网兼容。

② 转发。TRILL 网络中的数据转发是基于分发树进行的。DRB 计算出分发树,并通过 TRILL 邻居之间的协商和交互来维护分发树。数据帧会根据分发树的路径进行转发,以实现快速而可靠的数据传输。每个中间节点根据收到的 TRILL 帧中的路径信息选择下一跳节点。中间节点通过比较接收到的路径信息中的距离、优先级等参数来选择最佳路径。TRILL 节点使用数据包的目的 MAC 地址来确定数据包的转发方向。

通过这些步骤,TRILL 技术实现了无环的、多路径的拓扑结构的数据包转发。TRILL 节点使用 IS-IS 协议来计算和维护转发路径，并通过 TRILL 帧来封装和解封装数据包。第一个压入标签的路由器称为 Ingress RB；负责传输标签和交换标签的路由器称为 Transit RB；将标签弹出的路由器为 Egress RB。数据封装的目的是使其能够跨越多个链路和节点进行传输，这样可以提高带宽利用率、增加网络容量，并提供快速收敛和灵活的拓扑调整能力。TRILL 协议中数据包转发流程如图 3-10 所示。

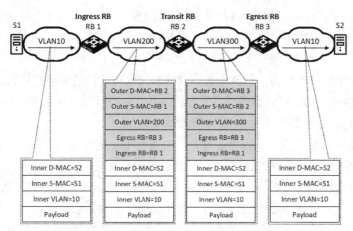

图 3-10　TRILL 网络中数据包转发流程

### 2. TRILL 解决方案的优点

TRILL 解决方案的优点主要包括：

(1) 高效转发。TRILL 网络中每台设备都以自身节点作为源节点，基于最短路径算法计算到达其他所有节点的最短路径，如果存在多条等价链路，那么在生成单播路由表项时，能够进行负载分担，在数据中心"胖树"组网等存在多路径转发时，能够充分利用网络带宽。相比使用 STP 协议的传统二层网络，TRILL 相当于数据转发的"多车道"。由于 TRILL 网络中数据报文转发可以实现 ECMP 和最短路径，因此采用 TRILL 组网方式可以极大地提高数据中心的数据转发效率和网络吞吐量。

(2) 有效环路避免。TRILL 协议能够自动选举出分发树的树根节点，每个 RB 节点以分发树树根为源节点，计算到达所有其他 RB 节点的最短路径，从而能够自动构建整网共享的组播分发树，基于该共享树将整网所有节点连接起来，承载二层未知单播、广播或组播数据报文，避免形成环路。在网络拓扑变化的情况下，节点之间路由收敛有可能不一致，通过 RPF 检查可以丢弃从错误端口收到的数据报文，避免环路。由于 TRILL 头部有 Hop-Count 字段，能够进一步减少临时环路的影响，有效避免环路风暴。这也是 TRILL 支持大二层网络的原因之一。

(3) 快速收敛。由于传统二层网络 STP 协议收敛机制设计得比较保守，在网络拓扑发生变化时，其收敛速度较慢，有的情况下甚至需要几十秒时间才能收敛，这无法满足数据中心业务的高可靠性要求。TRILL 采用路由协议生成转发表项，并且 TRILL 头部有 Hop-Count 字段能够允许短暂的临时环路，在网络出现节点和链路故障情况下，其收敛速度相对较快。

(4) 部署方便。TRILL 网络部署自动化程度比较高，首先 TRILL 协议配置比较简单，很多配置参数比如 Nickname、SystemID 等都可以自动生成，多数协议参数采用默认配置即可；其次，单播和组播同时使用时，用户只需要维护一套路由协议，而不是像三层组网中单播和组播需要维护 IGP、PIM 等多套路由协议；最后，TRILL 网络是二层网络，具备传统二层网络即插即用、方便易用的特点。

### 3. TRILL 技术在数据中心网络中的发展趋势

TRILL 技术在数据中心网络中有着广泛的应用前景，并且随着数据中心规模的不断扩大和需求的增加，TRILL 技术也在不断发展。以下是 TRILL 技术在数据中心网络中的一些未来发展趋势。

(1) 扩展性和容错性的提升：数据中心网络对容错和可靠性的要求非常高。TRILL 技术支持多路径转发和快速收敛，可以提供更好的容错性和冗余路径选择。未来，TRILL 技术可能进一步改进容错机制，提供更可靠的数据传输和故障恢复能力。

(2) 多租户及虚拟化支持：数据中心通常需要支持多个租户或不同的应用，而这些租户需要进行资源隔离和安全隔离。TRILL 技术可以提供虚拟化和分割网络的功能，实现多租户的支持。未来，TRILL 技术可能进一步改进虚拟化功能，提供更灵活的租户隔离和流量隔离机制。

(3) 高性能与低延迟：数据中心网络对高性能和低延迟的需求非常高。TRILL 技术可以提供多路径转发、负载均衡和快速转发等功能，以实现更高的数据传输速度和更低的延迟。未来，TRILL 技术可能进一步优化路由算法和流量调度机制，以提供更高的性能和更低的延迟。

(4) SDN 和自动化：TRILL 技术可以与 SDN 相结合，提供灵活的网络互连和资源隔离，以支持动态的应用部署和服务迁移。未来，TRILL 技术可能与 SDN(软件定义网络)和 NFV(网络功能虚拟化)等技术更紧密地集成，实现更智能和自动化的数据中心网络，以便更好地管理和优化数据中心网络。

## 3.6.2 VxLAN

传统数据中心网络使用 VLAN 来实现虚拟化和隔离。VLAN 通过在物理网络上划分不同的虚拟局域网，使得不同的设备和用户可以在同一个物理网络上进行通信，同时保持彼此之间的隔离。然而，传统的 VLAN 存在一些限制。首先，VLAN 的数量有限。VLAN 标识符只有 12 位，因此最多只能支持 4096 个 VLAN。在大规模数据中心环境中，这个数量可能无法满足需求，尤其是当每个租户或每个应用程序都需要一个独立的 VLAN 时。其次，VLAN 在跨物理网络的情况下存在扩展性和隔离性的限制。传统的 VLAN 在跨物理网络进行扩展时需要使用特殊的技术，例如 VLAN Trunking Protocol(VTP)或者使用 Layer 2 over Layer 3 隧道来连接不同的物理网络。这些方法增加了网络配置和管理的复杂性。

随着云计算、虚拟化和大规模数据中心的快速发展，对更大规模网络和更灵活的虚拟化支持的需求不断增加。传统的 VLAN 技术已经无法满足这些需求，因此 VxLAN 技术应运而生，它通过在现有网络基础设施上引入虚拟化技术来解决传统数据中心网络的扩展性和灵活性问题。VxLAN 使用 24 位的 VxLAN 标识符(VNI)来扩展 VLAN 数量，从而支持数百万个虚拟网络的创建。VxLAN 在现有 IP 网络上封装二层以太网帧，采用 MACinUDP 技术，通过使用 UDP 封装来实现跨物理网络的扩展，并提供灵活的隔离和路由策略。此外，虚拟机规模受到网络规格的限制，在大二层网络里，报文通过查询 MAC 地址来转发，MAC 表容量限制了虚拟机的数量。由于网络隔离的限制，普通的 VLAN 和 VPN 配置无法满足动态网络调整的需求，同时配置复杂。虚拟器迁移受到限制，虚拟机启动后如果在业务不中断的基础上将该虚拟机迁移到另外一台物理机上去，需要保持虚拟机的 IP 地址和 MAC 地址等参数不变，这就要求业务网络是一个二层的网络。VxLAN 可以很好地解决这个问题。

VxLAN 技术最早由 VMware、Cisco 和 Arista Networks 在 2011 年共同推出。这三家公司共同合作，旨在提供一种跨物理网络的虚拟化技术，以解决传统数据中心网络的扩展性和灵活性问题。随着 VxLAN 技术的推出，IETF 开始对其进行标准化工作。在标准化过程中，众多厂商和组织积极参与，共同制定了 VxLAN 的相关标准。最终，VxLAN 技术的标准化版本在 2014 年以 RFC 7348 的形式发布。标准化后的 VxLAN 技术得到了广泛采用和支持。各大网络设备厂商纷纷将 VxLAN 技术引入其产品线，并提供对 VxLAN 的支持。随着时间的推移，VxLAN 技术的需求和应用场景不断增加。为了更好地满足多租户云环境的需求，VxLAN 技术逐渐与 SDN(Software-Defined Networking)和网络虚拟化相结合。这种结合赋予了 VxLAN 技术更灵活、可编程和自动化的网络管理和控制能力。此外，VxLAN 技术在网络设备上的性能和吞吐量也得到了显著提升。新一代的网络芯片和硬件加速技术使得 VxLAN 技术能够在高速网络环境下提供高性能的虚拟化解决方案。

VxLAN 技术的工作原理是在现有 IP 网络上引入虚拟化技术，通过使用 VxLAN 标识符(VNI)来扩展 VLAN 数量，并采用 UDP 封装来封装二层以太网帧。VxLAN 封装的 UDP 包在 IP 网络中进行传输，经过 VxLAN 隧道进行传输和解封装，最终恢复成原始的以太网帧。VxLAN 技术支持灵活的转发和路由策略，实现虚拟网络之间的隔离和互通。VxLAN 技术的数据包转发流程如图 3-11 所示。

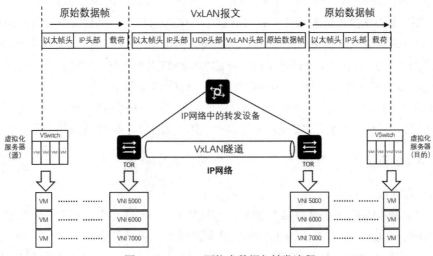

图 3-11　TRILL 网络中数据包转发流程

### 1. VxLAN 中的主要概念

下面简要介绍 VxLAN 中的主要概念。

(1) VxLAN 标识符(VNI)：VxLAN 使用 24 位的 VxLAN 标识符(VNI)来扩展 VLAN 数量。VNI 用于唯一标识不同的虚拟网络。每个 VNI 都对应一个虚拟网络，不同的虚拟网络之间是隔离的。

(2) VxLAN 封装：VxLAN 技术使用 UDP 封装(UDP Encapsulation)来封装二层以太网帧。源主机通过将原始以太网帧封装为 UDP 数据包，并在 UDP 头部添加 VxLAN 标识符来创建 VxLAN 封装包。这样，以太网帧就被封装在 UDP 包中，并通过 IP 网络中进行传输。

(3) VxLAN 网络层：由于 VxLAN 封装的 UDP 包在 IP 网络中进行传输，因此，VxLAN 技术依赖 IP 网络来实现跨物理网络的扩展。VxLAN 可以在 IPv4 和 IPv6 网络上运行。

(4) VxLAN 隧道：VxLAN 使用隧道来传输 VxLAN 封装的数据包。隧道可以是点对点的，也可以是多点对多点的。隧道中的每个节点都需要支持 VxLAN 技术，以便解析和处理 VxLAN 封装的数据包。

(5) VxLAN 解封装：目标主机收到 VxLAN 封装的数据包后，需要进行解封装来恢复原始的以太网帧。目标主机根据 VxLAN 标识符(VNI)来确定数据包属于哪个虚拟网络，并将以太网帧解封装出来。

(6) VxLAN 转发和路由：VxLAN 技术支持灵活的转发和路由策略。网络设备(如交换机和路由器)可以根据 VxLAN 标识符(VNI)来识别和处理 VxLAN 封装的数据包。这样，不同虚拟网络之间可以进行隔离和路由，实现互通和互联。

## 2. VxLAN 的主要优点

VxLAN 的主要优点包括以下几点。

(1) 灵活性和可扩展性：VxLAN 可以将虚拟机从物理网络中解耦，使得虚拟机可以自由地迁移和扩展，而无须改变底层网络结构。这种灵活性和可扩展性非常适合大规模数据中心的需求。

(2) 跨数据中心连接：随着云计算和多数据中心架构的普及，跨数据中心的连接需求也越来越高。VxLAN 可以通过 Overlay 网络连接不同数据中心，提供安全、可靠的跨地域通信。

(3) 多租户支持：VxLAN 可以将不同租户的虚拟网络隔离开来，实现多租户的共享物理基础设施。这种多租户支持对于云服务提供商和企业而言至关重要。

(4) 自动化和管理：VxLAN 可以与 SDN(软件定义网络)和云管理平台集成，实现网络的自动化和集中管理。这种自动化和管理能力可以大大简化数据中心网络的操作和维护工作。

## 3. VxLAN 的不足

VxLAN 存在以下不足。

(1) 配置复杂：VxLAN 技术的部署和配置相对复杂，需要在网络设备上进行特定的配置和支持。这可能会增加不熟悉 VxLAN 技术的管理员的学习和管理成本。

(2) 网络开销大：VxLAN 技术在封装和解封装数据包时会增加一定的开销，尤其是在网络规模较大的情况下。这可能会对网络的性能和延迟产生一定的影响。

(3) 依赖底层网络：VxLAN 技术依赖底层 IP 网络的稳定性和可靠性。如果底层网络出现故障或性能问题，可能会对 VxLAN 技术的运行产生影响。

VxLAN 技术在数据中心的未来发展趋势是更高的灵活性、可扩展性和自动化。

## 3.7 数据中心网络发展趋势

目前，数据中心的业务和数据部署从分散走向大集中，采用结构化、模块化、层次化的规划设计方法，通过数据中心的功能分区设计，实现了高可靠、高可用、易管理、易扩展的建设目标。数据中心网络子系统未来的发展趋势主要体现在以下几个方面。

### 1. 高性能

近些年，应用场景的多样化带来了终端设备的快速增长，数据中心的流量从以南北方向为主逐渐转变为以东西方向为主，这给数据中心的网络架构、带宽等方面带来了诸多挑战。随着用户对高性能计算、数据挖掘、数据存储等需求的不断增长，数据中心的规模变得越来越大。由于大数据带来的指数级流量增长，数据中心中服务器接入的带宽从 GE/10GE 演进到 25GE/100GE，数据中心网络互联接口则在向 400GE/800GE 演进。未来的数据中心网络将致力于提供更高的带宽和更低的延迟，以应对应用需求的增长。

### 2. 智能化

智能化数据中心网络将实现网络的自动化管理，包括自动配置、自动故障检测和恢复、自动负载均衡等功能。通过自动化管理，数据中心网络的可靠性和效率将得到显著提升。网络能够自动感知虚拟服务器，并且随着虚拟服务器的迁移和调度，自动进行网络重新配置的集中管理和控制。传统网络是静态的，一般只需对单个网络实体进行配置维护。而在云计算时代，网络是动态的，需要对多个网络实体一起协调和调度。因此，需要集中的管理和控制平台，以整网粒度而非设备粒度进行网络的管理。此外，智能化数据中心网络将引入更智能的安全策略和机制，通过实时监测和分析网络流量，及时发现并应对网络安全威胁。

### 3. 可编程

传统网络设备种类繁多且标准各异，网络受到功能固定的分组转发处理硬件和芯片硬件厂商不兼容的限制，存在网络设备更新缓慢、运行成本增加等问题。面对快速升级的网络需求和不断更新的网络业务，网络可编程的能力成为未来网络服务和应用的关键。随着新一代高性能可编程数据分组处理芯片及数据平面高级编程语言的出现，以软件编程方式设定数据分组的处理流程并在芯片中编译执行，将在未来的数据中心网络中发挥重要作用。

### 4. 超融合

随着存储介质和计算能力的大幅提升，在高性能的数据中心中，当前网络通信的时延成为应用整体性能进一步提升的瓶颈，通信时延在整个端到端时延中占比从 10%上升到 60%以上。为了满足 AI 时代的数据高效处理需求，零丢包、低时延和高吞吐量成为未来数据中心网络的三个核心指标。超融合网络架构是解决上述问题的方案之一，它基于 SDN 和虚拟化技术，将计算、存储和网络三大要素融合在一起，实现了网络、计算、存储资源的统一管理，提高了数据中心的效率和可靠性，具备诸多优势，在未来具有较大的发展潜力。

## 3.8 习题

1. 简述数据中心网络的设计目标。
2. 数据中心网络架构设计包含哪些方面的内容？
3. 简述数据中心三层交换机的工作原理。
4. 三层交换机与路由器的区别是什么？
5. 简述硬件网卡虚拟化的常用技术。
6. 简述 SDN 技术的优缺点。
7. 简述 TRILL 协议的特点和作用。
8. 简述 VxLAN 技术的工作原理。

# 第4章 计算子系统

　　计算子系统是数据中心的重要组成部分。随着计算机硬件技术的快速发展和计算机体系结构的不断创新，计算机硬件系统综合处理能力不断增强。然而，计算能力的快速增长并未带来计算资源利用效率和灵活性的相应提升，反而使计算系统日趋复杂，软件支撑环境类型繁多、版本各异、管理配置困难，这给数据中心计算技术的发展带来了巨大挑战。因此，需要有效地组织现有的计算设施及资源，在快速发展的硬件系统、多种类型和版本的软件环境以及多样化的应用需求之间寻找新的平衡点，探索新型计算架构是数据中心计算技术发展的重点。

　　本章将从云计算和高性能计算两个方面探讨数据中心计算子系统的架构，并对作为数据中心主要计算载体的服务器进行了详细介绍，最后介绍计算虚拟化相关技术。

## 4.1 数据中心计算架构

物理 CPU 处理能力所遵循的摩尔定律在稳定高速地发展，然而人类对计算能力的要求往往超过摩尔定律的发展速度，与此同时，提高计算资源使用效率成为技术发展的重点，这些都离不开软件的协助和计算架构的不断进步。云计算和高性能计算作为主流计算架构，代表着两个不同的发展方向。云计算将计算分布于大量廉价的异构计算机之上，而高性能计算则将多台配置相同的计算节点整合成一台逻辑上的高性能虚拟计算机来使用。

### 4.1.1 云计算

**1. 云计算的概念**

2006 年，谷歌公司首次提出了"云计算"的概念。云计算可理解为是一种基于互联网的计算方式，通过这种方式，共享的软硬件资源和信息可以按需提供给用户来使用，并且可以实现按需付费。云计算并没有一个统一的定义，云计算的主要厂商，依据不同的研究视角给出了对云计算的不同定义和理解。其中，狭义云计算是指 IT 基础设施的交付和使用模式，通过网络以按需、易扩展的方式获得所需的资源(硬件、平台和软件)。广义云计算是指服务的交付和使用模式，通过网络以按需、易扩展的方式获得所需的服务，这种服务可以是和软件、互联网相关的，也可以是其他任意的服务。

**2. 云计算的逻辑架构**

云计算的基本原理是将计算分布在大量的异构服务器上，而非本地计算机或者远程服务器中。用户通过互联网访问和管理数据中心，能够将资源放置在需要的系统上，并根据需求访问相关资源。云计算的逻辑结构如图 4-1 所示。

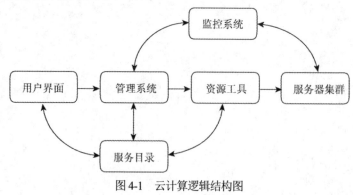

图 4-1 云计算逻辑结构图

(1) 用户界面。作为用户使用云的入口，为用户提供请求服务的交互界面，一般通过 Web 浏览器的方式进行用户注册、登录、配置及管理。

(2) 服务目录。云计算用户在登录认证之后，可以浏览并选择所需的服务列表。包括退订已有服务，服务目录通常以图表或者列表的形式在用户界面中展示。

(3) 管理系统和资源工具。提供管理和服务，能够管理云平台用户的行为，包括授权、认证、登录等，同时对可用资源和服务进行管理，接收并转发用户需求，进行资源的调度、部署和回收。

(4) 监控系统。监控云计算系统的资源使用，进行负载均衡、节点同步等任务，确保资源被用户合理有效地利用。

(5) 服务器集群。包括物理和虚拟的服务器，是核心的计算资源，能够运行各种应用系统，处理用户的请求。

### 3. 云计算的体系架构

云计算体系架构如图 4-2 所示，共分四层：基础资源层、资源池层、管理中间件层和 SOA 层。

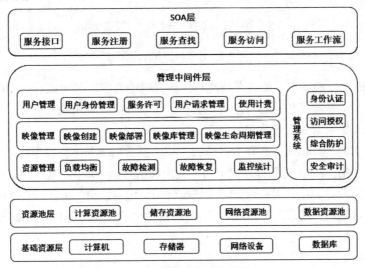

图 4-2　云计算体系架构图

(1) 基础资源层。包括服务器、网络设备、存储设备、数据库和软件等。

(2) 资源池层。将各类资源进行池化，形成计算资源池、存储资源池、网络资源池、数据资源池等，关键在于资源的集成和管理工作。

(3) 管理中间件层。主要进行资源和任务的调度，便于更加高效地利用资源并提供服务，同时负责监控、故障检测、安全管理等。

(4) SOA 层。用于将计算封装成标准的 Web Service 服务，并将其纳入 SOA 管理体系，包括服务注册、查找、访问等。

### 4. 云计算的关键技术

云计算通过廉价物理资源的横向扩展，以较低的成本提供高可靠、高可用、动态可伸缩的个性化服务。云计算的支撑技术主要包括虚拟化、分布式计算、分布式存储技术、服务管理层技术等。

(1) 虚拟化技术。数据中心为云计算提供了大规模的资源。为了实现基础设施服务(IaaS)的按需分配,需要虚拟化技术的支持。虚拟化技术包括计算虚拟化、存储虚拟化及网络虚拟化等。

计算虚拟化指通过虚拟化技术实现底层物理设备与上层操作系统、软件的分离、去耦合,以达到针对个性化需求高效组织计算资源的目的,同时,它可以隔离具体的硬件体系结构和软件系统之间的紧密依赖关系,在动态环境中按需构建计算系统虚拟映像,构造可以适应用户需求的任务执行环境,从而实现透明的可伸缩计算系统架构,以提高计算资源的使用效率,并发挥计算资源的聚合效能。图 4-3 所示为计算虚拟化示意图。

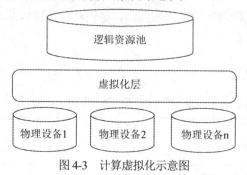

图 4-3  计算虚拟化示意图

(2) 分布式计算技术。为了能够高效地利用计算机的性能,分布式计算一般采用低成本的硬件资源,将庞大的计算工程进行分割,将其分配给不同的计算机进行处理,然后把这些计算机单独运算的结果整合起来,得到最终结果。

谷歌公司提出的 MapReduce,作为处理或生成大型数据集的编程模型,是分布式计算的代表技术。在该模型中,Map 函数处理键值对,得出键值对的中间集,然后 Reduce 函数会处理这些中间键值对,并合并相关键的值。输入数据使用特定方法进行分区,即在并行处理的计算机集群中进行分区处理。通过这种方法,可以分布式地处理海量数据集。MapReduce 工作原理如图 4-4 所示。

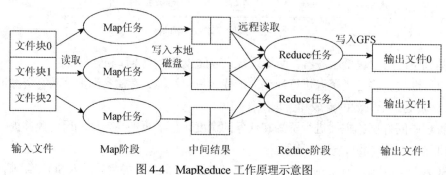

图 4-4  MapReduce 工作原理示意图

(3) 分布式存储技术。云计算架构中,会产生海量的存储数据,因此为了保证存储系统的 I/O 性能,以及文件系统的可靠性和可用性,分布式存储技术应运而生。

与目前常见的集中式存储技术不同,分布式存储技术并不是将数据存储在某个或多个特定的节点上,而是通过网络来使用集群中每台机器上的磁盘空间,并将这些分散的存储资源构成一个虚拟的存储设备,数据分布式地存储在集群的各个节点中。

GFS(Google File System)是一个典型的分布式存储系统,是谷歌公司为了存储海量搜索数据而设计的专用文件系统。GFS 的创新性在于它采用廉价的商用计算机集群构建分布式文件系统,在降低成本的同时能够提供可靠的文件服务。如图 4-5 所示,一个 GFS 系统包括一个主服务器(Master)和多个块服务器(Chunkserver),一个 GFS 系统能够同时为多个客户端应用程序提供文件服务。文件被划分为固定的块,由主服务器安排存放到块服务器的本地硬盘上。主服务器会记录存放位置等数据,并负责维护和管理文件系统,包括块的租用、垃圾块的回收,以及块在不同块服务器之间的迁移。此外,主服务器还周期性地与每个块服务器通过消息交互,监视块服务器的运行状态,下达相关的指令。应用程序通过与主服务器和块服务器的交互来实现对应用数据的读/写,应用与主服务器之间的交互仅限于元数据,也就是一些控制数据,其他的数据操作都直接与块服务器交互。

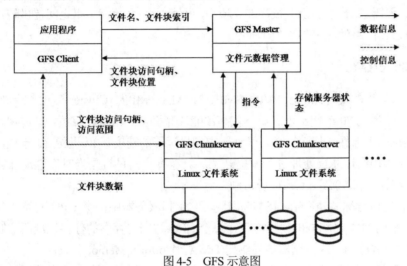

图 4-5 GFS 示意图

(4) 服务管理层技术。为了使云计算核心服务高效、安全地运行,需要相关服务管理技术提供支撑。服务管理技术主要包括:QoS 保证机制、安全与隐私保护技术、资源监控技术、服务计费模型等。

> QoS 保证机制。在云计算构建中,需要考虑云用户的 QoS 需求,根据用户需求确定 QoS 属性集方法,构建面向云用户请求的服务质量模型和相应实现过程。

> 安全与隐私保护技术。云计算数据的生命周期包括数据生成、数据迁移、数据使用、数据共享、数据存储和数据销毁等阶段,不同的数据类型在不同的阶段需要划分不同的隐私等级,并提供适当的保护。

> 资源监控技术。全面监控云计算运行涉及三个层面:物理资源层、虚拟资源层和应用层。物理资源层监控物理资源的运行状况,比如 CPU 使用率、内存利用率和网络带宽利用率等;虚拟资源层主要监控虚拟机的 CPU 使用率和内存利用率等;应用层主要记录应用每次请求的响应时间(Response Time)和吞吐量(Throughput),以判断是否满足预先设定的 SLA(Service Level Agreement,服务级别协议)。

➢ 服务计费模型。利用底层监控系统所采集的数据来对每个用户所使用的资源(如所消耗 CPU 的时间和网络带宽等)和服务(如调用某个付费 API 的次数)进行统计,来准确地向用户收取费用,并提供完善和详细的报表。

### 4.1.2 高性能计算

**1. 高性能计算概念**

高性能计算(High Performance Computing, HPC)指使用多个处理器或者某一集群中的多台计算机的计算系统和环境。HPC 系统类型多种多样,其范围从标准计算机的大型集群到高度专用的硬件。大多数基于集群的 HPC 系统使用高性能网络互连,比如 InfiniBand 技术。基本的网络拓扑可以采用总线拓扑,在性能很高的环境中,网状网络系统在主机之间提供较短的时延,可以有效改善总体网络性能和传输速率。

**2. 高性能计算架构**

高性能计算架构的发展经历了 PVP、SMP、NUMA、MPP、Cluster 等几个阶段。

(1) PVP。20 世纪 70 年代出现了第一代高性能计算机——向量计算机,其原理是通过在计算机中加入向量流水部件,从而提高科学计算中向量运算的速度。20 世纪 80 年代,出现的并行向量处理机(PVP)通过并行处理进一步提升了运算速度。向量机是当时高性能计算的主流产品,占据高性能计算机 90%以上的市场份额。

(2) SMP。随后对称多处理结构(SMP)出现,它是指服务器中多个 CPU 对称工作,无主次或从属关系。各 CPU 共享相同的物理内存,每个 CPU 访问内存中的任何地址所需时间是相同的,因此 SMP 也被称为一致存储器访问结构(UMA,Uniform Memory Access)。

SMP 最主要的特征是共享,系统中所有资源(CPU、内存、I/O 等)都是共享的,也正是由于这种特征,导致了 SMP 服务器的主要问题,就是它的扩展能力非常有限。对于 SMP 服务器而言,每一个共享的环节都可能造成 SMP 服务器扩展时的瓶颈,而最受限制的则是内存。由于每个 CPU 必须通过相同的内存总线访问相同的内存资源,因此随着 CPU 数量的增加,内存访问冲突将迅速增加,使 CPU 性能的有效性大大降低,最终会造成 CPU 资源的浪费。实验证明,SMP 服务器 CPU 利用率最好的情况是使用 2~4 个 CPU。SMP 架构如图 4-6 所示。

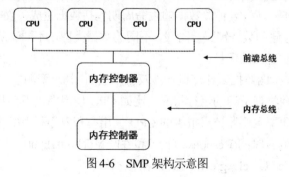

图 4-6　SMP 架构示意图

(3) NUMA。由于 SMP 在扩展能力上的限制，研究人员开始探究如何有效地扩展 CPU 的数量，NUMA 就是这种努力下的成果。NUMA 全称是 Non-Uniform Memory Access，即"非一致性内存访问"技术。利用 NUMA 可以把几十个 CPU(甚至上百个 CPU)组合在一个服务器内。NUMA 服务器的基本特征是具有多个 CPU 模块，每个 CPU 模块由多个 CPU(如四个)组成，并且具有独立的本地内存、I/O 槽口等。由于其节点之间可以通过互联模块进行连接和信息交互，因此每个 CPU 可以访问整个系统内存。显然，访问本地内存的速度将高于访问系统内其他节点内存，这也是非一致性内存访问的由来。为了更好地发挥系统性能，开发应用程序时需要尽量减少不同 CPU 模块之间的信息交互。利用 NUMA 技术，可以较好地解决原来 SMP 系统的扩展问题，在一个物理服务器内可以支持上百个 CPU。

NUMA 的节点互联机制在同一个物理服务器内部兼容性非常好，但是当某个 CPU 需要进行远程内存访问时，它必须等待，这也是 NUMA 服务器无法实现 CPU 增加时性能线性扩展的主要原因。NUMA 架构如图 4-7 所示。

(4) MPP。20 世纪 90 年代初，大规模并行处理(MPP)系统开始成为高性能计算机发展的主流。MPP 模式是一种分布式存储器模式，由多个松耦合的处理单元组成。MPP 体系结构对硬件开发商很有吸引力，因为 MPP 系统出现的问题容易解决，开发成本低。同时，由于没有硬件支持内存共享或高速缓存一致性问题，MPP 系统比较容易实现大量处理器的连接。

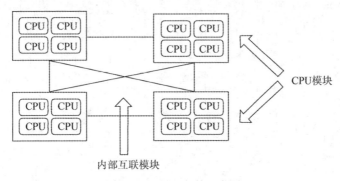

图 4-7　NUMA 架构示意图

和 NUMA 不同，MPP 提供了另外一种进行系统扩展的方式，它由多个 SMP 服务器(每个 SMP 服务器被称为节点)通过一定的节点互联网络进行连接，协同工作，完成相同的任务，从用户的角度来看，它表现为一个服务器系统。其基本特征是由多个 SMP 服务器通过节点互联网络连接而成，每个节点只访问自己的本地资源(内存、存储等)，是一种完全无共享结构，因此扩展能力最好，理论上其扩展无限制。目前的技术可实现 512 个节点的互联，数千个 CPU 可参与其中。节点互联网络仅供 MPP 服务器内部使用，对用户透明。

在 MPP 系统中，每个 SMP 节点也可以运行自己的操作系统、数据库等，但和 NUMA 不同的是，它不存在异地内存访问的问题。换言之，每个节点内的 CPU 不能访问另一个节点的内存。节点之间的信息交互是通过节点互联网络实现的，这个过程一般称为数据重分配(Data Redistribution)。MPP 架构如图 4-8 所示。

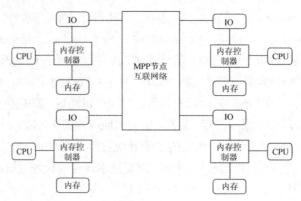

图 4-8 MPP 架构示意图

(5) Cluster。在 MPP 发展的同时，集群系统(Cluster)也迅速发展起来。类似于 MPP 结构，集群系统是由多个微处理器构成的计算机节点，通过高速网络互连而成，节点一般是可以单独运行的商品化计算机。由于整体成本低，同时继承了 MPP 编程模型，Cluster 得到了迅速的发展和普及，成了当前最主流的高性能计算架构。Cluster 架构如图 4-9 所示。

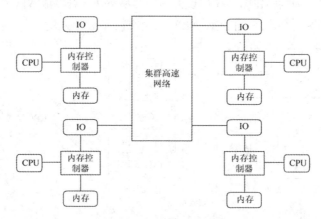

图 4-9 Cluster 架构示意图

MPP 和 Cluster 架构有相似之处，但是也有区别：

① MPP 的组件大多是单独定制开发，每个节点使用定制 CPU，运行 OS 微内核，使用单独开发的专有网络连接。而 Cluster 运行通用操作系统，互联网络使用标准的 Infiniband 或者以太网设备连接，存储一般采用 SAN、NAS 和并行文件系统。

② MPP 实际上是一台机器，这台机器使用高速网络紧密连接多个处理器，只有一个操作系统。而 Cluster 实际上是有多台机器，每台机器有自己的操作系统、硬盘、内存等，这些机器使用一些普通网络技术进行连接。

3. 高性能计算的互连技术

在多计算机和多处理机中，节点间的消息传递和远程内存访问都需要通过专用的互连网络完成。互连网络的拓扑结构、链路带宽和通信延迟对于高性能计算的性能和并行程序的开发粒度影响非常大。高性能计算的互连技术分为商用互连技术和专用互连技术。

Cluster 架构的机器一般采用商用标准互连技术，其中以 InfiniBand 为主。InfiniBand 架构是一种支持多并发连接的"转换线缆"技术，在这种技术中，每种连接都可以达到 2.5Gb/s 的运行速度，其主要设计目的就是修复服务器端的连接问题。因此，InfiniBand 技术将会被应用于服务器与服务器(如复制、分布式工作等)，服务器和存储设备(如 SAN 和直接存储附件)以及服务器和网络之间(比如 LAN、WAN 和 Internet)的通信。MPP 结构则一般采用各个厂商的专用互连技术。

### 4. 高性能计算发展现状

以集群架构为主的全球 TOP 500 超级计算机排名，已经成为衡量高性能计算领域技术实力的重要标准。2023 年 6 月份 TOP 500 发布了最新排名，全球前十位的高性能计算机如表 4-1 所示。美国橡树岭国家实验室(ORNL)的 Frontier 是唯一的一台百亿亿次级计算机，Frontier 基于 HPE Cray EX235a 架构并采用 AMD EPYC 处理器(64C 2GHz)，拥有 8 699 904 个内核，其高度并行计算基准(High Performance Linpack, HPL)分数从 2022 年 11 月的 1102.00pflop/s 提高到了 1194.00pflop/s。

位于日本神户 Riken 计算科学中心 (R-CCS)的富岳 Fugaku 在榜单中位于第二位，相比之前的 HPL 分数 442.01pflop/s 没有变化。芬兰 EuroHPC/CSC 的 LUMI 是欧洲最大的超级计算机系统，排名第三，其 HPL 得分为 309.10pflop/s。

位于意大利博洛尼亚 EuroHPC/CINECA 的 Leonardo 系统排在第四位，第五名是美国橡树岭国家实验室(ORNL)的 Summit 系统，美国劳伦斯利弗莫尔国家实验室的 Sierra 排名第六，中国无锡国家超算中心的神威太湖之光排名第七，排名第八的是位于美国国家能源研究科学计算中心的 Perlmutter，第九名 Selene 来自美国英伟达公司，中国广州国家超算中心的天河 2A 排名第十。

表4-1  全球Top10高性能计算机排名

| 排名 | 名称 | 架构 | 来源 | 性能(Pflop/s) |
| --- | --- | --- | --- | --- |
| 1 | Frontier | HPE Cray EX235a | 美国橡树岭国家实验室 | 1194.00 |
| 2 | Fugaku | A64FX | 日本 Riken 计算科学中心 | 442.01 |
| 3 | LUMI | HPE Cray EX235a | 芬兰 EuroHPC / CSC | 309.10 |
| 4 | Leonardo | BullSequana XH2000 | 意大利博洛尼亚 EuroHPC/ CINECA | 238.70 |
| 5 | Summit | IBM Power System AC922 | 美国橡树岭国家实验室 | 148.60 |
| 6 | Sierra | IBM Power System AC922 | 美国劳伦斯利弗莫尔国家实验室 | 94.64 |
| 7 | 神威太湖之光 | SunwayMPP | 中国无锡国家超算中心 | 93.01 |
| 8 | Perlmutter | HPE Cray EX235n | 美国国家能源研究科学计算中心 | 70.87 |
| 9 | Selene | NVIDIA DGX A100 SuperPOD | 美国英伟达公司 | 63.46 |
| 10 | 天河 2A | TH-IVB-FEP Cluster | 中国广州国家超算中心 | 61.44 |

#### 5. 高性能计算的应用

高性能计算主要用于特定的科学和技术领域并服务于专业的用户，在工业、气象、环境等领域得到广泛应用。随着人工智能技术的发展，高性能计算的应用已推广到更多领域。

(1) 地震、石油勘测

高性能计算机对地震的模拟，使得我们可以更好地对地震进行预测，而其在地球物理学中的应用，则可带来巨大的经济效益。以高性能计算机为平台对石油勘探地质数据进行处理，为保障我国油气资源的供给、解决对外依存等问题提供了有力保障。

石油资源作为关乎国计民生的重要资源，其地质勘探是钻探前勘测石油和天然气资源的重要手段。要把石油、天然气资源尽量多地开采出来，需要利用高性能计算机对数据进行精确处理。地质数据处理的质量，直接决定油气资源发现的成功率和勘探效果。

(2) 天气预报、航空航天

气象数值预报一直是高性能计算机的重要应用领域之一，无论是短期天气预报还是长期气候预测，都离不开强大的高性能计算机的支持。借助高性能计算机预测气候变化，可以减轻极端天气给人类带来的伤害。当前世界，极端气象事件的影响日趋严重，高性能计算机将提供有关发生可能性低但破坏性大的气象事件的预警，可用于有关气候变化的重要研究。

同样，对天气情况的准确预报也需要高性能计算机具备迅速完成大量运算的能力。我国自行设计生产的银河Ⅱ型大型机就曾用于天气预报领域。在2008年北京奥运会中，北京气象局就采用了高性能计算机来为北京及周边地区提供精确到小时的天气预报。

(3) 生命科学、人工智能

如今，高性能计算机的应用触角已延伸到生命科学、人工智能研究等领域。

借助高性能计算机强大的计算能力，人类研制新药的周期将大大缩短，其应用也将为疾病的治疗提供革命性的方法。目前，军事医学科学院利用高性能计算机进行了以胰岛素受体为靶点的糖尿病新型治疗药物的研发。

高性能计算已经累积了海量经验与技术，用来解决人工智能这个最贴近人类，又最复杂的难题，并尝试大规模应用于各种工作和生活的场景中。尤其是AlphaGo围棋人工智能程序，让大家见识了人工智能的惊人实力。而早在很多年前，人类就已不是高性能计算机下象棋时的对手了。

超级计算机对于国家经济社会高质量发展和高水平科技创新具有重要支撑作用，是国家科技发展水平和综合国力的重要标志。过去10年，我国超级计算进入自主创新快速发展时期，天河系列超级计算机实现了从千万亿次到亿亿次，再到十亿亿次乃至更高速度的跨越。同时，由天河超级计算机创新带来的国产"飞腾"处理器、"麒麟"操作系统也不断发展，推动信创产业不断进步，为我国数字经济发展打下了坚实的基础。

## 4.2 服务器

### 4.2.1 服务器简介

服务器的英文为 Server，指的是在网络环境中为客户机(Client)提供各种服务的专用计算机。在网络中，服务器承担着数据的存储、转发、发布等关键任务，是客户机/服务器(Client/Server)架构中不可或缺的重要组成部分。服务器同时也是数据中心的主要计算载体。

对于服务器硬件的档次并没有硬性的规定，在中、小型企业，服务器可能就是一台性能较好的 PC 机，不同的只是其中安装了专门的服务器操作系统，俗称 PC 服务器，由它来完成各种所需的服务器任务。由于 PC 机与专门的服务器在性能方面差距较远，因此由 PC 机担当的服务器无论是在网络连接性能，还是在稳定性等方面都不能承担高负荷任务，只适用于小型且简单的任务。

服务器是由 PC 机发展而来的，随着网络技术的发展，特别是互联网的发展和普及，"服务器"这种类型的计算机开始被业界接受，并随着网络的普及和进步不断发展。

服务器的性能往往通过可用性、可利用性、可扩展性和可管理性四个指标来衡量，被称为服务器的 SUMA，即可扩展性——Scalability、可用性——Usability、可管理性——Manageability、可利用性——Availability。

#### 1. 可用性

作为一台服务器，首先要求的是它必须可靠，即"可用性"。因为服务器所面对的是整个网络的用户，而不是本机登录用户，只要网络中有用户，服务器就不能中断。在一些特殊应用领域，服务器需要不间断地工作，它必须持续地为用户提供服务，这就是服务器首先必须具备极高稳定性能的根本原因。一般来说，企业级的服务器都需要 7×24 小时不间断地运行。

#### 2. 可利用性

服务器要为多用户提供服务，必须拥有高速的连接和强大的运算性能，这指的就是服务器的"可利用性"。服务器在性能和速度方面有着显著的优势。为了实现高速，一般服务器会采用对称多处理器架构、配置大量高速内存，这就决定了服务器在硬件配置方面与普通的计算机有着本质的区别。它的主板上可以同时安装几个甚至几十个、上百个服务器专用 CPU。

#### 3. 可扩展性

运行业务系统的服务器，随着业务的不断增长，服务器的硬件配置也需要随之扩充。因此，服务器应具有良好的可扩展性，来满足未来一段时间用户业务扩展的需求。服务器的可扩展性一般体现在处理器、内存、硬盘以及 I/O 等部分，如处理器插槽数目、内存插槽数目、硬盘托架数目和 I/O 插槽数目等。不过服务器的扩展性也会受到服务器机箱类型的限制，如塔式服务器具备较大的机箱,扩展性一般要优于为密集型部署设计的机架式服务器。当然服务器内部的扩展能力终归有限,比如内部存储容量,可以通过连接外置存储的方案解决。

#### 4. 可管理性

服务器必须具备一定的自动报警功能,并配有相应的冗余、备份、在线诊断和恢复功能,以便出现故障时及时恢复服务器的运行,这就是服务器的"可管理性"。服务器需要不间断持续工作,但硬件设备都有可能出现故障,因此需要特定的故障告警能力。服务器生产厂商为了解决这一难题提出了许多新的技术,如冗余技术、系统备份、在线诊断技术、故障预报警技术、内存查纠错技术、热插拔技术和远程诊断技术等,使绝大多数故障能够在不停机的情况下得到及时修复。

### 4.2.2 服务器分类

服务器有多种分类方式,主要包括按照体系架构划分、按照应用层次划分及按照外观进行划分。

#### 1. 按应用层次划分

这是服务器最为普遍的一种划分方法,它主要根据服务器在网络中应用的层次来划分,依据整个服务器的综合性能以及所采用的一些服务器专用技术,可将其分为入门级服务器、工作组级服务器、部门级服务器和企业级服务器。

(1) 入门级服务器

这类服务器是最基础的一类服务器,这类服务器所包含的服务器特性并不是很多,通常只具备以下几方面特性:

➢ 通常只支持一颗 CPU。
➢ 内存容量不会很大,一般为 8GB~16GB。
➢ 通常采用 SAS 或者 SATA 接口机械式硬盘或者固态硬盘。
➢ 硬盘、电源、风扇等没有冗余。

这类服务器主要采用 Windows Server 或者 Linux Server 网络操作系统,可以满足办公室中的中小型网络用户的文件共享、数据处理、Internet 接入及简单数据库应用的需求。它与一般 PC 机很相似,有很多小型公司就用一台高性能的品牌 PC 机作为服务器,所以这种服务器无论在性能上,还是价格上都与一台高性能 PC 品牌机相差无几。

入门级服务器所连的终端比较有限(通常为 20 台以内),而且稳定性、可扩展性以及容错冗余性能较差,仅适用于没有大型数据库数据交换、日常工作网络流量不大和无须长期不间断开机的小型企业。

(2) 工作组服务器

工作组服务器是比入门级高一个层次,但仍属于较低级别档次的服务器。从这个名字也可以看出,它只能连接一个工作组(50 台左右)的用户,网络规模较小,服务器的稳定性要求也不像企业级服务器那样高,当然在其他性能方面的要求也相应要低一些。工作组服务器具有以下几方面的主要特点：
- 通常支持一颗 CPU。
- 内存一般为 16GB~32GB，采用 ECC 内存。
- 通常采用 SAS 或者 SATA 接口机械式硬盘或者固态硬盘，支持热插拔技术。
- 支持硬件 RAID 技术。
- 支持 1+1 冗余的热插拔电源。
- 具备远程管理功能。

工作组服务器较入门级服务器来说，性能更强，功能更丰富，且具备一定的可扩展性，但容错和冗余性能仍有待提高，难以满足大型数据库系统的应用需求，价格也比前者贵许多，一般相当于 2~3 台高性能的 PC 品牌机的价格总和。该系列服务器针对小型企业的计算需求和预算而设计，性能和可扩展性使其可以随着应用，如文件、打印、电子邮件、订单处理和电子贸易等的需要而扩展。

(3) 部门级服务器

这类服务器属于中档服务器行列，一般都支持双 CPU 以上的对称处理器结构，具备比较完全的硬件配置，如磁盘阵列、存储托架等。部门级服务器的最大特点就是，除了具有工作组的全部服务器特点外，还集成了大量的监测及管理电路，具有全面的服务器管理能力，可监测如温度、电压、风扇、机箱等状态参数，结合标准服务器管理软件，使管理人员能够及时了解服务器的工作状况。同时，大多数部门级服务器具有优良的系统扩展性，能够满足用户在业务量迅速增大时及时在线升级系统，充分保护用户的投资。

部门级服务器的主要技术特点包括：
- 通常支持 2 颗 CPU。
- 内存 32GB～64GB。
- 通常采用 SAS 或者 SATA 接口机械式硬盘或者固态硬盘，支持热插拔技术。
- 支持硬件 RAID 技术。
- 内存、硬盘、PCIe 扩展能力较强。
- 支持 1+1 冗余的热插拔电源。
- 具备远程管理功能。

部门级服务器可连接 100 个左右的计算机用户，适用于对处理速度和系统可靠性有较高要求的中小型企业网络，其硬件配置相对较高，可靠性比工作组服务器要高一些。

(4) 企业级服务器

企业级服务器属于高档服务器行列，采用 4 个以上 CPU 的对称处理器结构，有的 CPU 高达几十个。一般还具有独立的双 PCI 通道和内存扩展板设计，具有高内存带宽、大容量热插拔硬盘和热插拔电源、超强的数据处理能力和群集性能等。

企业级服务器产品除了具有部门级服务器的所有特性外，最大的特点就是它还具有高度的容错能力、优良的扩展性能、故障预报警功能、在线诊断主要部件的热插拔能力。部分企业级服务器还引入了大型计算机的许多优良特性。它们适合用于需要处理大量数据、高处理速度和对可靠性要求极高的金融、证券、交通、邮电、通信等行业或大型企业。

企业级服务器的主要技术特点包括：
- 通常支持 4 颗及以上的 CPU。
- 内存 64GB 以上。
- 通常采用 SAS 或者 SATA 接口机械式硬盘或者固态硬盘。支持硬件 RAID 技术。
- 所有重要部件都支持热插拔功能。
- 所有重要部件都具有较强的可扩展能力。
- 具备丰富的远程管理功能。
- 具有多种高端功能以提升系统的可靠性。

企业级服务器适用于联网的计算机数量在数百台以上、对处理速度和数据安全要求非常高的大型网络。其硬件配置最高，系统可靠性也最强。

**2. 按外观划分**

服务器按照外观一般分为机架式、塔式、刀片式以及机柜式服务器四种。

(1) 机架式服务器

机架式服务器的外形像一个扁平的盒子，便于安装在数据中心的机柜中。机架式服务器分为 1U(1U=1.75 英寸=4.445 厘米)、2U、4U 等规格，这些规格指的是服务器的高度。服务器的宽度都是 19 英寸，以便于安装在标准的 19 英寸机柜里面。一台标准的 2U 机架式服务器如图 4-10 所示。

对于信息服务企业(如 ISP/ICP/ISV/IDC)而言，选择服务器时首先要考虑服务器的体积、功耗、发热量等物理参数，因为信息服务企业通常使用大型专用机房来统一部署和管理大量服务器资源，机房通常设有严密的保安措施、良好的冷却系统和多重备份的供电系统，其机房的造价相当昂贵。如何在有限的空间内部署更多的服务器直接关系到企业的服务成本，通常选用机械尺寸符合 19 英寸工业标准的机架式服务器。1U 的机架式服务器最节省空间，但性能和可扩展性较差，适合一些业务相对固定的使用领域。4U 以上的产品性能较高，可扩展性好，一般支持 4 个以上的高性能处理器和大量的标准热插拔部件，管理也十分方便，厂商通常提供相应的管理和监控工具，适合大访问量的关键应用，但其体积较大，空间利用率不高。

图 4-10　机架式服务器

(2) 刀片式服务器

所谓刀片服务器(准确地说，应叫作刀片式服务器)是指在标准高度的机架式机箱内可插装多个卡式的服务器单元，实现高可用和高密度。每一块"刀片"实际上就是一块系统主板。它们可以通过"板载"硬盘启动自己的操作系统，如 Windows Server、Linux 等，类似于一个个独立的服务器。在这种模式下,每一块母板运行自己的系统,服务于指定的不同用户群,相互之间没有关联,因此相较于机架式服务器和机柜式服务器,单片母板的性能较低。不过,管理员可以使用系统软件将这些母板集合成一个服务器集群。在集群模式下,所有的母板可以连接起来,以提供高速的网络环境,并同时共享资源,为相同的用户群服务。在集群中插入新的"刀片",就可以提高整体性能。而由于每块"刀片"都是热插拔的,所以,系统可以轻松地进行替换,并且将维护时间减少到最小。如图 4-11 所示,这是一台刀片服务器,最多可插入 10 个刀片。

图 4-11　刀片式服务器

(3) 塔式服务器

塔式服务器通常为低端服务器,它的外形以及结构和立式 PC 差不多,当然,由于服务器的主板扩展性较强,插槽也比较多,因此塔式服务器的主机机箱也比 PC 机的机箱要大,一般都会预留足够的内部空间以便日后进行硬盘等部件的冗余扩展。塔式服务器如图 4-12 所示。由于塔式服务器不便于在数据中心机房中安装,因此数据中心很少采用这种类型的服务器。

图 4-12　塔式服务器

(4) 机柜式服务器

机柜式服务器是一种高档企业级服务器,其内部结构复杂,设备较多。这种服务器通过将不同的设备单元放置在一个机柜中,实现了高效的空间利用和设备管理。机柜式服务器通常由机架式、刀片式服务器再加上其他设备组合而成。如图 4-13 所示,这是一组机柜式服务器。

图 4-13 机柜式服务器

机柜式服务器具有以下优点：
- 空间利用率高。机柜式服务器在设计时考虑了空间利用，可以在有限的空间内安装更多的服务器。
- 维护方便。机柜式服务器的结构紧凑，因此维护更加方便，可以快速更换、维修服务器。
- 散热效果好。机柜式服务器采用合理的散热系统设计，可以有效降低服务器的温度，提高服务器的稳定性和可靠性。
- 安全性高。机柜式服务器支持物理锁定，保护服务器的安全。

机柜式服务器也存在一些缺点：
- 成本高。由于需要购买机柜、电源等额外设备，机柜式服务器的成本相对较高。
- 空间限制。机柜式服务器需要放置在机房内，有一定的空间限制，不能随意移动。
- 噪音大。机柜式服务器的风扇噪音较大，需要在机房内使用。
- 维护难度较高。机柜式服务器的维护需要专业技术人员进行，增加了人力成本。

机柜式服务器主要应用在证券、银行、邮电等企业，采用具有完备的故障自修复能力的系统，关键部件采用冗余措施，关键业务使用的服务器也可以采用双机热备份高可用系统或高性能计算机，从而确保系统的高可用性。

### 3. 按体系架构划分

(1) 非 x86 服务器。非 x86 服务器包括大型机和小型机，它们通常使用 RISC(精简指令集)处理器。精简指令集处理器主要有 IBM 公司的 Power 和 PowerPC 处理器、SUN 与富士通公司合作研发的 SPARC 处理器、EPIC 处理器(主要是 Intel 研发的安腾处理器)等。这种服务器价格昂贵，体系封闭，但是稳定性好，且性能强，主要用在金融、电信等大型企业的核心系统中。

(2) x86 服务器。x86 服务器又称 CISC(复杂指令集)架构服务器，即通常所讲的 PC 服务器，它是基于 PC 机体系结构，使用 Intel 或其他兼容 x86 指令集的处理器芯片和 Windows Server 操作系统的服务器。Intel 专门为服务器开发的 XEON 系列 CPU 价格相对便宜，兼容性好。

### 4.2.3 服务器组件

在这一小节，主要介绍服务器内部的主要组件，虽然服务器和 PC 机在体系结构上类似，但是各个组件采用的技术差别较大。

**1. CPU**

(1) CPU 类型

服务器 CPU 主要分为两种：CISC 型 CPU 和 RISC 型 CPU。

① CISC 型 CPU

CISC 是 Complex Instruction Set Computing 的缩写，即"复杂指令集"，它指的是英特尔生产的 x86 系列 CPU 及其兼容 CPU(如 AMD 等品牌的 CPU)，它基于 PC 机体系结构。这种 CPU 包含 32 位和 64 位两种结构。CISC 型 CPU 目前主要有 Intel 的服务器 CPU 和 AMD 的服务器 CPU 两类。

② RISC 型 CPU

RISC 是 Reduced Instruction Set Computing 的缩写，即"精简指令集"。RISC 是在 CISC (Complex Instruction Set Computing)指令系统的基础上发展而来的，复杂的指令系统增加了微处理器的复杂性，处理器的研发周期较长。正是由于这些原因，20 世纪 80 年代 RISC 型 CPU 诞生了，与 CISC 型 CPU 相比，RISC 型 CPU 精简了指令系统，增加了并行处理能力。目前市场上的中高档服务器多采用这一指令系统的 CPU。RISC 指令系统的服务器一般采用 UNIX/Linux 系统。RISC 型 CPU 与 Intel 和 AMD 的 CPU 在软件和硬件上都不兼容。较为成熟的 RISC 处理器主要有 PowerPC 处理器、SPARC 处理器、PA-RISC 处理器、MIPS 处理器和 Alpha 处理器。除此之外，RISC 还包括 ARM 和 RISC-V 这两种典型架构。

(2) CPU 主要产品

① 基于 x86 架构的处理器

基于 x86 架构的 CPU 属于 CISC CPU。x86 架构 CPU 的生产商主要有 Intel 和 AMD。

Intel 有多个产品系列，其中至强系列 CPU 是专为服务器和工作站设计的。目前至强系列中推出了 5 类 CPU，分别是至强可扩展处理器、至强 Max 系列、至强 W 处理器、至强 D 处理器和至强 E 处理器。

至强可扩展处理器适用于服务器，根据性能从高到低分为 Platinum、Gold、Silver 和 Bronze 四个档次。Platinum 处理器支持 2 个、4 个或 8 个以上的插槽，最大支持 60 个内核，借助内置人工智能加速、安全技术和多插槽处理性能，适用于关键任务、实时分析、人工智能和云工作负载。Gold 处理器最多支持 4 个插槽，最大支持 32 个内核，针对要求苛刻的主流数据中心、云计算、网络和存储工作负载进行了优化。Silver 处理器最大支持 20 个内核，适用于入门级数据中心服务器。Bronze 处理器最大支持 8 个内核，可为小型企业和基础存储服务器提供入门级性能。

至强 Max 系列处理器是基于 x86 的高带宽内存(HBM)处理器,能有效提高带宽,最大支持 56 个内核,适用于建模、人工智能、深度学习、高性能计算和数据分析等应用场景。

至强 W 处理器主要为工作站设计,最大支持 56 个内核,适用于 VFX、3D 渲染、复杂 3D CAD 和 AI 开发等应用场景。

至强 D 处理器主要针对片上系统设计,最大支持 20 个内核,针对排列密度进行了优化,具有功耗低、集成网络、高安全性和计算加速等特点,可在空间和电源受限的环境中使用。

至强 E 处理器最大支持 8 个内核,适用于入门级服务器。

② 基于 ARM 架构的处理器

基于 ARM 架构的 CPU 属于 RISC CPU。ARM 是一家芯片架构设计公司,本身并不生产芯片,只是将其芯片架构授权给其他公司。ARM 架构的主要优势是低功耗、高效率和易于实现,因此成为许多移动端设备的理想选择。目前,苹果公司的 M 系列、A 系列 CPU 是基于 ARM 架构设计的,其中 M 系列适用于台式机和笔记本电脑,最新型号为 M2、M2 PRO、M2 MAX,A 系列 CPU 适合智能手机,最新型号是 A16。高通公司的骁龙系列 CPU 也是基于 ARM 架构设计的,最新型号是骁龙 8Gen 2。

③ 基于 RISC-V 架构的处理器

基于 RISC-V 架构的 CPU 也属于 RISC CPU。RISC-V 是一种开放、免费和可定制的指令集架构,适用于各种用途的计算机 CPU。RISC-V 也基于精简指令集计算机的设计思想建立,指令集架构具有 32 位和 64 位的版本,其中 32 位的版本称为 RISC-V32,64 位的版本称为 RISC-V64。RISC-V 架构的设计具有简单性、可定制性、兼容性、开放性和高性能。RISC-V 授权模式与 ARM 和 x86 有所不同。目前 RISC-V 已经开始进入移动、服务器和 AI 等领域,直接与 x86 和 ARM 竞争。

2019 年 7 月,阿里平头哥面向高性能市场发布 RISC-V 处理器玄铁 C910 芯片,该芯片支持 16 核,单核性能达到 7.1 Coremark/MHz,主频 2.5GHz,可以应用于 5G、人工智能、物联网和自动驾驶等领域。2022 年,SiFive 推出面向智能手机及高端穿戴市场的 RISC-V 内核 SiFive P670 和 P470。SiFive P670 和 P470 支持虚拟化,最多支持 16 个内核的集群,SiFive P670 采用 5nm 工艺,最高频率可达到 3.4GHz,SiFive P470 是 SiFive 首款注重效率的无序、区域优化、矢量处理器,适合可穿戴设备、消费类和智能家居设备等应用,同样采用 5nm 工艺,最高频率达 3.4GHz。2023 年 3 月,算能公司在玄铁 RISC-V 生态大会上推出了 RISC-V 服务器芯片 SOPHON SG2042,拥有 64 核心,主频 2GHz,64MB 共享 L3 缓存,提供最高 32 条 PCIe 4.0 通道。

RISC-V 国际基金会预计 RISC-V 的出货量到 2025 年有望突破 800 亿颗。但是目前还是缺少一些里程碑和标杆式的 RISC-V 应用。

④ 国产 CPU 简介

目前,国产 CPU 主要有海光、兆芯、华为鲲鹏、飞腾、申威和龙芯等品牌。

海光处理器兼容 x86 架构,针对不同市场需求,推出了 7000、5000 和 3000 三个系列产品。

兆芯自主研发的通用处理器产品"开先""开胜"两个系列，支持台式机、笔记本、一体机、云终端等桌面PC，以及工作站、服务器和多种规格的工业板卡、模块化电脑、网络安全平台、工业级服务器。

鲲鹏处理器是华为基于 ARM 架构开发的高性能数据中心处理器，具有高性能、高带宽、高集成度和高效能等特点，主要型号是鲲鹏920。

飞腾服务器 CPU 采用自主研发的高性能处理器核心，适用于高吞吐率、高性能的服务器领域，如行业大型业务主机、高性能服务器系统和大型互联网数据中心等，主要产品有腾云 S2500、FT-2000+/64 和 FT-1500A/16。

申威 CPU 基于自主研发的 SW-64 指令集和异构众核架构，推出了高性能多线程处理器 SW26010，集成 4 个运算控制核心和 256 个运算核心，双精度峰值达到了 3.168TFlops。

龙芯采用自主设计的 LoongArch 架构，推出了三个系列的 CPU 产品，其中龙芯三号系列 CPU 主要面向服务器市场。

(3) CPU 主要参数

① 主频

主频也叫时钟频率，单位是兆赫(MHz)或千兆赫(GHz)，用来表示 CPU 的运算速度和处理数据的速度。通常，主频越高，CPU 处理数据的速度就越快。

CPU 的主频=外频×倍频系数。主频和实际的运算速度存在一定的关系，但并不是一个简单的线性关系。所以，CPU 的主频与 CPU 实际的运算能力是没有直接关系的，主频表示在 CPU 内数字脉冲信号震荡的速度。

② 外频

外频是 CPU 的基准频率，单位是 MHz。CPU 的外频决定着整块主板的运行速度。对于 PC 机来说，所谓的超频，都是超 CPU 的外频(当然一般情况下，CPU 的倍频都是被锁住的)。对于服务器 CPU 来讲，超频是绝对不允许的。如果把服务器 CPU 超频了，改变了外频，会产生异步运行(服务器主板一般不支持异步运行)，这样会造成整个服务器系统的不稳定。

绝大部分电脑系统中外频与主板前端总线不是同步速度的，而外频与前端总线(FSB)频率又很容易被混为一谈。

③ 总线频率

前端总线(FSB)是将 CPU 连接到北桥芯片的总线。前端总线频率(即总线频率)直接影响 CPU 与内存的数据交换速度。直接数据交换速度可以用一个公式计算，即数据带宽=(总线频率×数据位宽)÷8，数据传输最大带宽取决于所有同时传输的数据的宽度和传输频率。比如，支持 64 位的至强 Nocona，前端总线是 800MHz，按照公式，它的数据传输最大带宽是 6.4GB/s。

外频与前端总线频率的区别：前端总线的速度指的是数据传输的速度，外频是 CPU 与主板之间同步运行的速度。也就是说，100MHz 外频特指数字脉冲信号在每秒钟震荡一亿次；而 100MHz 前端总线指的是 CPU 每秒钟可接受的数据传输量是 100MHz×64bit÷8bit/Byte=800MB/s。

④ 倍频系数

倍频系数是指 CPU 主频与外频之间的相对比例关系。在相同的外频下，倍频越高，CPU 的频率也越高。但实际上，在相同外频的前提下，高倍频的 CPU 本身意义并不大。这是因为 CPU 与系统之间数据传输速度是有限的，一味追求高主频而得到高倍频的 CPU 就会出现明显的"瓶颈"效应——CPU 从系统中得到数据的极限速度不能够匹配 CPU 运算的速度。

⑤ 缓存

缓存大小也是 CPU 的重要指标之一，而且缓存的结构和大小对 CPU 速度的影响非常大，CPU 内缓存的运行频率极高，一般和处理器同频运作，工作效率远远大于系统内存和硬盘。实际工作时，CPU 往往需要重复读取同样的数据块，而缓存容量的增大，可以大幅度提升 CPU 内部读取数据的命中率，而不用再到内存或者硬盘上寻找，以此提高系统性能。然而，从 CPU 芯片面积和成本的因素来考虑，其缓存都很小。

➢ L1 Cache(一级缓存)：是 CPU 的第一层高速缓存，分为数据缓存和指令缓存。由于内置 L1 高速缓存的容量和结构对 CPU 的性能影响较大，且高速缓冲存储器均由静态 RAM 组成，结构复杂，因此在 CPU 管芯面积不能太大的情况下，L1 级高速缓存的容量往往限制在较小范围内。一般服务器 CPU 的 L1 缓存容量通常在 32~256KB。

➢ L2 Cache(二级缓存)：是 CPU 的第二层高速缓存，分内部和外部两种。内部的芯片二级缓存运行速度与主频相同，而外部的二级缓存则只有主频的一半。L2 高速缓存容量也会影响 CPU 的性能，原则是越大越好，以前家庭用 CPU 容量最大的是 512KB，笔记本电脑中可以达到 2MB，而服务器和工作站用 CPU 的 L2 高速缓存更高，可以达到 8MB 以上。

➢ L3 Cache(三级缓存)：分为两种，早期的是外置，目前是内置的，它的主要作用是降低内存延迟，同时提升大数据量计算时处理器的性能。具有较大 L3 缓存的 CPU，利用物理内存会更有效，可以处理更多的数据请求，提高文件系统缓存能力，增加处理器队列长度。

2. 内存

服务器内存与普通 PC 机内存在外观上很相似，但是服务器内存引入了一些高端技术，如 ECC、ChipKill、热插拔技术等，从而具有较高的稳定性和纠错性能。

内存的发展经历了从 EDO 内存，到 SDRAM 内存，再到目前主流的 DDR 内存几个阶段。DDR(Double Data Rate)内存的全称是双倍速率同步动态随机存储器，与传统的单数据速率相比，该技术可在一个时钟周期内进行两次读/写操作，即在时钟的上升沿和下降沿分别执行一次读/写操作。目前 DDR 内存的最新版本是 DDR5。DDR 到 DDR5 的对比如图 4-14 所示。

➢ DDR 内存：工作频率 266MHz，最高 400MHz。
➢ DDR2 内存：工作频率 400MHz，最高 800MHz。
➢ DDR3 内存：工作频率 1333MHz，最高可达到 1866MHz。
➢ DDR4 内存：工作频率 2133MHz，最高可达到 4266MHz。
➢ DDR5 内存：工作频率 4800MHz，最高可达到 6400MHz。

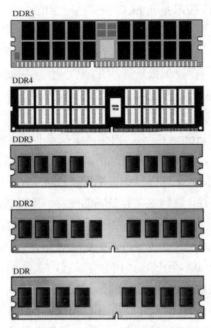

图 4-14　DDR 内存对比图

在内存接口方面，目前常见的是双列直插式内存模块 DIMM(Dual Inline Memory Modules)。DIMM 是在单列直插式内存模块 SIMM(Single Inline Memory Module)的基础上发展起来的，SIMM 提供 32 位数据通道，而 DIMM 则提供了 64 位数据通道。

目前服务器中常用的内存主要有三种：UDIMM、RDIMM 和 LRDIMM。

UDIMM 的全称是 Unbuffered DIMM，即无缓冲双列直插式内存模块。UDIMM 的地址和控制信号不经缓冲器，无须做任何时序调整，直接到达 DIMM 上的 DRAM 芯片。UDIMM 由于在 CPU 和内存之间没有任何缓存，因此同频率下延迟较小。数据从 CPU 传到每个内存颗粒时，需要保证 CPU 到每个内存颗粒之间的传输距离相等，这样才能实现并行传输，而这需要较高的制造工艺。UDIMM 的优点是价格低廉，缺点是容量和频率较低。

RDIMM 的全称是 Registered DIMM，即带寄存器的双列直插式内存模块。RDIMM 在 CPU 和内存颗粒之间增加了一个寄存器，既减少了并行传输的距离，又保证了并行传输的有效性。相比 UDIMM，RDIMM 的容量和频率更容易提高。RDIMM 的优点是比 UDIMM 更稳定，支持的容量和频率更高；缺点是由于寄存器的使用，延迟变大，加大了能耗。

LRDIMM 的全称是 Load Reduced DIMM，即低负载双列直插式内存模块。相比 RDIMM，LRDIMM 并未使用复杂寄存器，只是简单缓冲，降低了下层主板的电力负载，但对内存性能影响不大。此外，LRDIMM 内存将 RDIMM 内存上的 Register 芯片改为内存隔离缓冲芯片，降低了内存总线负载，进一步提升了内存容量。LRDIMM 相比 RDIMM，降低了功耗，增加了容量，未来有可能会替代 RDIMM。

服务器内存，相对于普通内存，采用了一些高端技术来提高性能和可靠性，主要有以下几种：

➢ ECC(Error Checking and Correcting，错误检查和纠正)技术。采用 ECC 技术的内存，不但能够进行检错，还可以进行纠错，提高了服务器的可靠性。

➤ Chipkill 技术。Chipkill 技术是在 ECC 技术基础上的改进，Chipkill 内存控制器所提供的存储保护在概念上和具有校验功能的磁盘阵列类似，在写数据的时候，把数据写到多个 DIMM 内存芯片上，如果其中任何一个芯片失效了，它只影响到一个数据字节的某一比特。出现错误后，内存控制器能够从其他芯片恢复失效的数据，使得服务器可以继续正常工作。采用 Chipkill 技术的内存可以同时检查并修复 4 个错误数据位，进一步提高服务器的可靠性。

➤ 内存镜像(Memory Mirroring)技术。内存镜像技术和磁盘镜像技术类似，将数据同时写入两个独立的内存中，正常状态下只从活动内存中进行数据读取，当一个内存中有足以引起系统报警的软故障，系统会自动提醒管理员这个内存有故障；此时服务器就会自动地切换到使用镜像内存，直到这个有故障的内存被更换。另外，镜像内存允许进行热交换(Hot swap)和在线添加(Hot-add)内存。因为两个镜像内存只有一个在使用，另一个用于备份，所以对于系统来说只有整个内存的一半容量是可用的。

➤ 内存保护(Memory ProteXion)技术。内存保护技术类似硬盘的热备份功能，能够自动利用备用的比特位找回数据，从而保证服务器的平稳运行。该技术可以纠正发生在每对 DIMM 内存中多达 4 个连续比特位的错误。即便是永久性的硬件错误，也可利用热备份的比特位保持 DIMM 内存芯片继续工作，直到被替换为止。同时，内存保护技术比 ECC 技术纠错更加有效，标准的 ECC 内存虽然可以检测出 2 位的数据错误，但它只能纠正一位错误。采用内存保护技术，就可以立即隔离这个失效的内存，在空余的数据位重写数据。该技术可以减少停机时间，提高服务器的可用性。

### 3. 硬盘

服务器上的数据价值最高，而硬盘作为数据存储的媒介，可靠性非常重要。目前硬盘主要分为机械式硬盘和固态硬盘，针对不同类型硬盘的常用接口也有所区别。

对于机械式硬盘，早期使用的接口是 IDE 和 SCSI，目前这两种接口已经被淘汰，光纤通道接口硬盘主要用于存储设备，在服务器中很少使用，目前主流的服务器机械式硬盘接口是 SAS 和 SATA。还有一种 NL-SAS 硬盘，也称为近线 SAS 硬盘。近线 SAS 并不是一种接口类型，而是接口采用 SAS，盘体采用 SATA 的一种混合技术。固态硬盘的接口类型主要有 SATA、mSATA、PCI-E 和 M.2 等。第 5 章会对硬盘接口做详细介绍。

硬盘的主要技术参数有以下 6 种：

(1) 容量。机械式硬盘内部往往有多个叠起来的磁盘片，硬盘容量关系到存储数据的多少，硬盘容量=单碟容量×碟片数，单碟容量对硬盘的性能也有一定的影响，单碟容量越大，硬盘的密度越高，磁头在相同时间内可以读取到更多的信息，这就意味着读取速度得以提高。目前容量较大的硬盘一般采用 SATA 或者 NL-SAS 接口，其单盘存储容量可达 8TB 以上。

(2) 转速。机械式硬盘转速对硬盘的数据传输率有直接的影响，从理论上说，转速越快越好，因为较高的转速可缩短硬盘的平均寻道时间和实际读写时间，从而提高在硬盘上的读写速度。但任何事物都有两面性，在转速提高的同时，硬盘的发热量也会增加，硬盘的稳定性就会有一定程度的降低。所以说我们应该在技术成熟的情况下，尽量选用高转速的硬盘。目前转速比较高的硬盘一般是 SAS 接口的硬盘，有 10krpm、15krpm 等规格。

(3) IOPS。硬盘的 IOPS 指的是每秒可以进行的 I/O 次数，IOPS 随着上层应用的不同会有比较大的变化，但它仍然可以作为衡量硬盘性能的一个关键指标。

(4) 传输速率。硬盘的传输速率包括外部传输速率和内部传输速率，内部传输速率指硬盘实际最大读/写速率，外部传输速率指的是硬盘外部的接口速率，一般硬盘的外部接口速率大于内部读/写速率，所以硬盘性能的瓶颈在于内部传输速率。

(5) 尺寸。硬盘尺寸分为 2.5 寸和 3.5 寸两种规格。

(6) 是否支持热插拔。指是否可以在设备加电的情况下插拔硬盘。

### 4. RAID 卡

RAID(Redundant Arrays of Independent Disks)，即独立磁盘冗余阵列技术。RAID 能把多块独立的物理硬盘按不同方式组合起来形成一个逻辑硬盘，从而提高硬盘的读写效率和可靠性。RAID 技术的实现依赖 RAID 卡，目前主流服务器一般会在主板上集成 RAID 卡，或者配备独立的 RAID 卡，不同的 RAID 卡支持的 RAID 级别也不同，主流的 RAID 级别包括 RAID 0、RAID 1、RAID 5、RAID 6 等。第 5 章会对 RAID 技术做详细介绍。

### 5. 网卡

服务器依赖网络提供服务，所以网卡是服务器必不可少的组成部分。常见的服务器网卡中，单块网卡一般会有多个网口，例如双口网卡、四口网卡等。服务器网卡按照带宽不同可分为 1Gb/s、10Gb/s、100Gb/s 等几种。

### 6. 风扇及电源模块

服务器电源模块用于支持服务器的电力负载，一般会配备冗余电源模块，防止电源故障。市场上常见的服务器电源包括 300W、400W、550W、750W 等规格；而风扇用于服务器散热，同样配备有冗余。

## 4.2.4 服务器与 PC 机的区别

服务器和 PC 机的差别表现在各个方面，两者在 CPU、多处理器、主板、总线系统、网络性能、磁盘存储性能、内存系统、散热系统和操作系统等方面都有很大不同。

(1) 外观。服务器与 PC 机有较大差异。在数据中心中多采用机架式服务器，而 PC 机大多采用立式机箱。

(2) CPU。与 PC 机相比较，服务器的 CPU 主频较低、Cache 较大且更稳定。采用多 CPU 并行处理结构，即一台服务器/工作站中安装 2、4、8 等多个 CPU(必须是偶数个)；对于服务器而言，多处理器可用于数据库处理等高负荷、高速度的应用，服务器需要支持处理器可扩展。CPU 厂商针对服务器和 PC 机会推出不同的产品，例如英特尔公司针对服务器的 CPU 是至强 XEON 系列，针对 PC 机的是酷睿 CORE 系列。

(3) 内存。为适应长时间、大流量的高速数据处理任务，在内存方面，服务器/工作站主板能支持高达几百 GB 甚至 1TB 的内存容量，而且大多支持 ECC 等纠错技术，以提高可靠性。服务器需要支持内存可扩展，并要求具有高可靠性和稳定性。

(4) 主板。服务器的主板具有较多的插槽，有较强的可扩展性。

(5) 总线系统。通常来说，服务器的总线速度较快，并且对磁盘、存储系统有更高的要求。

(6) 磁盘存储系统。服务器的磁盘存储系统支持多种接口的硬盘，使用 RAID 卡组成磁盘阵列，服务器硬盘的可扩展性较强，并具有高可靠性和稳定性。

(7) 网络性能。服务器的网卡带宽更高，稳定性、吞吐能力及多系统的负载均衡能力更强，支持硬件虚拟化技术。

(8) 散热系统。服务器机箱内具备良好的散热系统，一般会配置冗余风扇，以提高散热系统的可靠性。

(9) 电源模块。服务器一般配备有冗余电源，具有较高的可靠性。

(10) 操作系统。服务器有专用的操作系统，常见的有 Windows Server 和 Linux Server。

(11) 可管理性。可管理性不仅指软件，在服务器的硬件方面同样需要具有一定的可管理性，如预报警功能、系统监视功能等。服务器硬件方面的可管理性可以通过 ISC(Intel Server Control，Intel 服务器控制)或 EMP(Emergency Management Port，应急管理端口) 技术来实现，这也是 PC 机通常所不具备的。

## 4.2.5 服务器主流厂商及产品

随着云计算、大数据和人工智能的不断发展，大规模数据中心的建设，对服务器的需求量还是比较大的。近年来，随着国产服务器技术的不断进步和发展，市场上具有自主知识产权的国产服务器产品越来越多。

(1) 联想

联想集团是一家成立于中国、业务遍及全球 180 个国家和地区的全球化科技公司。联想核心业务由三大业务集团组成，分别为专注于智能物联网的 IDG 智能设备业务集团、专注于智能基础设施的 ISG 基础设施方案业务集团，以及专注于行业智能与服务的 SSG 方案服务业务集团。

联想的服务器产品主要包括以下 3 类。

联想塔式服务器。适用于中小型企业的解决方案，这种服务器结构紧凑，易于安装和维护。它们提供高性能的处理能力和可靠的数据存储，适用于办公环境。其主要产品有 ThinkServer ST 和 ThinkServer TS 系列，其中，ThinkSystem ST550 支持多种处理器选项和内存配置，能够应对复杂的工作负载，它还采用了先进的散热技术和可靠的磁盘阵列来确保数据的安全性和稳定性。

联想机架式服务器。它是适用于大型企业和数据中心的服务器类型，这种服务器采用标准 19 英寸机架设计，提供高密度的计算和存储能力。其主要产品有 ThinkServer WA、ThinkServer WR、ThinkServer SR 和 ThinkServer SD 系列，其中，联想 ThinkSystem SR650 支持多个处理器和大容量内存，适用于虚拟化、数据库和企业应用等工作负载，它还具有灵活的扩展性，可根据需要添加存储和网络功能。

联想刀片服务器。它是适用于需要大规模计算和存储能力的企业和机构的服务器类型，这种服务器采用模块化设计，可以在一个机架中同时安装多个刀片服务器，提供高密度、高效能的计算和存储。其主要产品有 ThinkServer SN、Flex System EN 和 Flex System Fabric SI 系列，其中，联想 ThinkSystem SN550 支持 4 个计算节点和丰富的存储选项。它采用先进的散热和管理技术，确保稳定的性能和可靠性。

(2) 浪潮

浪潮集团拥有浪潮信息、浪潮软件、浪潮数字企业三家上市公司，主要业务涉及云计算、大数据、工业互联网、新一代通信及若干应用场景，为全球一百二十多个国家和地区提供 IT 产品和服务。

浪潮服务器产品主要有四类：机架服务器包括 NF 和 TS 系列，高密服务器(节点服务器)产品有英信 i 系列，整机柜服务器产品有 OR 系列，塔式服务器产品有 NP 系列。

(3) 超聚变

超聚变数字技术有限公司在全球设立了 11 个研究中心、7 个地区部和 5 大供应中心，服务全球 130 个国家和地区的客户。超聚变服务器采用了多核处理器、高速存储器和高速网络等先进技术，可以实现高速计算和大规模数据处理，满足大规模数据处理和高性能计算的需求。目前超聚变服务器主要包含如下 4 类产品。

FusionServer 高密服务器。具有高效、节能、智能管理和开放等特点，能够有效提升数据中心空间利用率和投资效益，适合于云计算、基于 Web 的应用和高性能计算等多种业务场景。其主要产品有 FusionServer X6000 和 FusionServer XH321 等系列。

FusionServer GPU 服务器。具有卓越的异构计算能力、灵活的异构拓扑和全模块设计，适用于 AI、HPC、数据库和视频分析等场景。主要产品有 FusionServer G5500、FusionServer G5200、FusionServer G8600、FusionServer CX5200 和 FusionServer G560 等系列。

FusionPoD 整机柜服务器。具有高密度、高性能、高能效、高可靠和一体化交付等特点。适用于云计算、虚拟化、大数据、高性能计算等应用，可部署在企业、IDC、运营商和互联网等数据中心。代表产品有 FusionPoD 720 整机柜液冷服务器。

FusionServer 机架服务器。具有高效、节能、智能管理和开放等特点。适用于云计算、虚拟化、高性能计算、数据库和 HANA 等计算密集型场景，可部署在大型企业，满足企业对高性能计算和大规模数据处理的需求。主要产品有 FusionServer 1288H、FusionServer 2288H、FusionServer 5288 和 FusionServer 5885H 等系列。

接下来，以超聚变公司的三款服务器为例来介绍服务器的主要技术参数。这三款服务器分别是 FusionServer 1288H V7、FusionServer 2288H V7 和 FusionServer 5885H V7。技术参数如表 4-2 所示。

表4-2 超聚变三种服务器主要技术指标

| | FusionServer 1288H V7 | FusionServer 2288H V7 | FusionServer 5885H V7 |
| --- | --- | --- | --- |
| 形态 | 1U 机架服务器 | 2U 机架服务器 | 4U 机架服务器 |
| 处理器 | 1/2 个第四代英特尔至强可扩展处理器(Sapphire Rapids) | 1/2 个第四代英特尔至强可扩展处理器(Sapphire Rapids) | 2/4 个第四代英特尔至强可扩展处理器(Sapphire Rapids) |
| 芯片组 | Emmitsburg PCH | Emmitsburg PCH | Emmitsburg PCH |

(续表)

| | FusionServer 1288H V7 | FusionServer 2288H V7 | FusionServer 5885H V7 |
|---|---|---|---|
| 内存 | 32个DDR5内存插槽可选。最大支持8192G | 32个DDR5内存插槽可选。最大支持8192G | 64个DDR5内存插槽可选。最大支持16T |
| 本地存储 | 支持多种不同的硬盘配置，硬盘支持热插拔：<br>-可配置8～10个2.5英寸SAS/SATA/SSD硬盘；(2/4/6/8/10个NVMe SSD硬盘，总硬盘数≤10)；<br>-可配置4个3.5英寸SAS/SATA/SSD硬盘；<br>-可配置32个E1.S硬盘；可配置20E3.S硬盘；<br>支持Flash存储：双M.2 SSD | 支持多种不同的硬盘配置，硬盘支持热插拔：<br>-可配置8～35个2.5英寸SAS/SATA/SSD硬盘；<br>-可配置12～20个3.5英寸SAS/SATA硬盘；<br>-可配置4/8/16/24个NVMe SSD盘；<br>-可配置36*E1.s硬盘；<br>-可配置48*E3.s硬盘*；<br>-最大支持45个2.5英寸硬盘，或支持34个NVMeSSD；<br>支持Flash存储：双M.2SSDs | 支持多种不同的硬盘配置，硬盘支持热插拔：<br>-可配置8/24/25/50个前置的2.5英寸SAS/SATA硬盘；<br>-可配置4个前置的2.5英寸SAS/SATA硬盘和8个NVMe SSD硬盘；<br>-可配置24个前置NVMe SSD硬盘；<br>-可配置25个前置2.5英寸SAS/SATA硬盘和24个前置NVMe SSD硬盘；<br>-可配置36个前置的E1.S SSD硬盘；<br>-最大支持52个2.5英寸硬盘，支持Flash存储：双M.2 SSD，支持硬RAID技术 |
| RAID支持 | 可选配支持RAID0、1、10、1E、5、50、6、60等，支持Cache超级电容保护，提供RAID级别迁移、磁盘漫游、自诊断、Web远程设置等功能 | 可选配支持RAID0、1、10、1E、5、50、6、60等，支持Cache超级电容保护，提供RAID级别迁移、磁盘漫游、自诊断、Web远程设置等功能 | 可选配支持RAID0、1、10、1E、5、50、6、60等，支持Cache超级电容保护，提供RAID级别迁移、磁盘漫游、自诊断、Web远程设置等功能 |
| 网络 | 支持多种网络扩展能力，支持OCP 3.0网卡：2个FLEX IO插卡槽位分别支持2个OCP 3.0网卡，支持按需选配；<br>支持热插拔，支持PCIe 5.0 | 支持多种网络扩展能力，支持OCP3.0网卡：2个FLEX IO插卡槽位分别支持2个OCP3.0网卡，支持按需选配；<br>支持热插拔，支持PCIe 5.0 | 支持多种网络扩展能力；<br>支持1个OCP 3.0网卡，支持热插拔 |
| PCIe扩展 | 支持5个PCIe扩展槽位：<br>2个OCP3.0网卡专用的FLEX IO扩展槽位；<br>3个标准PCIe扩展槽位，其中2个支持PCIe 5.0 | 最多19个PCIe扩展槽位：<br>2个OCP3.0专用FLEX IO扩展槽位；<br>17个标准PCIe扩展槽位，其中14个PCIe 5.0槽位 | 最多22个PCIe扩展槽位：<br>1个OCP3.0专用FLEX IO扩展槽位；<br>21个标准PCIe扩展槽位 |

(续表)

| | FusionServer 1288H V7 | FusionServer 2288H V7 | FusionServer 5885H V7 |
|---|---|---|---|
| GPU 加速卡 | 4×3.5 英寸硬盘直通配置后置；不支持 GPU 卡 | 支持 4 个双宽 GPU 加速卡；支持 14 个单宽 GPU 加速卡 | 支持 4 个双宽 GPU 加速卡；支持 14 个单宽 GPU 加速卡 |
| 管理 | IBMC 芯片集成 1 个专用管理 GE 网口，提供全面故障诊断、自动化运维、硬件安全加固等；<br>- IBMC 支持 Redfish、SNMP、IPMI2.0 等标准接口；提供基于 HTML5/VNC KVM 的远程管理界面；支持监控、诊断、配置、Agentless 及远程控制等带外管理功能；<br>-可选配 FusionDirector 管理软件，提供智能等高级管理特性 | IBMC 芯片集成 1 个专用管理 GE 网口，提供全面故障诊断、自动化运维、硬件安全加固等；<br>-IBMC 支持 Redfish、SNMP、IPMI2.0 等标准接口；提供基于 HTML5/VNCKVM 的远程管理界面；支持监控、诊断、配置、Agentless 及远程控制等带外管理功能；<br>-可选配 FusionDirector 管理软件，提供智能等高级管理特性 | IBMC 芯片集成 1 个专用管理 GE 网口，提供全面故障诊断、自动化运维、硬件安全加固等；<br>- IBMC 支持 Redfish、SNMP、IPMI2.0 等标准接口；提供基于 HTML5/VNC KVM 的远程管理界面；支持监控、诊断、配置、Agentless 及远程控制等带外管理功能；<br>-可选配 FusionDirector 管理软件，提供智能等高级管理特性 |
| 操作系统 | 超聚变操作系统 FusionOS、Microsoft Windows Server、SUSE Linux Enterprise Server、VMware ESXi、Red Hat Enterprise Linux、CentOS、Oracle、Ubuntu、Debian、openEuler 等 | 超聚变操作系统 FusionOS、Microsoft Windows Server、SUSE Linux Enterprise Server、VMware ESXi、Red Hat Enterprise Linux、CentOS、Oracle、Ubuntu、Debian、openEuler 等 | 超聚变操作系统 FusionOS、Microsoft Windows Server、SUSE Linux Enterprise Server、VMware ESXi、Red Hat Enterprise Linux、CentOS、Oracle、Ubuntu、Debian、openEuler 等 |
| 安全特性 | 支持加电密码、管理员密码、TPM 2.0、安全面板、安全启动、开盖检测等安全特性 | 支持加电密码、管理员密码、TPM 2.0、安全面板、安全启动、开盖检测等安全特性 | 支持加电密码、管理员密码、TPM 2.0、安全面板、安全启动、开盖检测等安全特性 |
| 产品认证 | CE、UL、CCC、FCC、VCCI、RoHS 等 | CE、UL、CCC、FCC、VCCI、RoHS 等 | CE、UL、CCC、FCC、VCCI、RoHS 等 |
| 应用场景 | 针对互联网、IDC、云计算、企业市场以及电信业务应用等需求，适用于 IT 核心业务、云计算、虚拟化或电信业务应用及其他复杂工作负载 | 针对 SDS、VDI、CDN、虚拟化、大数据、数据库、云场景、AI 推理等需求，满足企业或电信业务应用及其他复杂工作负载 | 针对 IDC、云计算、企业市场以及电信业务应用等需求，适用于数据库、云计算、虚拟化、等各种应用需求 |

在技术参数表中，机架形态代表着服务器的高度，通常有 1U、2U、4U 等规格，U 代表 Unit，以 cm 为基本单位，1U 是 4.45cm，2U 为 8.9cm，4U 是 17.78cm。机架式服务器的宽度都是标准的 19 英寸。在处理器支持方面，FusionServer 1288H V7 和 FusionServer 2288H V7 服务器分别可安装 1～2 个第四代英特尔至强可扩展处理器，FusionServer 5885H V7 服务器则可安

装 2～4 个第四代英特尔至强可扩展处理器。

在芯片组方面，三款服务器都采用 Emmitsburg PCH 芯片组。PCH 全称为 Platform Controller Hub，是 Intel 公司的集成南桥。PCH 芯片具有原来输入输出控制中心(I/O Control Hub，ICH) 的全部功能，又具有原来内存控制器中心(Memory Controller Hub，MCH)芯片的管理引擎功能。

在内存支持方面，三款服务器均支持 DDR5 内存，最大支持容量可分别达到 8192G 和 16T。在硬盘支持方面，三款服务器均支持 SAS、SATA、SSD 硬盘和 NVMe SSD 等多种类型和多种尺寸硬盘，支持硬盘的热插拔技术。

在 RAID 阵列方面，三款服务器均选配支持 RAID0、1、10、1E、5、50、6、60 等，提供 RAID 级别迁移、磁盘漫游、自诊断、Web 远程设置等功能。RAID 技术将在第 5 章详细介绍。

在网络支持方面，三款服务器均支持多种网络接口卡，支持 OCP 3.0 网卡，支持热插拔，其中前两款还具有 2 个 FLEX IO 插卡槽位，分别支持 2 个 OCP 3.0 网卡。FLEX IO 是一种用于分布式应用的灵活、低价、模块化的 I/O 系统，它具有基于框架的 I/O 系统的所有功能，空间要求很小。在使用 FLEX I/O 时，可以独立地选择 I/O 类型和网络类型来满足应用的需求。

在扩展槽方面，三款服务器分别支持 5 个、19 个和 22 个 PCIe 5.0 扩展插槽，PCIe 即 PCI-Express，是一种高速串行计算机扩展总线标准，由英特尔在 2001 年提出，旨在替代旧的 PCI、PCIX 和 AGP 总线标准。PCIe 是一种高速串行点对点双通道高带宽传输标准。PCIe 5.0 总线协议相较 PCIe 4.0 提升了带宽与数据传输能力，每个通道的数据吞吐量可达 32GT/s。

在 GPU 支持方面，后两款服务器提供对 GPU 加速卡的支持。GPU(Graphics Processing Unit，加速图形单元)是一种单芯片处理器，主要用于管理和提高视频和图形的性能。

在服务器管理软件方面，这三款服务器都支持通过 IBMC 和 FusionDirector 两款软件进行远程管理。IBMC (Intelligent Board Management Controller，智能板管理系统)是面向服务器全生命周期的服务器嵌入式管理系统，能够提供硬件状态监控、部署、节能、安全等一系列管理工具，能够实现服务器的 RAS 特性，提升服务器的可靠性、可用性及可服务性。支持的接口包括 SNMP(Simple Network Management Protocol，简单网络管理协议)和 IPMI(Intelligent Platform Management Interface，智能平台管理接口)。FusionDirector 是超聚变服务器全生命周期智能管理软件，提供智能维护、智能升级、智能发现、智能节能和智能部署等管理功能。

在操作系统支持方面，这三款服务器都支持 FusionOS、Microsoft Windows Server、SUSE Linux Enterprise Server、VMware ESXi、Red Hat Enterprise Linux、 CentOS、Oracle、Ubuntu、Debian、openEuler 等在内的十多款主流操作系统和虚拟化管理软件。

在安全性方面，这三款服务器都提供了较高的安全保障措施，包括支持加电密码、管理员密码、TPM2.0、安全面板、安全启动、开盖检测等安全特性。其中 TPM(Trusted Platform Module，可信平台模块)是一项安全密码处理器的国际标准，旨在使用集成的专用微控制器处理设备中的加密密钥，安全地存储用于验证平台的工件，包括密码、证书或加密密钥，还可用于存储有助于确保平台保持可信的平台测量值。

## 4.3 计算虚拟化

计算虚拟化通过虚拟机监控系统(Virtual Machine Monitor, VMM)将物理服务器的硬件资源与上层应用进行解耦，形成统一的计算资源池，从而实现将计算资源弹性地分配给逻辑上隔离的虚拟机以共享使用。通过计算虚拟化技术，可以有效提高物理服务器的资源利用率，简化系统管理。

虚拟机(Virtual Machine, VM)是一种严密隔离的软件容器，内含操作系统和应用。每个功能完备的虚拟机都是完全独立的。通过将多台虚拟机放置在一台计算机上，可在单台物理服务器上运行多个操作系统和应用。虚拟机具有分区、隔离、封装、独立于硬件的特性，具体如下：

(1) 分区。指可在一台物理机上运行多个操作系统，可在虚拟机之间分配系统资源。

(2) 隔离。指可在硬件级别进行故障和安全隔离，可利用高级资源控制功能来保持性能。

(3) 封装。指将虚拟机的完整状态保存到文件中，可像移动和复制文件一样轻松移动和复制虚拟机。

(4) 独立于硬件。指可将任意虚拟机调配或迁移到任意物理服务器。

虚拟机监控系统 VMM，也称为 Hypervisor，是虚拟化层的具体实现，主要用于管理服务器的各类资源，将这些资源按需提供给虚拟机使用。

计算虚拟化的实现方式，按 VMM 所在位置与虚拟化范围可以分两种类型，即裸金属型与宿主型，如图 4-15 所示。

裸金属型。VMM 直接运行在物理硬件上，可直接管理和操作底层硬件，运行效率和性能较好，是当前主流的虚拟化类型，如开源的 KVM、Xen，以及 VMware vSphere 和华为 Fusion Compute 等。

宿主型。VMM 运行在宿主机的 Host OS 上，对硬件的管理与操作需要经过 Host OS 处理与限制，运行开销、效率与灵活性都不太好。此类型产品主要有 VMware Workstation、Virtual Box 等。

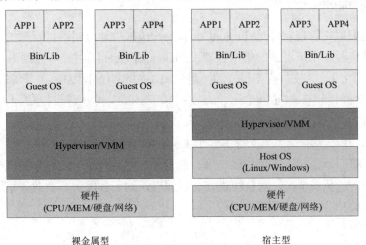

图 4-15　计算虚拟化的两种实现架构

这里主要介绍适合于裸金属架构的企业级虚拟化管理软件 VMware vSphere 和 FusionCompute。

### 1. VMware vSphere

VMware 是一家专注于虚拟化软件的公司。其于 2022 年发布了第一代 Hypervisor——ESX Server 1.5；2003 年，发布了集中式虚拟机管理软件 vCenter 1.0；2009 年，正式推出了面向云计算的虚拟化管理平台 vSphere；目前 vSphere 的最新版本是 8.0 版。

vSphere 是一套软件包，其中最核心的软件是 ESXi 和 vCenter Server。ESXi 是用于创建并运行虚拟机和虚拟设备的虚拟化平台。vCenter Server 是一项服务，用于管理网络中连接的多个主机，并将主机资源池化，配合数据库软件来管理多台 ESXi 及虚拟机。VMware vSphere 8.0 中主要的新功能包括分布式服务引擎、生命周期管理、增强的资源管理能力、vSAN Express 存储架构，以及人工智能技术的引入。

vCenter Server 可以集中管理数百个 ESXi 主机以及数千个虚拟机，使 IT 环境具备了操作自动化、资源优化以及高可用性等优势。vCenter 提供了单个 Windows 管理客户端来管理所有任务，该客户端称为 vSphere Client。通过 vSphere Client 可置备、配置、启动、停止、删除、重新定位和远程访问虚拟机。vSphere Client 也可以与 Web 浏览器结合使用，以便通过联网设备访问虚拟机。

vCenter 的主要功能包括以下方面：

(1) 集中管理功能。使管理员能够通过单一界面来组织、监控和配置整个环境。vCenter 提供了多个组织结构分层视图以及拓扑图，清楚地表明了主机与虚拟机的关系。

(2) 性能监控功能。包括 CPU、内存、磁盘 I/O 和网络 I/O 的利用率图表，可提供必要的详细信息，用于分析主机服务器和虚拟机的性能。

(3) 操作自动化。通过任务调度和警报等功能提高了对业务需求的响应能力，并确保优先执行最紧急的操作。

### 2. FusionCompute

华为公司的虚拟化管理软件是 FusionCompute，该软件通过对硬件资源的虚拟化，实现对虚拟资源、业务资源、用户资源的集中管理。FusionCompute 的主要特点如下：

(1) 统一虚拟化平台。支持虚拟机资源按需分配，支持多操作系统，并能够隔离用户间影响。

(2) 支持多种硬件设备。FusionCompute 支持基于 x86 或 ARM 硬件平台的多种服务器和兼容多种存储设备，可供运营商和企业灵活选择。

(3) 大集群。单个集群最大可支持 128 个主机、8000 台虚拟机。

(4) 自动化调度。通过集成 IT 资源调度、热管理、能耗管理等功能，降低维护成本，自动检测服务器或业务的负载情况，对资源进行智能调度，均衡各服务器及业务系统负载，确保系统良好的用户体验和业务系统的最佳响应。

(5) 丰富的运维管理。支持"黑匣子"快速故障定位、自动化健康检查，以及全 Web 化的界面。

(6) 云安全。采用多种安全措施和策略来保护虚拟机及其运行环境。

FusionCompute 除了基础的虚拟机管理功能之外，还支持以下特性：

(1) 跨主机热迁移。虚拟机热迁移是指在不中断业务的情况下，将同一个集群中虚拟机从一台物理服务器移动至另一台物理服务器。虚拟机管理器提供内存数据快速复制和共享存储技术，确保虚拟机迁移前后数据不变。

(2) 智能内存复用。内存复用是指在服务器物理内存一定的情况下，通过综合运用内存复用单项技术(内存气泡、内存交换、内存共享)对内存进行分时复用。

(3) 自动精简置备。可以为客户虚拟出比实际物理存储更大的虚拟存储空间，为用户提供存储超分配的能力。只有写入数据的虚拟存储空间才能真正分配到物理存储，未写入的虚拟存储空间不占用物理存储资源。

(4) 容灾与备份。容灾是指在相隔较远的异地，建立两套或多套功能相同的 IT 系统，互相之间可以进行健康状态监视和功能切换，当一处系统因意外(如火灾、地震等)停止工作时，整个业务系统可以切换到另一处，使得该系统承载的业务正常运行。备份是为了把数据复制到转储设备中，当出现系统故障或数据丢失时，可由备份的数据进行系统恢复或数据恢复。

(5) 动态资源调度。动态资源调度是指采用智能负载均衡调度算法，并结合动态电源管理功能，通过周期性检查同一集群资源内各个主机的负载情况，在不同的主机间迁移虚拟机，从而实现同一集群内不同主机间的负载均衡，最大程度降低系统的功耗。

(6) 虚拟机高可用性。虚拟机高可用性是当计算节点上的虚拟机出现故障时，系统自动在正常的计算节点上重新创建有故障的虚拟机，使有故障的虚拟机快速恢复。

FusionCompute 在安全性方面包括以下特性：

(1) 数据存储安全。隔离用户数据，控制数据访问，提高存储的可靠性。

(2) 虚拟机隔离。Hypervisor 能实现同一物理机上不同虚拟机之间的资源隔离，避免虚拟机之间的数据窃取或恶意攻击，确保虚拟机的资源使用不受周边虚拟机的影响。

(3) 网络隔离安全。FusionSphere 虚拟化套件的网络通信平面分为业务平面、存储平面和管理平面，且三个平面之间是隔离的。保证管理平台操作不影响业务运行，最终用户不破坏基础平台管理。

(4) 传输安全。数据在传输过程中可能遇到被中断、复制、篡改、伪造、窃听和监视等威胁，FusionCompute 通过采用 HTTPS 和 SSL 等技术，保证信息在网络传输过程的完整性、机密性和有效性。

(5) 运维管理安全。登录节点或主机操作系统时，FusionCompute 采用账号密码进行管理，确保运维管理的安全性。

## 4.4 习题

1. 简述云计算的体系架构和每一层的主要功能。
2. 简述云计算的关键技术。
3. 简述高性能计算中常见的计算架构。
4. 简述 RISC 和 CISC CPU 的主要特点。
5. 简述 x86 架构处理器、ARM 架构处理器和 RISC-V 架构处理器的区别。
6. 简述 CPU 的主要技术参数。
7. 简述服务器内存中，UDIMM、RDIMM、LRDIMM 的主要特点。
8. 简述服务器和 PC 机的主要区别。
9. 简述计算虚拟化技术两种实现方式的主要特点。

# 第 5 章

# 存储子系统

在数据中心的各个子系统中,存储子系统承担着数据存储的重要工作。本章首先通过存储的概念、发展历程和发展趋势对存储进行概述;然后围绕存储的载体磁盘,介绍其结构、工作原理及接口协议等;接着介绍作为存储关键技术之一的 RAID 技术,以及最常见的三类企业级存储产品:DAS、NAS 和 SAN;接下来介绍目前常见的企业级存储技术和存储虚拟化技术;最后简要介绍数据备份和灾备技术。

## 5.1 存储概述

计算机程序和业务应用产生的数据需要进行存储，以便进行进一步的处理或随后访问。在一个计算环境下，用来存储数据的设备称为存储设备(Storage Device)，或简称存储(Storage)。存储设备的类型和待存储的数据类型与数据创建和使用的方式相关，常见的存储介质包括机械式硬盘、固态硬盘、磁带等。随着存储技术的发展，存储架构逐渐由以服务器为中心的存储架构，发展为以信息为中心的存储架构。在以服务器为中心的存储架构中，以服务器为单位拥有一定数量的存储设备，其信息的访问易受到影响，且分散的存储方式不利于信息的集中保护和管理。在以信息为中心的存储架构中，存储设备集中管理，不再依附单个服务器，多个服务器可共享存储设备，共享存储的容量可通过添加新设备的方式动态增加而不影响信息的可用性。

### 5.1.1 存储设备的发展历程

存储设备的发展经历了由简单到复杂，体积由大到小，容量由低到高的过程。现如今，4TB硬盘已随处可见，而随着科技的不断发展，单个硬盘的上限仍会有所提升。下面简单介绍存储技术的发展历史。

#### 1. 穿孔卡

穿孔卡由一张薄薄的纸板制作而成，是通过孔洞的位置和孔洞组合来表示信息的设备，大约于1890年由美国的统计专家赫曼·霍列瑞斯(Herman Hollerith)发明。在没有数据处理机器的时代，每次人口统计都是一项艰难的任务。为了解决这个问题，霍列瑞斯发明了利用穿孔卡进行收集和整理数据的系统，极大地简化了人口分析的工作。该系统被大多数历史学家认为是现代数据处理的开端，在20世纪七八十年代得到广泛使用，现在已基本上被淘汰。穿孔卡如图5-1所示。

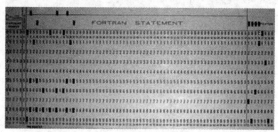

图5-1 穿孔卡

#### 2. 穿孔纸带

穿孔纸带如图5-2所示，是早期的计算机输入和输出设备，有孔为0，无孔为1，这样一行纸带可以通过二进制表示出一个字符，较穿孔卡有很大进步。如今在数控领域仍被使用，并逐渐形成国际标准。

图 5-2　穿孔纸带

### 3. 磁带

磁带如图 5-3 所示，由载有磁性材料的带状材料组成。相信很多人对磁带都不陌生，录音带、录像带都属于磁带。但在 20 世纪六七十年代，磁带的容量还很小，只有几 KB，如今磁带的容量已经大大提高，并在存储领域占据不小的市场。

图 5-3　磁带机和磁带

### 4. 磁鼓存储器

如图 5-4 所示，磁鼓存储器于 1932 年在奥地利被创造，磁鼓是这类存储设备的工作单元。在 20 世纪五六十年代，磁鼓存储器被广泛应用。当时许多计算机都采用这种存储器，其容量大约只有 10KB，现在已被淘汰。

图 5-4　磁鼓存储器

### 5. 选数管

选数管是在 20 世纪中期(约 1946 年)出现的存储设备，其容量从 256B 到 4096B 不等。当时开发团队没有开发出商业上适用的选数管，后因体积造型大、成本高而被淘汰，直到今天，它仍然不为大多数人所了解。选数管如图 5-5 所示。

图 5-5　选数管

### 6. 硬盘

第一块机械式硬盘 IBM Model 350 Disk File 是由 IBM 于 1956 年制造的。它由 50 张 24 英寸的盘片组成，而总容量大约只有 5MB。随着科技水平越来越高，硬盘的容量也越来越大，现在仍被广泛地用于各个领域。硬盘外形如图 5-6 所示。在本书中，硬盘一般是指机械式硬盘。

### 7. 软盘

软盘是个人 PC 机上使用最早的可移动介质，如图 5-7 所示。它由原先 IBM 推出的 32 英寸大小发展到 8 英寸，最后缩小到 3.5 英寸。软盘在 20 世纪 70 年代到 90 年代被广泛应用，现在已被淘汰，不再使用。

图 5-6　硬盘　　　　　　　　图 5-7　软盘

### 8. 光盘

光盘技术在 1958 年出现，可是直到 1972 年第一张视频光盘才被发明，到 1987 年才正式进入市场。如今，光盘技术发展迅猛，得到广泛使用，已经出现了 CD-ROM、DVD-RW、DVD-RAM、蓝光技术等，光盘如图 5-8 所示。

## 05 存储子系统

图 5-8　光盘

### 9. Flash 芯片

Flash 芯片是随着集成电路的飞速发展而出现的新兴产品，平常使用的 U 盘、存储卡都是由 Flash 芯片集成的，如图 5-9 所示。它的优点是在使用过程中突然断电也不会造成数据的丢失。如今使用非常广泛。

图 5-9　U 盘

### 10. 固态硬盘

1970 年，StorageTek 公司开发了第一个固态硬盘驱动器，但到 1989 年世界上第一块固态硬盘才面世。

固态硬盘(Solid State Disk 或者 Solid State Drive，SSD)按照存储介质可分为两种，一种以闪存作为存储介质，一种以 DRAM 作为存储介质。由于不同于传统机械硬盘的结构，SSD 的读/写速度远超机械硬盘。固态硬盘的主要缺点是成本高、写入次数有限，以及损坏时无法恢复。SSD 近几年得到了迅速的发展，在企业级存储市场中占有重要的地位。SSD 外形如图 5-10 所示。

图 5-10　固态硬盘

### 5.1.2 存储技术发展趋势

存储技术一直在不断地发展和创新，软件定义存储、云化、闪存化和智能化将是未来的发展方向。

(1) 软件定义存储。顾名思义就是通过软件对存储进行重新定义和规划，使得存储资源能够根据用户的需求进行分配。软件定义存储是存储发展的一个必然趋势，它能够大幅度地降低成本和管理的复杂性，给用户提供高效、简洁及灵活的优势。

(2) 云化。近年来，许多公有云服务商提供了云存储服务，例如 AWS S3、阿里云块存储等。云的优势是弹性灵活和按需付费。同时，存储如何更好的服务私有云，成为企业级存储的一个重要课题。除了存储自身的池化和自动化之外，向上提供 API，方便私有云管理平台按需驱动存储资源的创建、调整、优化甚至回收，也将成为企业重点考虑的问题。

(3) 闪存化。随着固态硬盘的逐渐普及，全闪存阵列成为企业级存储的重要组成部分。全闪存阵列的市场份额在不断扩大，而人工智能、深度学习、机器学习等应用的增多，推动了用户对全闪存阵列的需求。未来全闪存阵列将会不断提升性能、存储容量和存储密度。

(4) 智能化。这里包括两个方面，一是存储的智能化；二是存储如何为智能应用进行优化。存储智能化的目标是能够根据业务负载、运维管理等历史记录，预测未来可能会发生的操作，再据此动态地调整存储资源池。智能应用可以分为准备、训练、推理和归档等阶段，每个阶段的 I/O 特征不一样，对存储的要求也不一样，因此需要存储系统能够自动进行动态调整，以适应智能应用不同阶段的存储需求。

## 5.2 磁盘的工作原理

广义的磁盘是指早期曾经使用过的各类软硬盘，狭义的磁盘则指机械式硬盘。在机械式硬盘被发明之后，由于其存取速度快，并且适合作为大容量的存储设备而得到广泛应用，这也加快了软盘的淘汰速度。随着软盘的淘汰，本书中的磁盘专指机械式硬盘。目前企业级服务器和存储设备普遍采用了机械式硬盘和固态硬盘。了解磁盘的结构和工作原理有助于对数据存取过程和 RAID 技术的理解。

### 5.2.1 磁盘的结构

磁盘是由盘片、主轴、磁头、步进电机、控制器等组成，如图 5-11 所示。

存储子系统

图 5-11　磁盘物理结构图

### 1. 盘片

盘片的基础材料是由金属或者玻璃材质制成的，必须满足密度高、稳定性好的要求。同时，要求盘片的表面必须是非常光滑的，不能有任何瑕疵，因此磁盘的制作过程在无尘密闭的空间中进行。机械磁盘利用磁性物质作为存储材料，机械磁盘的盘片是通过磁粉均匀地溅渡到基础材质上形成的。一个磁盘设备里有一个或者多个盘片，盘片越多，磁盘容量越大。

磁头漂浮在盘片上，通过改变盘片上磁粉的磁极属性来读取数据，并且磁头与盘片的距离非常小，因此要求盘片不能有任何瑕疵，否则会磨损盘片表面，对盘片造成永久性的损坏，造成数据的丢失。

### 2. 主轴

在进行读/写的时候，盘片需要快速地转动，而主轴的作用就是带动盘片转动。一个磁盘设备里的主轴固定了所有的盘片。主轴的转速由磁盘内部的马达控制，马达以一个恒定的速度旋转。市场上的磁盘按照转速分类，有 5400rpm、7200rpm、10 000krpm 和 15 000krpm 这几种。转速越快，磁头在盘片上飞行的速度就越快，因此读/写速度也非常高。

### 3. 磁头

磁盘拆开来看，每个盘面的两面各有一个读/写头，即一个盘片的上下两面都可以存储数据。当进行写操作时，磁头通过改变盘片表面磁粉的磁极来写数据；当进行读操作的时候，磁头通过探测盘片表面的磁极属性来读取数据。当磁头不进行工作的时候，处于盘片的中心区域，此区域没有磁粉，但有一层润滑剂，防止磁头与盘片的摩擦。如果磁盘非正常停止，会造成磁头停止在盘面的磁道上，这样会划伤磁盘，造成磁盘的损坏。

主轴带动盘片转动的时候，磁头也会由里向外运动来进行读/写操作。磁头与盘片之间有一定的间隙，磁头不能贴着盘片，否则会划伤盘片导致盘片损坏；这个间隙也不能过大，否则不能改变盘片表面的磁性。早期的设计可以使得磁头在盘面上几微米处飞行，随着科技的飞速发展，现在磁头可以在盘面上 0.005～0.01 微米处飞行，这个距离大约相当于人类头发直径的千分之一。

137

### 4. 步进电机

为了提高磁盘的容量，盘片上划分的磁道间的距离非常小，磁道数量增多，磁盘容量就增大。磁头通过读取磁道来进行读/写，这就要求磁头前进的距离非常小，普通的电机根本无法达到这个要求，必须使用步进电机。步进电机可以控制磁头进行微米级的位移，这样才可以划分更多的磁道，增加单个磁盘容量。

### 5. 控制器

控制器的作用就是控制主轴的转速，负责管理磁盘和主机之间的通信，还能控制不同的磁头来进行读/写操作。

## 5.2.2 磁盘数据组织

通过对磁盘的合理划分来对磁盘上的数据进行组织管理，首先在逻辑上将磁盘划分为磁道、柱面和扇区，如图 5-12 所示。

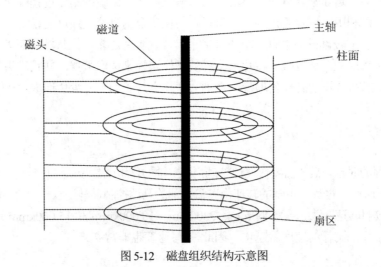

图 5-12 磁盘组织结构示意图

### 1. 盘面

磁盘里每个盘片有上、下两个盘面，每个盘面都可以用来存储数据。为了方便管理，每个盘面都有一个盘面号，按照从上到下的顺序从 0 开始编号。因为每个盘面都有一个磁头与其对应，所以盘面号也是磁头号。假设一个磁盘有 3 个盘片，盘面号也就是磁头号为 0~5。

### 2. 磁道

磁盘在格式化的时候被划分为半径不一的同心圆，这些同心圆被称为磁道。同时为了方便读/写，磁道从外到内顺序编号。由此可见，每个盘面的磁道越多，该磁盘的容量就越大。

### 3. 柱面

盘面被划分为很多个同心圆，而在磁盘中竖直方向上的、相同半径的同心圆组成一个圆柱，被称为柱面。磁盘中有很多个盘面，但是在读/写的时候并不是先写满一个盘面再写另外一个，而是先写满一个柱面，磁头再向另外一个柱面移动。在同一个柱面的读/写，只需要磁头号即可，而磁头号的选取是通过电子切换来控制的，速度是相当快的，但是切换柱面时必须机械控制磁头进行切换，而这就是寻道。

### 4. 扇区

每个磁道被分为一段一段的圆弧，这些圆弧的长度不一，角速度一样。同心圆半径不一，因此外圈的圆弧长度比较长，在相同的角速度下，就会使得外圈的圆弧读/写速度比内圈的大。如此划分的每段圆弧被命名为扇区，扇区的编号从 1 开始，以扇区为单位进行读写，即数据被分割成一个个扇区的大小来写入磁道或从磁道读取，如图 5-13 所示。

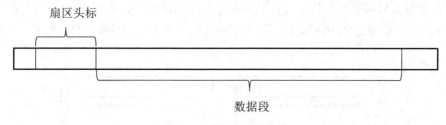

图 5-13　扇区组织结构图

(1) 扇区头标。一个扇区有两个重要的组成部分：存储数据地址的标识符和存储数据的数据段。

➢ 扇区的标识符中储存着扇区的地址信息，即柱面、磁头号和扇区号。
➢ 存储数据的数据段用来放置读/写的数据。

柱面(cylinder)、磁头(head)和扇区(sector)三者简称为 CHS，所以扇区的地址又可以叫作 CHS 地址。CHS 在早期的小容量磁盘中非常流行，但是随着磁盘容量越来越大，盘面越来越多，导致寻道的时间会越来越长。现在采用的是 LBA 编址方式。LBA 也叫作逻辑编址方法，在使用者看来，磁盘被虚拟成一条无限延长的直线，所有的数据都写入到这条直线中。然而在磁盘中，控制电路依然要将 LBA 地址转化为对应的柱面、磁头和扇区，这种对应关系保存在磁盘控制电路的 ROM 芯片中。

(2) 扇区的编号。扇区从 1 开始进行顺序编号。如是将扇区一个挨着一个编号，由于盘片的转速非常高，在读/写完 1 号扇区的时候，会错过 2 号扇区的读/写，这样磁头不得不旋转一圈再进行读/写，这样显然会造成读写的速度变慢。为了解决这个问题，磁盘在编号的时候不是按照扇区的顺序进行编号，而是按照一种交叉因子的方式编号。交叉因子可以设置为 1：1，假如一个磁道有 9 个扇区，那么编号就是 1、6、2、7、3、8、4、9、5。这样在读/写的时候留给了磁头反应的时间，交叉因子的比例也可以是 2：1 或者 3：1。由于扇区的长度不一，外圈的扇区可以按照 1：1 编号，内圈的可以按照 2：1 或者 3：1 进行编号，从而选择出最优的寻道速度。

### 5.2.3 磁盘接口协议

磁盘在制造的时候，为了能够得到广泛应用，遵循了一系列的接口协议，接口协议的统一便于使用者使用和更换磁盘。

早期的磁盘，使用 IDE 和 SCSI 接口，这两种接口均已被淘汰，当前主流的接口有：

(1) SATA 接口。
(2) SAS 接口。
(3) NL-SAS 接口。
(4) 光纤通道接口。

#### 1. SATA 接口

SATA 是 Serial ATA 的简称，即串行的 ATA，采用串行线路传输数据。由于其优越的性能，SATA 已经完全取代并行式 ATA(PATA)的 IDE 接口。在数据传输上，SATA 支持热插拔，方便用户使用。并且 SATA 在可靠性上又有了大幅度提高，SATA 可同时对指令及数据封包进行循环冗余校验，能够检测出 99.998%的错误。SATA 还有一个优点，即接口的体积更小，如图 5-14 所示。

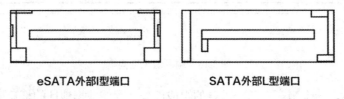

图 5-14　SATA 接口示意图

SATA 的标准包括以下三种：

(1) SATA 1.0。2003 年研发的 SATA 1.0 的传输速率为 150Mb/s，这已经超过了 IDE 的最高传输速率 133Mb/s。

(2) SATA 2.0。SATA 2.0 在数据传输速率方面得到了很大的提升，速率达到 3Gb/s。这使得接口的传输速率显著超过了磁盘内部的传输速率，所以接口速度也不再是影响数据存取的限制因素。

(3) SATA 3.0。SATA 3.0 在数据传输速率方面达到 6Gb/s，同时增加了多项新技术，包括增加 NCQ 指令、改善传输技术、降低传输过程中的功耗。SATA 3.0 采用了新的 INCITS ATA8-ACS 标准，并兼容旧的 SATA 设备，不仅进一步提高了传输速度，还大大降低了 SATA 传输所需的功耗。

#### 2. SAS 接口

SAS 又被称作 Serial Attached SCSI，可向下兼容 SATA，主要体现在物理层和协议层的兼容。在物理层，SAS 接口和 SATA 接口完全兼容，SATA 硬盘可在 SAS 环境中直接进行使用，从接口标准上来看，SATA 是 SAS 的一个子标准，因此 SAS 控制器可以直接控制 SATA 硬盘，但是

SAS 却不能在 SATA 的环境中直接使用，原因在于 SATA 控制器并不能控制 SAS 硬盘。在协议层，SAS 使用 3 种协议，根据所连接的不同设备使用相应的协议进行数据传输。其中串行 SCSI 协议(SSP)用于传输 SCSI 命令，SCSI 管理协议(SMP)用于对连接设备的维护和管理，SATA 通道协议(STP)用于 SAS 和 SATA 之间数据的传输。在这 3 种协议的配合下，SAS 可以和 SATA 以及部分 SCSI 设备无缝结合。其传输速率比 SATA 要快很多。

SAS 接口的主要标准如下：

(1) SAS1.0。SAS1.0 接口传输带宽为 3Gb/s，磁盘转速(rpm)有 7.2k、10k 和 15k，尺寸有 2.5 寸和 3.5 寸两种。

(2) SAS2.0。SAS2.0 接口传输带宽为 6Gb/s，转速有 10k 和 15k。

(3) SAS3.0。SAS3.0 接口传输带宽为 12Gb/s。在 SAS1.0 和 2.0 的基础上，SAS3.0 对总线性能和系统扩展性进行了进一步提升。

### 3. NL-SAS 接口

NL-SAS 又被称为近线 SAS 接口。由于 SATA 硬盘比 SAS 硬盘成本要低，因此 NL-SAS 使用 SATA 盘片加上 SAS 接口组合而成。NL-SAS 驱动器是具有 SAS 接口的企业级 SATA 驱动器。同时，NL-SAS 具备传统企业级 SATA 驱动器的转速，拥有 SAS 驱动器的全功能 SAS 接口。简言之，NL-SAS 磁盘是含有 SAS 本地命令集的 SATA 磁盘。由于转速较低，NL-SAS 磁盘的性能不及 SAS，但它们提供了 SAS 附带的所有企业特性，包括企业命令队列、并发数据通道和多主机支持等。从可靠性上讲，NL-SAS 与 SATA 区别不大。目前，NL-SAS 的接口传输带宽可达到 12Gb/s。

### 4. 光纤通道

光纤通道的英文名称为 Fibre Channel。其最初并非为了硬盘设计开发的接口，是专门用于网络系统设计的，但随着存储系统对速度需求的增加，光纤通道逐渐被应用于硬盘系统中。光纤通道磁盘的主要特点是支持热插拔、带宽高、连接设备数量大等。光纤通道通常支持多种速率，包括 1 Gb/s、10 Gb/s、40 Gb/s 和 100 Gb/s 等。

## 5.2.4 影响磁盘性能和 I/O 的因素

现在的磁盘多数包含多个盘片，且每个盘片的两面都可以存储数据。主轴带动盘片转动，磁头由里到外运动去读/写数据。在这个过程中，涉及主轴的转动、磁头的运动、磁头寻找磁道的位移等操作，这些操作都会对磁盘的性能有影响。

I/O 指的是输入/输出，在磁盘的性能因素中 I/O 是个重要的指标。I/O 分为多种类型，如连续 I/O 和随机 I/O、顺序 I/O 和并发 I/O 等。连续 I/O 的意思是本次 I/O 给出的扇区的初始地址与上次 I/O 结束的地址连续，或者间隔不大；随机 I/O 的意思就是两次 I/O 之间的地址相隔较大，使得磁头不得不更换磁道进行读写。顺序 I/O 即磁盘组接收到的指令是多条，但是控制器只能一个一个地进行操作；并发 I/O 就是在多条指令下可以同时操作。

影响磁盘性能和 I/O 的因素主要有以下 4 个：

(1) 转速。盘片固定在主轴上，主轴带动盘片转动，磁头则通过盘片的转动读取相应的磁道来读/写数据。由此可见主轴的转速是影响磁盘性能的一个首要因素。在连续 I/O 的情况下，磁头不用寻道，只在同一柱面通过电子切换磁头进行读/写，所以磁盘转速越高，在连续 I/O 的情况下读/写速度就越快。目前市场上的高端磁盘有 15k 转速的。

(2) 寻道。寻道就是磁头在柱面之间的位移。在随机 I/O 的情况下，磁头需要频繁地更换磁道，这样消耗的时间相对于数据传输来说，是相当长的一段时间。如果磁头能以很高的速度进行换道，那无疑将会使得磁盘的性能得到极大的提升。

(3) 单个盘片的容量。一个磁盘中有多个盘片，当每个盘片的容量都比较大时，磁盘的容量就非常大了。

(4) 接口速度。由上节介绍的接口可知，目前接口速度非常快，已经不是影响磁盘性能的主要因素。目前，磁盘性能的瓶颈已经不再是接口的速度，而是磁盘的寻道速度。

### 5.2.5　SSD

随着数据量的增长，存储用户对磁盘的性能要求越来越高，而传统的磁盘已经增长到一定的极限，无法再得到大幅度提升，因而出现了 SSD 固态硬盘。SSD 固态硬盘于 1970 年被开发出来，由于其不同于机械磁盘的结构，无盘面、磁道、磁头等结构，因此也没有转速、寻道时间等问题，读/写速度非常快。近年来，固态硬盘在企业级存储中得到了广泛应用。

#### 1. SSD 工作原理

目前，主流固态硬盘的工作原理基于闪存技术和控制器技术。

闪存是一种非易失性存储器，可以在断电情况下保持数据的存储。它采用了一种称为浮栅电荷存储器的技术，可以通过浮栅上的电荷量来表示数据状态。闪存被分为两种类型：NAND 和 NOR。NAND 闪存是最常用的一种，它采用了串行存储结构，可以提供较高的存储密度和较快的读写速度。SSD 使用非易失性存储器(NAND 闪存)来替代传统的机械硬盘，其内部由一系列的 NAND 闪存模块组成，每个模块都可以存储数据。

SSD 控制器是一个微处理器，由专用的控制器芯片实现。它负责接收来自用户的命令，并将其转换为对应 NAND 上的基本操作，最终向用户返回需要的数据。除此之外，控制器还负责处理控制和管理 NAND 闪存模块的任务，以确保数据的安全性和可靠性。

当操作系统需要存取数据时，控制器会将这些数据读取到 NAND 闪存模块中，然后将数据传输到操作系统。当操作系统需要将数据写入 SSD 时，控制器也会将这些数据写入 NAND 闪存模块中，以确保数据的安全性。

#### 2. SSD 接口类型

目前主要的 SSD 接口，除了 SATA 和 SAS 接口之外，还有 PCI-E、M.2 和 U.2 接口。

(1) PCI-E 接口

PCI-E 接口扩展性强，可以支持的设备有：显卡、固态硬盘（PCI-E 接口形式）、网卡、声卡、视频采集卡、PCI-E 转接 USB 接口、PCI-E 转接 Type-C 接口等。这类接口只通过 PCI-E

通道传输，目前主流标准是 PCI-E 3.0，带宽最高可达 16GB/s，最新 PCI-E 5.0 标准在近年来推出，带宽可达 64Gb/s。

(2) M.2 接口

M.2 接口是主要用于接入 SSD 的物理接口的名称，最早出现在超极本上，可以兼容多种通信协议。在 M.2 物理接口上，可以通过 PCI-E 或者 SATA 传输，具体区别于主板或硬盘支持情况，如 M.2 接口在 PCI-E 通道传输，可达到 PCI-E 3.0 级别的带宽(最高 16GB/s)。

(3) U.2 接口

U.2 接口别称 SFF-8639，其接口融合了 SATA 及 SAS 接口的特点，U.2 不但能支持 SATA-Express 规范，还能兼容 SAS、SATA 等规范，主板一端是 mini SAS(SFF-8643)接口，设备端的 U.2 线则是一端接在 SATA 电源上，一端接在 U.2 硬盘的数据口上。它的理论带宽已经达到了 32Gb/s，与 M.2 接口相近。U.2 接口的优点是接口带宽达到了 32Gbps，支持 NVMe 协议，甚至供电能力也提高了，这都有助于提高 SSD 性能，但 U.2 不好的地方在于它依然是新兴事物，很多主板目前并没有 U.2 接口，而且 U.2 接口的消费级硬盘较少。

3. SSD 协议

目前，大多数 SSD 产品都还采用 AHCI 协议，但是非易失性高速内存(NVMe)已成为主流的协议。

NVMe(Non-Volatile Memory Express)是一种通信接口和驱动程序，为基于 PCIe 的 SSD 定义了命令集和功能集，目标是提高性能和效率，同时让广泛的企业级系统和客户端系统实现互操作。NVMe 专为 SSD 设计。它利用高速 PCIe 插槽在存储接口和系统 CPU 之间进行通信，而无论存储器外形尺寸如何。相比采用 AHCI 等旧驱动程序的旧存储型号，利用 NVMe 驱动程序执行的输入/输出任务开始速度更快、传输的数据更多、结束速度更快。NVMe 技术支持各种外形尺寸，例如 PCIe 卡插槽、M.2 和 U.2。

4. SSD 优缺点

(1) SSD 的优点

- 读写/速度快：SSD 的物理结构中摒弃了传统的机械磁盘接口，不再使用磁头、盘片等设备，这使得 SSD 不存在转速和寻道时间等概念，因此节省了非常多的时间，读写速度非常快，是传统机械磁盘无法超越的。
- 物理特性：SSD 由于没有机械部件，因此在防震抗摔方面具有比传统磁盘更独特的优势，也更容易作为移动存储介质使用。
- 噪音小、功耗低：SSD 的特殊构造使得它没有旋转造成的噪音，耗能也比机械硬盘低。
- SSD 还具有自动故障恢复功能，它可以在出现故障时自动检测并修复故障，以确保数据的安全性。

(2) SSD 的缺点

- 容量有限：由于 SSD 的特殊构造，其容量相对于传统磁盘来说较小。

- 寿命：SSD 内部采用晶体管的方式，使用电荷来储存数据，而晶体管的绝缘体在长时间使用的时候，会被电荷击穿从而造成损坏；并且 SSD 存在擦写次数限制，完全擦写一次叫作一次 P/E。SSD 的擦写次数是有限的，由于材料限制大约有 3000 次 P/E～5000 次 P/E。一块 SSD 盘被写满一次才被算作一次 P/E，若普通用户使用 120GB 的 SSD，一天写入 120GB 的数据，那也大概需要 3000～5000 天才会使得 SSD 失效，这个时间对用户来说是完全可以接受的。
- 价格：SSD 在早期的价格较高，随着 SSD 的普及，价格呈下降趋势。

## 5.3 磁盘阵列技术 RAID

因单块磁盘的容量和读/写速度是有限的，性能和可靠性都很有限，为了提升存储系统的性能和可靠性，出现了 RAID 技术。RAID 全称为 Redundant Arrays of Independent Drives，即磁盘冗余阵列。RAID 技术把多个独立的磁盘设备组成一个容量更大、安全性更高的磁盘阵列组，将数据切分为多个区段，分别存储在不同的磁盘中。RAID 技术利用并行读写技术提升磁盘整体性能，通过把数据写入多个磁盘，提升数据的可靠性。

### 5.3.1 RAID 基础技术

在 RAID 中用到的技术有条带化(striping)、镜像以及奇偶校验技术。

#### 1. 条带化

条带化是将一条连续的数据分割成一个一个很小的数据块，并把这些小数据块分别存储到不同的磁盘中，这些数据块在逻辑上是连续的。条带化技术能够显著提高 I/O 性能。

条带化有两个概念：条带深度和条带长度。条带深度是指被分割的数据块所包含的磁盘扇区的个数，条带的深度可控制；条带的长度是指被分割的数据块所包含的磁盘的个数。

#### 2. 镜像技术

镜像技术是指将一个数据存储在两个磁盘上，从而形成数据的两个副本，若其中一块磁盘发生故障，则另外一块磁盘能够继续提供完整的数据服务。而使用镜像技术所需的存储容量为实际容量的两倍。

#### 3. 奇偶校验技术

RAID 中采用的奇偶校验技术涉及的是异或运算。在二进制中，相同为 0，不同为 1(0^0=0, 1^1=0, 1^0=1, 0^1=1)。当数据经过控制器后会添加一位校验数据，所以要求磁盘留有校验数据的位置，而当数据丢失之后，可以通过校验技术将数据进行恢复。

## 5.3.2 RAID 分级

根据采用的条带化、镜像和奇偶校验技术的不同，将 RAID 分为 RAID0、RAID1、RAID2、RAID3、RAID4、RAID5、RAID6 共 7 个级别，分别介绍如下：

### 1. RAID0

RAID0 将参与的各个物理磁盘组成一个逻辑上连续的虚拟磁盘。在相同条件下，RAID0 是所有 RAID 级别中存储性能最高的一个阵列，最少需要两块硬盘。

RAID0 的工作原理(如图 5-15 所示)：假设由两块硬盘组成 RAID0，RAID 控制器对发来的 I/O 数据条带化为两条并将其分别写入两块磁盘中，每块磁盘处理发给自己的数据，互不干扰。这样 RAID0 的两块磁盘同时运转的存储性能比单独一块磁盘的读/写速度提高了两倍。若是 3 块磁盘，则理论上速度可以达到 3 倍；但由于总线宽度等多种原因，并不能达到这个理论值。

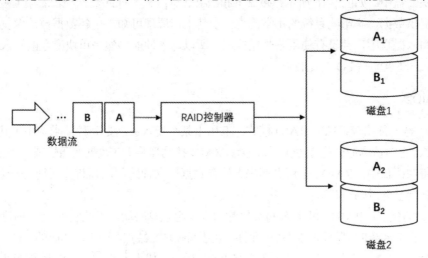

图 5-15　RAID0 系统示意图

RAID0 的优点在于其读/写性能高，适用于对性能要求比较高的场景。不过其缺点也同样明显，如图 5-15 所示，因为没有数据冗余，若磁盘 1 损坏就会导致整个数据崩溃。由此可以看出，RAID0 不能允许任何一个磁盘损坏，因此并不建议企业用户使用。

### 2. RAID1

RAID1 通过镜像技术将数据写入磁盘阵列的各个磁盘中。RAID1 最少需要两块硬盘，一般为偶数盘，如果是两块硬盘做的 RAID1，那么对外显示的是一块盘的容量。

RAID1 工作原理(如图 5-16 所示)：同样假设由两块硬盘组成 RAID1 阵列，RAID 控制器将 I/O 数据镜像复制两份并将其分别写入两块磁盘中。这样看来，一个 I/O 的操作完成是由最后写入数据的那个硬盘决定的，因此 I/O 速度并没有得到提升，相反可能会有所降低。

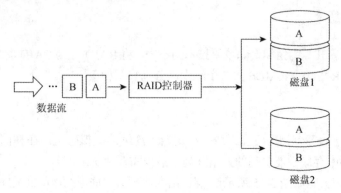

图 5-16  RAID1 系统示意图

RAID1 的优点是，相较于 RAID0 对数据没有保护措施，RAID1 对数据做了镜像复制，将其写入多块磁盘中。如图 5-16 所示，磁盘 1 和磁盘 2 有一模一样的数据，若磁盘 1 被损坏，磁盘 2 接管提供数据，不影响系统的正常使用。由其工作原理可知，一条数据被镜像复制成两条或多条，写入磁盘中，并没有使用条带化技术，所以写入性能仍然是单块磁盘的写入能力。因此 RAID 1 的缺点就是 I/O 会比较慢。

### 3. RAID2

RAID2 是一种比较特殊的 RAID 模式，专用于某个场景或满足某种需求。由于其专用性，现已被淘汰。它的基本原理是在 I/O 到来之后，RAID 控制器将 I/O 数据按照位或者字节分散开，顺序写入每块磁盘中。RAID2 采用海明码来校验数据，这种码可以判断并修复错一位的数据，因此 RAID2 允许一块磁盘损坏。

RAID2 的优点：RAID2 每次读/写数据都需要全组磁盘联动，因此它的读/写速度是非常快的，并且由于汉明码的校验使得 RAID2 允许一块磁盘损坏。缺点：由于汉明码的特性，使用的校验盘数量太多，如果有 4 块数据盘，就需要有 3 块校验盘，成本太高。RAID2 并未得到广泛应用。

### 4. RAID3

RAID3 也是把数据利用条带化和奇偶校验技术写入 $N+1$ 个磁盘中，其中 $N$ 个磁盘用来存放数据，第 $N+1$ 个磁盘用来存放奇偶校验信息。

RAID3 工作原理(如图 5-17 所示)：RAID 控制器将 I/O 数据条带化后写入各个磁盘中，并且在数据安全方面把奇偶校验信息写入单独的一块磁盘中。奇偶校验值是通过将各个磁盘相对应位进行异或逻辑运算得到的，会被写入奇偶校验盘中。

RAID3 优点：数据经过 RAID3 的条带化后，使数据以整个条带为单位读/写，从而使得各个磁盘都能并发地参与到数据的读/写中，因此，RAID3 的读/写速度很快。由于采用了奇偶校验技术，因此 RAID3 允许一块磁盘损坏。缺点：RAID3 需要一块单独的磁盘来存放奇偶校验信息，但这块奇偶校验盘也导致了写入瓶颈，因为不论来多少条数据，都需要将奇偶校验信息一条一条地写入这块磁盘中。

# 05 存储子系统

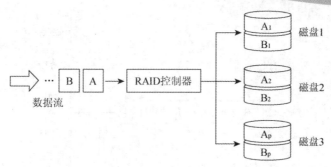

图 5-17 RAID3 系统示意图

### 5. RAID4

RAID4 与 RAID3 相似，同样利用了条带化技术和奇偶校验技术将数据写入磁盘中，并有一块单独的磁盘用来存放奇偶校验信息。

RAID4 工作原理与 RAID3 类似，不同的是 RAID4 控制器对数据进行条带化时，粒度更小，使数据在写入磁盘的时候，部分磁盘并发联动写入，这样，其余的磁盘可以写入下一条数据。但与 RAID3 一样的是，奇偶校验盘只有一块，即使同时写入两条数据，在奇偶校验盘上数据的奇偶校验信息仍然要一条一条地写入，会产生奇偶校验盘争用问题。

与 RAID3 不同的是，RAID4 的数据磁盘支持独立访问，这样 RAID4 提供了不错的读/写吞吐率。

### 6. RAID5

RAID5 利用条带化和奇偶校验技术将数据写入磁盘，是一种兼顾存储性能和数据安全的磁盘阵列技术。RAID5 有与 RAID0 相近似的数据读/写速度，但相比 RAID0 多了数据保护措施，在磁盘利用率上也要比 RAID1 高很多。RAID5 至少需要 3 块盘，并且最多支持一块盘损坏。

RAID5 工作原理(如图 5-18 所示)：RAID 控制器将条带化后的 I/O 数据及其对应的奇偶校验信息存储到 RAID5 的各个磁盘中，这样即使阵列中一块磁盘损坏，也可以用其他磁盘上的数据和对应的奇偶校验技术去恢复损坏的数据，因此 RAID5 支持一块磁盘损坏，容量是 $N-1$，$N$ 为磁盘数。

RAID5 的优点：RAID5 有近似于 RAID0 的存储性能，容许一块磁盘损坏，若磁盘 1 损坏，可利用磁盘 2 和磁盘 3 的数据信息恢复磁盘 1 的数据，并且磁盘空间利用率随着磁盘数的增多而升高(3 块盘磁盘利用率为 2/3，4 块盘利用率为 3/4)，这些优点决定了 RAID5 能够被广泛地应用。其缺点：若磁盘 1 损坏，在尚未解决故障的情况下磁盘 2 又损坏，那么数据将无法恢复，损失将是灾难性的。

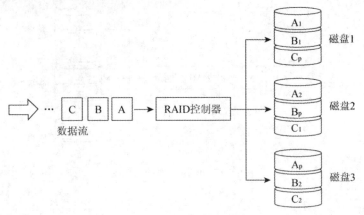

图 5-18　RAID5 系统示意图

### 7. RAID6

RAID6 的工作原理与 RAID5 基本相同，不同点在于 RAID6 引入了第 2 个校验元素，使得 RAID 阵列中允许两块磁盘损坏，如图 5-19 所示。因此，RAID6 至少需要 4 块磁盘。

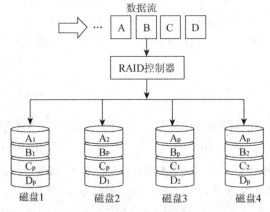

图 5-19　RAID6 系统示意图

## 5.3.3　RAID 级别组合应用

RAID 级别组合使用，可充分发挥 RAID 的优势功能，实现可靠、高效存储，常见的组合方式有 RAID10、RAID01、RAID50。

### 1. RAID10

RAID10 即 RAID1+0，集成了 RAID0 的性能优势和 RAID1 的冗余特性，组合了镜像技术和条带技术的优点。这类 RAID 需要偶数块磁盘来构建。

RAID10 先把数据镜像之后，再把原数据和镜像的数据条带化后写入磁盘上。若其中一块磁盘损坏，则把未损坏的对应该磁盘的磁盘中的数据复制到新替换的磁盘上即可，如图 5-20 所示。

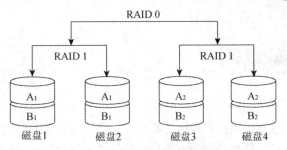

图 5-20　RAID10 系统示意图

## 2. RAID01

RAID01 即 RAID0+1，是首先把数据条带化之后，再复制数据镜像，然后再将其写入磁盘中。若一块磁盘损坏，则写入该磁盘所在的磁盘集的整个条带都将失效。更换掉损坏的磁盘之后，需要从另外的磁盘集上把数据复制到新的磁盘集上，这会造成不必要的读/写操作，如图 5-21 所示。

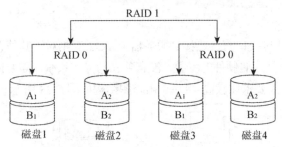

图 5-21　RAID01 系统示意图

## 3. RAID50

RAID50 的控制器将接收到的数据先依据 RAID0 的映射关系将数据分条，分出的每个数据条再按照 RAID5 的映射关系写入不同的 RAID5 磁盘集中。由于 RAID5 阵列允许一块磁盘损坏，所以 RAID50 的每个 RAID 磁盘集中允许一块磁盘损坏，若某个 RAID5 磁盘集超过两块磁盘损坏，则整个系统的数据将无法使用，如图 5-22 所示。

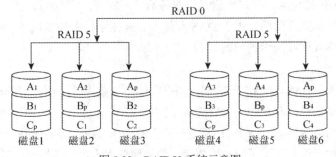

图 5-22　RAID50 系统示意图

## 5.4 主流存储设备

目前主流的存储设备有三类：直连存储 DAS、网络附加存储 NAS 和存储区域网络 SAN。本节就这三类存储设备进行简要的介绍。存储设备在数据中心中占有重要的地位。近年来，我国厂商在这一领域取得了很大的进步，越来越多的国产设备推向市场。

### 5.4.1 直连存储(DAS)

直连存储(Direct-Attached Storage, DAS)是一种将存储设备直接与服务器相连接的架构。在三种主流的企业级存储设备中，DAS 成本最低，但是性能和可扩展性也最低，适合访问量不大的中小规模应用场景。

**1. DAS 概述**

DAS 将存储设备通过接口直接连接到服务器上。DAS 相对于其他存储设备需要更少的前期投资。DAS 设备本身是存储硬件的堆叠，没有独立的操作系统，需要依赖服务器的管理和维护。因此对服务器的性能要求比较高。DAS 拓扑图结构如图 5-23 所示。

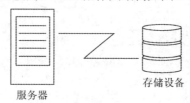

图 5-23　DAS 拓扑图

(1) DAS 的优点
- 结构简单，部署方便快捷。通过服务器操作系统来管理和维护，部署和配置都很方便。
- 低成本下能实现大容量存储。由于 DAS 无须单独的硬件和软件，只需将多个磁盘使用 RAID 技术虚拟化为一个逻辑磁盘供服务器使用即可。
- 无网络互联和延迟问题。由于 DAS 存储设备直接连接服务器设备，不需要网络，因此不存在网络互连和延迟的问题。

(2) DAS 的缺点
- 可扩展性差。DAS 存储设备的端口是有限的，这就限制了服务器的扩展，只能连接固定的服务器数目，对企业的发展造成了困扰。
- 对服务器的依赖性强。由于 DAS 没有独立的操作系统，需要依赖服务器操作系统进行管理和维护，这就占据了服务器资源，要求服务器有很高的性能，若服务器发生故障，存储将无法被访问。
- 传输带宽的限制。DAS 设备中的存储与服务器使用接口连接，随着存储容量越来越大，服务器 CPU 处理能力越来越强，所产生的 I/O 越来越多，接口通道逐渐成为 I/O 的瓶颈。

➢ 资源利用率低。DAS 无法优化存储资源的使用，未被使用的资源不能够方便地重新分配，会导致过载或者欠载的存储池，造成资源浪费。
➢ 备份困难。随着存储中的数据越来越多，备份时需要的时间越来越长，会给服务器造成过多的负载，影响企业业务的正常运行。

### 2. DAS 使用的接口和协议

由 DAS 概念可知，DAS 存储设备通过总线接口直接连接到服务器上使用。早期的 DAS 设备采用 SCSI 或 IDE 等接口，现已被淘汰。目前，大多数 DAS 存储产品采用 SAS 或者 FC 接口连接服务器和存储设备。

### 3. 主流的 DAS 产品

DAS 是一种低端存储产品，各个存储厂商一般都有相应的产品。华为的 OceanDisk 1500、1600 系列存储是华为公司的 DAS 产品，技术参数如表 5-1 所示。

表5-1　OceanDisk 1500、1600系列存储规格参数

| 功能特性 | OceanDisk1500 | OceanDisk1600 |
| --- | --- | --- |
| 硬件架构 | 2U、36 盘 | 2U、36 盘 |
| 通道端口类型 | 25/100Gbps NVMe over RoCE、16/32 Gbit/s FC、10/25/40/100GE ETH | |
| CPU 规格(双控) | 128 核、2.6GHz×2 | 192 核、2.6GHz×4 |
| 缓存(双控) | 256 GB | 512 GB |
| 最大访问带宽 | 读 42GB/s、写 18GB/s | 读 70 GB/s、写 35 GB/s |
| 硬盘类型 | NVMe　SSD　1.92/3.84/7.68/15.36 TB/30.72TB | |
| 最大 IOPS | 2 500 000 | 3 500 000 |
| 最大可热插拔 I/O 端口数(单控制器) | 6 | 6 |
| 主要部件冗余配置 | 控制器(1+1)，风扇(5+1)冗余，电源模块(1+1)冗余 | |
| 每个 Storage Pool 的最大 Namespace 个数 | 1024 | |
| EC 支持 | 框内大比例硬化 EC 支持 22+3、23+2 等比例 | |
| 存储管理软件 | 设备管理 (DeviceManager)，远程维护管理(eService) | |
| 电源 | 200V~240V AC±10%、10A，100~240V AC±10%、16A，192V~288V DC、10A | |
| 典型功耗(W) | 1394 | 1458 |
| 尺寸(深×宽×高) | 控制框：920 mm×447 mm×86.1 mm | |
| 重量(不含硬盘单元) | NVMe Controller enclosure：≤ 40.65 kg | |
| 工作环境温度 | 海拔-60~+1800m 时的环境温度为 5℃~35℃(柜)/40℃(框)；海拔 1800m~3000m 时，海拔每升高 220m，环境温度(上限)降低 1℃ | |
| 工作环境湿度 | 10%~90%R.H | |

在进行设备选型时,驱动器数量决定了可添加的硬盘数以及设备的总存储容量,是用户最关注的参数。通道端口类型是设备和服务器之间的接口类型。缓存越大,读写效率越高。设备的工作环境,包括工作电压、电流、温度、相对湿度、海拔高度等也是用户需要了解的参数。

### 5.4.2 网络附加存储(NAS)

网络附加存储(Network Attached Storage, NAS)是一种高性能的、基于 IP 的和拥有集中式文件系统功能的存储设备。与 DAS 不同,NAS 设备集成了硬件和软件等设备组件,通过 IP 网络为客户端和服务器提供服务。

**1. NAS 概述**

NAS 拥有自己的文件系统,它使用通用 Internet 文件系统(CIFS)和网络文件系统(NFS)等协议来提供对文件系统的访问权限。NAS 使得包括 UNIX 和 Windows 在内的用户都可以无缝地共享相同的数据。由于 NAS 使用的是 TCP/IP 协议网络进行数据交换,因此不同厂商的设备只要符合协议标准就可以进行交互。NAS 的实施方案可分为集成 NAS、网关 NAS 和横向扩展 NAS 共 3 种,但需要注意的是,NAS 的具体实施方案要根据实际需求情况而定,并不局限于这 3 种方式。NAS 的拓扑图如图 5-24 所示。

由于 NAS 有着比 DAS 更多的优势,因此得到了广泛应用。NAS 的主要优势有:

(1) 效率显著提高。NAS 使用的是针对文件服务特制的操作系统,能够提供更好的性能。

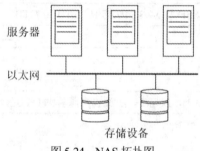

图 5-24  NAS 拓扑图

(2) 灵活性好。只要是使用行业标准协议的 UNIX 和 Windows 用户,NAS 都可以灵活地为来自同一源端的不同类型客户端请求提供服务。

(3) 集中式存储。集中式的存储可有效降低客户端工作站上的数据冗余,并确保实现更好的数据保护。

(4) 管理简单化。提供一个统一集中的管理控制台,使得用户能够高效管理文件系统。

(5) 高可用性。提供有效的复制和恢复选项,实现数据的高可用性管理。NAS 使用冗余的网络组件提供最多的连接选项。NAS 设备支持使用集群技术进行故障切换。

(6) 安全性。结合行业标准安全方案,提供用户身份验证和文件锁定功能。

NAS 在使用中也有难以避免的缺点,主要有:

(1) 由于 NAS 使用 IP 网络,IP 带来的带宽和延迟问题无疑会影响 NAS 的性能。

(2) NAS 的前端接口大部分都是千兆以太网接口，而理论上的网速大约是 125Mb/s，实际大文件持续传输速度大约为 90～110Mb/s，除去正常的开销之后所剩无几，这显然已经不能满足日益增多的数据需求。

(3) 在访问 NAS 之前需要进行文件系统的格式转换，因此 NAS 主要支持文件级访问，并不适合块级应用，块级的主要代表是数据库系统。

### 2. NAS 的构成部分

构成 NAS 的设备中有两个关键组件：NAS 头(控制器)和存储阵列。NAS 头主要包括以下组件：

(1) CPU 和内存。
(2) 一个或多个网络接口卡(NIC)，用于提供网络连接，其支持的协议包括千兆以太网、快速以太网、ATM 和光纤分布数据接口(FDDI)。
(3) 一种优化过的操作系统，用于管理 NAS 功能。
(4) 用于文件共享的 NFS、CIFS 协议。
(5) 标准的存储接口和端口，用于连接和管理物理磁盘资源。

### 3. NAS 的文件共享协议

NAS 设备常用到的文件共享协议有 NFS 和 CIFS。在协议的作用下，NAS 设备使用户能够跨操作系统共享并迁移文件数据。

(1) NFS

NFS(Network File System，网络文件系统)是 UNIX 系统中使用最广泛的一种协议。该协议使用客户/服务器的方式实现文件共享。NFS 使用一种独立于操作系统的模型来表示用户数据，使用远程过程调用(Remote Procedure Call, RPC)作为两台计算机之间过程间通信的方法。

NFS 协议提供一套 RPC 方法以访问远程文件系统，并支持以下几种操作：

- 查找文件和目录。
- 打开、读取、写入和关闭文件。
- 更改文件属性。
- 修改文件链接和目录。

NFS 在客户端与服务器之间创建连接，用于传输数据。NFS(NFSv3 和更低版本)是无状态协议，即它不保存任何类型的数据表来存储有关打开文件和相关指针的信息，因此，每次使用都必须提供所有参数来访问服务器上的文件。这些参数包括文件属性信息、指定的读/写位置和 NFS 的版本。目前使用的 NFS 有 3 种版本。

- NFSv2：使用 UDP 协议来在客户和服务器端进行无状态的网络连接。
- NFSv3：该版本目前使用最为广泛，使用 UDP 或者 TCP 作为无状态协议。
- NFSv4：使用 TCP 协议进行有状态的网络连接。

(2) CIFS

通用 Internet 文件系统(Common Internet File System, CIFS)是一种基于客户/服务器的应用程序协议。它支持客户端通过 TCP/IP 协议向远程计算机上的文件和服务发出请求，是一种公共的、开放的、由服务器消息块(SMB)演化来的协议。

CIFS 可以为客户端提供如下功能：
- 能够与其他用户一起共享一些文件，并可以使用文件锁和记录锁，防止用户覆盖另一用户所进行的操作。
- 有状态的协议，支持断开后自动重连，并重新打开断开之前已经打开的文件。
- 文件名使用 Unicode 编码，可以使用任何字符集。

### 4. 主流的 NAS 产品

大多数的存储厂商都有专门的 NAS 产品线。NetApp 公司的 NAS 产品线是 FAS 系列。FAS 系列中的所有产品均运行 Data ONTAP 操作系统，它是 NetAPP 专门针对 NAS 产品设计的操作系统，技术指标如表 5-2 所示。

表5-2　NetApp FAS系列存储参数

| 项目 | FAS8080 | FAS8060 | FAS8040 |
| --- | --- | --- | --- |
| 最大系统容量 | 5760TB | 4800TB | 2880TB |
| 最大驱动器数量 | 1440 | 1200 | 720 |
| 控制器外形规格 | 双机箱 HA；在两个 6U 机箱中有 2 个控制器，共 12U | 单机箱 HA；在一个 6U 机箱中有 2 个控制器 | 单机箱 HA；在一个 6U 机箱中有 2 个控制器 |
| 内存 | 256GB | 128GB | 64GB |
| 最大 Flash Cache | 24TB | 8TB | 4TB |
| 最大 Flash Pool | 36TB | 18TB | 12TB |
| PCI-E 扩展插槽数 | 24 | 8 | 8 |
| 板载 I/O：10GbE | 8 | 8 | 8 |
| 板载 I/O：6GbSAS | 8 | 8 | 8 |
| 板载 I/O：GbE | 8 | 8 | 8 |
| 支持的存储网络 | FC、FCoE、iSCSI、NFS、pNFS、CIFS/SMB、HTTP、FTP | | |
| 操作系统版本 | Data ONTAP 8.2.2 RC1 或更高版本 | Data ONTAP 8.2.1 RC2 或更高版本 | |
| 高可用性特性 | 备用控制路径 (ACP)；基于以太网的服务处理器和 Data ONTAP 管理界面；冗余热插拔控制器、散热风扇、电源和光学器件 | | |
| 支持的配置 | 高可用性的控制器配置；Active-Active 控制器；带有控制器容错和多路径 HA 存储功能；支持延伸型(无交换机)；支持光纤连接(交换机)；高可用性集群 | | |

(续表)

| 项目 | | FAS8080 | FAS8060 | FAS8040 |
|---|---|---|---|---|
| 支持的磁盘架 | | DS2246(2U；24 个驱动器，2.5 英寸 SFF)；DS4246(4U；24 个驱动器，3.5 英寸 LFF)；DS4486(4U；48 个驱动器，3.5 英寸 LFF) | | |
| 支持的操作系统 | | Windows 2000、Windows Server 2003、Windows Server 2008、Windows Server 2012、Windows XP、Linux、Oracle Solaris、AIX、HP-UX、Mac OS、VMware、ESX | | |
| 支持的 SAN 主机数量 | | 每个 HA 对最多可支持 512 个主机；每个 HA 对最多可以有 24 个直接连接的服务器 | | |
| 最大 LUN 数量 | | 8 192 | | |
| 最大 RAID 组大小 | | RAID 6 (RAID-DP)<br>高性能磁盘：28(26 个数据磁盘加 2 个奇偶校验磁盘)；<br>大容量磁盘：20(18 个数据磁盘加 2 个奇偶校验磁盘)。<br>RAID 4<br>高性能磁盘：14(13 个数据磁盘加 1 个奇偶校验磁盘)；<br>大容量磁盘：7(6 个数据磁盘加 1 个奇偶校验磁盘) | | |
| FlexVol 卷 | | Data ONTAP 集群模式下，每个控制器最多 1 000 个；<br>7-mode 传统模式下，每个控制器最多 500 个 | | |
| Snapshot 副本 | | 最多 127 000 | | |
| 聚合大小上限 | | 400TB | 324TB | 180TB |
| 最大端口数(包括集成端口和 PCI-E 扩展插槽) | FC 目标端口数(16Gb/8Gb/4Gb)(最大) | 64 | 24 | 24 |
| | FCoE 目标端口数, UTA(最大) | 32 | 24 | 24 |
| | 10GbE 端口数(最大) | 64 | 32 | 32 |
| | GbE(最大) | 72 | 40 | 40 |
| | 6GbSAS(最大) | 56 | 40 | 40 |
| | FC 启动器(最大) | 72 | 40 | 40 |
| 适配器最大数量 | 双通道 10GbE(光纤或铜线) | 16 | 8 | 8 |
| | 双通道 10Gbase-T(RJ-45、CAT6A-E) | 16 | 8 | 8 |
| | 四通道 GbE(铜线) | 16 | 8 | 8 |

(续表)

| 项目 | | FAS8080 | FAS8060 | FAS8040 |
|---|---|---|---|---|
| 适配器最大数量 | 双通道 10GbE/FCoE、16Gb FC 统一目标适配器 2 (UTA2, 10GbE/FCoE 部署可使用光纤或铜线；16Gb FC 可使用光纤) | 24 | 8 | 8 |
| | 双通道 10GbE(光纤或铜线) | 16 | 8 | 8 |
| | 8Gb FC 目标(光纤) | 16 | 8 | 8 |
| | Flash Cache 性能加速模块(2TB) | 12 | 4 | 2 |
| | Flash Cache 性能加速模块(1TB) | 24 | 8 | 4 |
| | 四通道 6Gb SAS 存储 HBA | 12 | 8 | 8 |
| | 四通道 4Gb FC 存储/磁带 HBA | 16 | 8 | 8 |

其中的参数说明如下。

- 内存、闪存：存储设备在写入数据的时候，会先将数据写入内存中，然后再将数据从内存写入磁盘中。闪存的数量取决于各种用户的不同使用需求，主要用于处理对传输速度要求较高的业务数据。
- 网络接口：网络接口决定了该存储能够接入什么类型的网络，现在绝大部分存储都支持根据客户要求添加以太网口和光纤接口，且这些设备都具有光纤接口和以太网接口，并且大都是多通道。
- 高可用性：高可用性体现在采用多控制器以防止单点故障；支持多种存储网络协议(如 NAS 设备支持 NFS 和 CIFS)；采用 RAID 技术及支持大量 LUN；支持热插拔磁盘、风扇等控件。
- 电池：许多存储设备都配备有电池，电池的主要作用是在设备突然断电之后，确保内存中的数据能够继续写入磁盘阵列中。数据在写入的时候首先要写入内存中，然后再写入磁盘中，假如这个时候突然断电，那内存中的数据就会丢失，因为在断电之后内存中的数据会被释放，所以电池就会在这个时候起作用。

### 5.4.3 存储区域网络(SAN)

存储区域网络(Storage Area Network, SAN)是一种专用于连接存储设备和服务器设备并传输数据的网络连接方式。随着 Internet 和网络的飞速发展，信息呈爆炸式增长，导致对数据安全性、高速传输、跨平台共享和简易扩容性的要求越来越高，SAN 应运而生。

1. SAN 概述

SAN 整合了存储资源，使得多个服务器能够共享存储设备。SAN 网络中利用了虚拟化技术，把网络中的交换设备、存储设备和其他硬件透明化呈现给服务器的操作系统和管理人员。通过集中化的管理软件，管理员可以通过统一的界面进行必要的管理。SAN 拓扑图如图 5-25 所示。

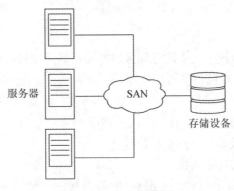

图 5-25　SAN 拓扑图

SAN 的特征和优势有以下几点：

(1) SAN 基于存储设备接口连接。存储资源是独立于服务器之外的，这使得服务器在存储设备之间传输数据时不会影响局域网的网络性能。

(2) 存储设备和资源的整合。位于不同地方的多台服务器都可以通过存储网络访问存储资源，不用为每台服务器或者每个集群单独购买存储设备。

(3) 数据的集中管理。经过整合的存储资源面向服务器进行统一管理，大大降低了数据管理的复杂性，提高了资源利用率。

(4) 扩展性强。只需将新增加的存储设备添加到存储网络中，服务器和操作系统就能够管理和使用该存储设备。

(5) 具有高可用性、高容错能力和高可靠性。SAN 中的存储设备都支持热插拔和多控制器以确保安全可靠。

2. SAN 类型

根据 SAN 网络所选用的不同协议，可将 SAN 分为 FC-SAN 和 IP-SAN 两类。其中，FC-SAN 基于光纤通道协议构建 SAN 网络，IP-SAN 基于 iSCSI 协议构建 SAN 网络。本书 5.5 节会对 FC-SAN 和 IP-SAN 两类存储协议及主流设备进行详细介绍。

## 5.5　存储区域网络 SAN

存储区域网络 SAN 是应用较为广泛的存储网络架构，目前主流的技术分为 FC-SAN 和 IP-SAN 两类，本节对这两类技术进行介绍。

## 5.5.1 FC-SAN

FC(光纤通道)在 1988 年被开发出来时用于提高硬盘协议的传输带宽，侧重的是快速、高效、可靠的传输。直到 20 世纪 90 年代末，FC 用于 SAN 网络中，随后 FC-SAN 开始得到了大规模应用。

### 1. FC-SAN 概述

FC-SAN 是由光纤通道技术连接的存储区域网络，其组成包括硬件和软件。硬件包括 FC 卡、FCHUB、FC 交换机、存储设备等；软件是厂商为了管理存储设备所研发的驱动程序和管理软件。

- FC 卡：用于主机设备与 FC 设备之间的连接。
- FC HUB：光纤集线器，内部运行仲裁环。
- FC 交换机：运行 Fabric 拓扑。
- 存储设备：提供存储的设备，采用 FC 光纤连接。
- SAN 管理软件：用来管理主机、互连设备和存储阵列之间的接口。

(1) FC-SAN 的优势

- FC-SAN 使用的 FC 协议运行速率有 2Gb/s、4Gb/s、8Gb/s 和 16Gb/s，传输性能非常高，并能够保证数据的可靠传输。
- FC-SAN 网络是一个独立的子网，具有先天的安全性。
- 光纤线缆之间不存在串扰问题。
- FC-SAN 扩展性好，可以连接很多个设备，1 个光纤通道可连接 126 个设备，还可以通过光纤交换机来扩展磁盘阵列。

(2) FC-SAN 的缺点

- 高性能带来的高成本，使成本一直居高不下，对企业造成不小的压力。
- 传输距离受限，光纤的传输距离最大为 10 公里。若需要增加传输距离，所需的花费可能超出一般用户的承受范围。

### 2. FC 协议详解

FC 协议并不能翻译为光纤协议，是因为 FC 协议通常采用光纤作为传输线缆，FC 的介质可以使用光纤线、双绞线或者同轴电缆。与 TCP/IP 协议一样，FC 协议集也具有 FC 交换机、FC 路由器、FC 交换、FC 路由等设备和概念。FC 协议可划分为 5 个层次，从 FC-0 到 FC-4。

(1) FC-0 物理层是 FC 协议的最底层，该层定义了传输介质、传输距离、物理接口等标准。目前 FC 协议可以达到的传输速度 8Gb/s，是高速网络的代表。

(2) FC-1 层定义了编码和解码的标准。

- FC 协议中用到的字符编码不再是 ASCⅡ字符集，而是针对 FC 协议单独制定了一套适合的字符集。
- FC 帧：FC 协议定义了一个 24B 大小的帧头，其中包含了寻址功能和传输保障。TCP/IP 协议的 TCP 头开销为 54B，UDP 是 42B，所实现的功能一样，FC 协议的开销更少。

- MTU：以太网的 MTU 一般为 1500B，而 FC 的 MTU 值可以达到 2112B，FC 协议的效率更高。

(3) FC-2 层定义了光纤通道的寻址和数据传输方式。

- 所有的网络都需要寻址。在 FC 网络中每个设备都有一个自己的编号叫作 WWNN (World Wide Node Name)，FC 设备中的每个端口都有自己的唯一编号叫作 WWPN (World Wide Port Name)。一个大的 FC 网络中一般有多台交换机，在寻址过程中，这些交换机会运行相应的路由协议，在 FC 网络中应用的是 OSPF 协议。
- ZONE 的划分是出于 FC 网络中的安全性考虑。ZONE，即区域，划分 ZONE 之后同分区的节点可以相互通信，不同分区的节点无法通信。例如网络中有 a、b、c、d、e 共 5 个节点，可以把 a、b 和 e 划分为一个 ZONE，把 c、d 和 e 划分一个 ZONE，这样 a、b 就无法和 c、d 通信，但都可以和 e 进行通信，该方法在存储区域网络中比较常见。如果不划分 ZONE，虽然 a、b 节点看不到 c、d 节点，但若 a 知道了 c 的 ID，那么它就可以主动与 c 进行通信，而交换机是不会对这样的通信进行干涉的，所以这样就不安全。

(4) FC-3 提供一套通用的公共通信服务。

(5) FC-4 是 FC 协议的最高层，也称协议映射层，定义了应用协议映射到底层 FC 协议层的方式。

- 该层会对上层的数据流进行分割，每个上层程序发过来的数据包经过分割之后提交给 FC 的下层进行传输。
- FC 协议也定义了多种服务类型。Class1 服务类型为通信双方保留了一条虚连接，有数据进行传输时能确保传输的可靠性；Class2 服务类型类似于 TCP 的传输服务，接收方会反馈给发送方一个确认，保证数据的传输完整性；Class3 服务类型则不提供确认；Class4 服务类型是在一条连接上保留一定的带宽给上层应用。

### 3. FC-SAN 拓扑结构

FC-SAN 根据不同连接方式和设备可有 3 种可选的连接方案：点对点、仲裁环和 FC-SW 连接。

(1) 点对点

该方案是最简单的 FC 配置方案，如图 5-26 所示。连接方法就是服务器和存储设备之间直接相连，但是该方案不支持两个以上的设备同时相互通信。

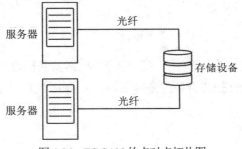

图 5-26　FC-SAN 的点对点拓扑图

(2) 仲裁环

仲裁环定义的是一个单向的环，允许多台设备之间通过仲裁环进行通信，因为该仲裁环是一种单向环，所以设备在使用的时候需要经过仲裁决定使用哪个设备，并且在同一个时间点只允许一个设备在环上进行 I/O 操作，如图 5-27 所示。

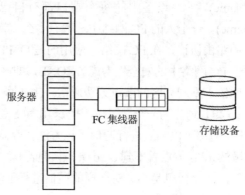

图 5-27　FC-SAN 的仲裁环拓扑图

(3) FC-SW 连接

FC-SW 方案解决了以上两个方案的问题，FC-SW 提供了一个专用带宽可扩展的网络空间，所有的节点设备都可以在其中互相通信。在该网络中添加或者删除设备不会引起网络中断，更不会影响到其他设备正常数据的传输。

FC-SW 方案实现的 SAN 拓扑可分两种类型：互连拓扑和核心-边缘连接拓扑。

① 互连拓扑

互连拓扑又可分为部分互连和完全互连。

➢ 部分互连：在部分互连拓扑中，在同一个拓扑中的交换机只是部分连接形成通路，通信可能需要经过较多的交换机点才能到达目的地，但其可扩展性更好，如图 5-28 所示。

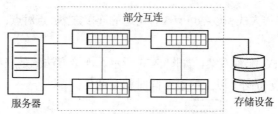

图 5-28　部分互连结构拓扑图

➢ 完全互连：在完全互连拓扑中，所有的交换机都要互相连接。该方案适合交换机数量比较少的情况，若交换机数量太多，链路将会急剧增加，造成端口的浪费，如图 5-29 所示。

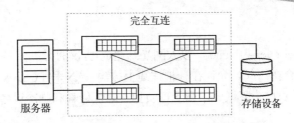

图 5-29 完全互连结构拓扑图

② 核心-边缘连接拓扑

核心-边缘连接拓扑有两种类型的交换机层：边缘层和核心层。边缘层通常包含交换机，核心层包含一个或者多个确保连接结构高可用的 FC 核心控制器。在此方案中所有的存储设备都直接连接到核心层，服务器连接到边缘层的交换机。对性能要求比较高的服务器，也可以直接连接到核心层，从而避免 ISL 延迟。

在边缘层的交换机中，各个交换机之间是没有互相连接的，这样就提高了端口利用率。若需要扩展，只需要再添加交换机并将其连接到核心层即可。

图 5-30 和图 5-31 所示分别为单核心结构拓扑和双核心结构拓扑。

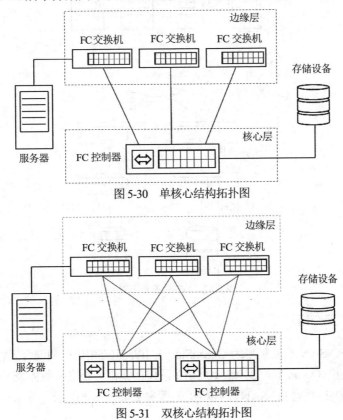

图 5-30 单核心结构拓扑图

图 5-31 双核心结构拓扑图

## 4. FCoE

FCoE(Fibre Channel over Ethernet，以太网光纤通道)协议的诞生使得一个物理接口将 LAN 和 SAN 通信的功能整合在一起，允许在一根线缆上传输 LAN 和 FCSAN 数据，具有减少数据中心的设备数量和线缆数量、降低成本和管理负担、降低能耗和制冷设备成本，以及减少占用空间等众多优点。

FCoE 网络结构主要包括聚合网络适配器 CNA、线缆和 FCoE 交换机。FCoE 连接示意图如图 5-32 所示。

(1) CNA 是一个聚合了以太网口和 FCHBA 卡功能的适配器，减少了适配器数量，释放了空间资源。

(2) 布线有两种选择，一种是铜质双绞线，另一种是标准光纤线缆。其中双绞线成本更低且消耗的电力资源较少。

(3) FCoE 交换机同时具有以太网交换机和光纤通道交换机的功能。

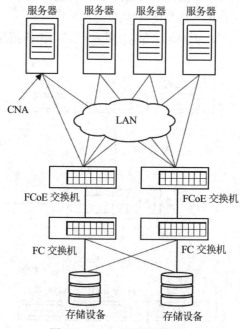

图 5-32　FCoE 连接示意图

## 5. FC-SAN 产品介绍

这里介绍的 FC-SAN 产品是华为 OceanStor 5310/5510/5610 系列混合闪存存储系统，以及 FC-SAN 专用交换机。OceanStor 5310/5510/5610 系列存储相关规格参数如表 5-3 所示；OceanStor SNS3664、SNS3696E 系列 FC-SAN 交换机的配置参数如表 5-4 所示。

表5-3 OceanStor 5310、5510、5610存储规格参数

| 项目 | OceanStor 5310 | OceanStor 5510 | OceanStor 5610 |
| --- | --- | --- | --- |
| 最大缓存(双控，随控制器扩展) | 128 GB～2 TB | 384 GB～4 TB | 768 GB～8 TB |
| 支持的存储协议 | FC、iSCSI、NFS、CIFS、FC-NVMe、NVMe over RoCE、FTP、HTTP、NDMP、S3、NFS over RDMA、SFTP | | |
| 前端通道端口类型 | 8/16/32 Gbps FC/FC-NVMe、1/10/25/40/100 Gbps Ethernet、25Gbps NVMe over RoCE | | |
| 后端通道端口类型 | 100Gbps RDMA/SAS 3.0 | | |
| 最大可热插拔 I/O 模块数/ 控制框 | 6 | 12 | |
| 最大前端主机接口数/控制框 | 40 | 48 | |
| 硬盘类型 | NVMe TLC SSD、SAS TLC SSD、SAS、NL-SAS | | |
| RAID 支持 | RAID 10、RAID 5、RAID 6 和 RAID-TP<br>(容忍 3 盘同时失效) | | |
| 增值软件 | 智能加速(SmartAcceleration)、智能异构虚拟化(SmartVirtualization)、智能 LUN 迁移(SmartMigration)、智能精简配置(SmartThin)、智能服务质量控制(SmartQoS)、配额管理(SmartQuota)、智能多租户(SmartMulti-tenant)、智能压缩(SmartCompression)、智能重删(SmartDedup)、智能文件分级(SmartMobility)、智能 NAS 迁移(SmartMigration for NAS)、快照(HyperSnap)、克隆(HyperClone)、远程复制( HyperReplication)、阵列双活( HyperMetro )、持续数据保护(HyperCDP)、WORM(HyperLock)、阵列加密(HyperEncryption)、勒索检测(HyperDetect)、存光协同 SOCC(HyperLink)、CloudV×LAN(CloudV×LAN)、云备份(CloudBackup) | | |
| 存储管理软件 | 设备管理(DeviceManager);<br>多路径管理(UltraPath);<br>远程维护管理(DME IQ) | | |
| 电源 | 100V～240V AC±10%，192V～288V DC, -38.4V～-75V DC | | 200V～240V AC±10%，192V～288V DC |

(续表)

| 项目 | OceanStor 5310 | OceanStor 5510 | OceanStor 5610 |
|---|---|---|---|
| 尺寸(长×宽×高) | 2.5 寸控制框：<br>520mm×447mm×86.1mm<br>3.5 寸控制框：<br>600mm×447mm×86.1mm<br>NVMe 控制框：<br>620mm×447mm×86.1mm | 2.5 寸控制框：<br>820mm×447mm×86.1mm<br>3.5 寸控制框：<br>900mm×447mm×86.1mm<br>NVMe 控制框：<br>920mm×447mm×86.1mm | |
| | SAS 硬盘框：410mm×447mm×86.1mm<br>NVMe 硬盘框：620mm×447mm×86.1mm<br>NL-SAS 硬盘框：488mm×447mm×175mm | | |
| 重量(不包含硬盘单元) | 2.5 寸控制框：23.75Kg<br>3.5 寸控制框：24.1Kg<br>NVMe 控制框：21.25Kg | 2.5 寸控制框：38.05Kg<br>3.5 寸控制框：38.05Kg<br>NVMe 控制框：40.65kg | |
| | 2.5 寸 SAS 硬盘框：13.4Kg<br>3.5 寸 SAS 硬盘框：26.5Kg<br>NVMe 硬盘框：24.95Kg | | |
| 工作环境温度 | 海拔-60~+1800m 时的环境温度为5℃~35℃(柜)/40℃(框)<br>海拔 1800m~3000m 时，海拔每升高 220m，环境温度(上限)降低 1℃ | | |
| 工作环境湿度 | 10%~90%R.H | | |

参数介绍：

(1) 双控制器。目前双控或者多控已成为存储系统主流，其重要性在于防止控制系统出现单点故障。

(2) 存储接口。前端接口和存储网络相连接，后端接口和机箱中的磁盘相连接。在前端接口方面，除了支持 8G/16G/32G 的光纤通道接口之外，还支持 1/10/25/40/100 Gbps 的以太网接口；在后端接口方面，支持 100Gbps RDMA 和 SAS 3.0 接口。

(3) 高可靠性。支持热插拔，可以在不停机状态下进行磁盘的更换。

(4) 增值软件。增值软件主要提供一些企业级的高级存储功能。

表5-4　OceanStor SNS3664、SNS3696E交换机规格参数

| 项目 | SNS3664 | SNS3696E |
|---|---|---|
| 端口数 | 交换机模式(默认)：最多 64 个端口；<br>访问网关默认端口映射：40 个 SFP+ F 端口，8 个 SFP+ N 端口 | 交换机模式(默认)：最多 128 个端口 |
| 端口类型 | D 端口(ClearLink 诊断端口)、E 端口、EX 端口、F 端口、M 端口、AE 端口；<br>可选端口类型控制；<br>访问网关模式：F 端口和支持 NPIV 技术的 N 端口 | D 端口(ClearLink 诊断端口)、E 端口、EX 端口、F 端口、AE 端口；<br>可选端口类型控制； |

(续表)

| 项目 | SNS3664 | SNS3696E |
|---|---|---|
| 可扩展性 | 全互联 Fabric 架构，最多可有 239 台交换机 | |
| 标准最大支持数 | Fabric 架构中 6000 个活动节点；56 台交换机，19 跳；更大型 Fabric 可按需认证 | |
| 性能 | 光纤通道：4.25 Gbps 线速，全双工；8.5 Gbps 线速，全双工；10.53 Gbps 线速，全双工；14.025 Gbps 线速，全双工；28.05 Gbps，全双工；112.2 Gbps，全双工；4、8、16 和 32 Gbps 端口速度自适应，可支持 128 Gbps 的速度；10 Gbps 可选择设置为固定端口速度；QSFP 端口自适应 4×4、4×8、4×16 和 4×32Gbps 端口速率 | 光纤通道：4.25 Gbps 线速，全双工；8.5 Gbps 线速，全双工；10.53 Gbps 线速，全双工；14.025 Gbps 线速，全双工；28.05 Gbps，全双工；112.2 Gbps，全双工；4、8、16 和 32 Gbps 端口速度自适应，可支持 128 Gbps 的速度；10 Gbps 可选择设置为固定端口速度；QSFP 端口自适应 4×4、4×8、4×16 和 4×32Gbps 端口速率 |
| ISL Trunking | 基于帧的链路捆绑，每条 ISL 捆绑链路最多 8 个 32 Gbps SFP+端口；每条 ISL 捆绑链路最多 2 个 128 Gbps QSFP 端口。运用 Fabric OS 中所包括的 DPS，实现基于交换机的 ISL 间负载均衡 | 基于帧的链路捆绑，每条 ISL 捆绑链路最多 8 个 32 Gbps SFP+端口；每条 ISL 捆绑链路最多 2 个 128 Gbps QSFP 端口。运用 Fabric OS 中所包括的 DPS，实现基于交换机的 ISL 间负载均衡 |
| 总宽带 | 2 Tbps | 4 Tbps |
| 最大光纤网络架构延迟 | 本地交换端口延迟为≤ 780 ns(包括 FEC)，每个压缩节点延迟 1 μs | 本地同一端口组端口交换延迟低于 780 ns(包含 FEC)；本地不同端口组端口交换延迟 2.6 μs；每个压缩节点延迟 1 μs |
| 最大帧大小 | 2112 字节净负荷 | |
| 帧缓冲 | 15 360，动态分配 | 15 360，动态分配 |
| 服务等级 | Class 2、Class 3、Class F(交换机间帧) | |
| 数据流量类型 | Fabric 交换机支持单播流量 | |
| USB | 1 个 USB 口，用于系统日志文件下载或微码升级 | |
| 扩展 | 可选的集成 10 Gbps 光纤通道，用于 DWDM MAN 连接；支持在线压缩和加密 | 可选的集成 10 Gbps 光纤通道，用于 DWDM MAN 连接；支持在线压缩和加密 |
| 管理软件 | HTTP/HTTPS、SNMP v1/v3(FE MIB、FC Management MIB)、SSH、Telnet；审核、系统日志；NTP v3；Web Tools；命令行界面(CLI)；Brocade SANnav Management Portal 和 SANnav Global View；EZSwitchSetup；符合 SMI-S 标准；RESTful API；管理域；面向插件功能的试用版许可证 | HTTP/HTTPS、SNMP v1/v3(FE MIB、FC Management MIB)、SSH、Telnet；审核、系统日志；NTP v3；Web Tools；命令行界面(CLI)；Brocade SANnav Management Portal 和 SANnav Global View；EZSwitchSetup；符合 SMI-S 标准；RESTful API；面向插件功能的试用版许可证 |

(续表)

| 项目 | SNS3664 | SNS3696E |
|---|---|---|
| 管理访问 | 10/100/1000 Mbps 以太网(RJ-45)接口，通过光纤通道实现带内管理；串口(RJ-45 或者 mini-USB)；1 个 USB 端口 | |
| 外壳 | 前后通风(前进风后出风)；<br>后端供电，1U<br>后前通风(后进风前出风)；<br>后端供电，1U | 前后通风(前进风后出风)；<br>后端供电，2U<br>后前通风(后进风前出风)；<br>后端供电，2U |
| 尺寸 | 宽：44 厘米(17.32 英寸)<br>高：4.39 厘米(1.73 英寸)<br>深：35.56 厘米(14 英寸) | 宽：440mm(17.32 英寸)<br>高：86.7mm(3.41 英寸)<br>深：609.6mm(24 英寸) |
| 系统重量 | 7.73kg(17 磅)，双电源 FRU，无收发器 | 21.31kg(47 磅)，双电源 FRU，三个风扇，无光模块 |
| 运行环境 | 温度：0°C 到 40°C/32°F 到 104°F<br>湿度：10%到 85%，无冷凝 | |
| 非运行环境 | 温度：-25°C 到 70°C/-13°F 到 158°F<br>湿度：10%到 90%，无冷凝 | |
| 运行海拔 | 最高 3 000 米(9 842 英尺) | |
| 储存海拔 | 最高 12 000 米(39 370 英尺) | |
| 冲击 | 运行：20 G，6 毫秒，半正弦<br>非运行：半正弦，33 G，11 毫秒，3/eg Axis | 运行：20 G，6 毫秒，半正弦<br>非运行：半正弦，33 G，11 毫秒，3/eg Axis |
| 震动 | 运行：0.5 g 正弦，0.4 grms 随机，5 至 500Hz<br>非运行：2.0 g 正弦，1.1 grms 随机，5 至 500 Hz | |
| 散热 | 64 个端口：716 BTU/小时 | 128 个端口：3512 BTU/小时 |
| 电源/风扇 | 双热插拔冗余电源，带集成系统冷却风扇 | 双热插拔冗余电源，带集成系统冷却风扇，单个可热插拔独立冗余风扇 |
| AC 输入 | 90 V 到 264 V，约 3.5 A | 90 V 到 264 V，约 12 A |
| AC 输入线频率 | 47 Hz 到 63 Hz | |
| AC 功耗 | 64 个端口满载时(插有 48×32 Gbps SFP+ SWL 光模块和 4×128 Gbps QSFP SWL 光模块)为 204 瓦；未安装光模块的空机箱为 85 瓦 | 128 个端口满载时(插有 96×32 Gbps SFP+ SWL 光模块和 8×128 Gbps QSFP SWL 光模块)为 942 瓦；未安装光模块的空机箱为 495 瓦 |

参数介绍：

(1) 端口数。即交换机设备的端口数量，是交换机最直观的衡量因素。通常，此参数是针对固定端口交换机而言的，常见的标准的固定端口交换机端口数有 8、12、16、24、48 等几种。

(2) ISL Trunking。把两台交换机之间满足一定条件的多条物理路径合并成一条逻辑路径的技术。交换机配置 Trunking 后可以扩展链路的总的带宽和提高链路的可靠性。

(3) 帧缓冲。当交换机的某个端口接收到大量数据时,帧缓冲区可以缓存这些数据,避免因数据突发引起网络拥堵、丢包等问题,从而保证网络的顺畅运行。帧缓冲区还可以帮助交换机处理数据包传输过程中的错误,例如收到的帧大小超过缓冲区大小、帧头校验错误等,并通知交换机进行相应的处理,从而降低网络故障率。

## 5.5.2 IP-SAN

早期的 SAN 网络传输采用的是光纤通道技术,主要应用在性能要求较高的场景。随着 IP 和以太网技术的飞速发展,IP 技术也成了 IT 行业中最成熟、最开放、使用最广泛、发展最快的数据通信方式,IP-SAN 应运而生。

### 1. IP-SAN 概述

IP-SAN 采用基于 IP 协议的 iSCSI 协议和 FCIP 协议。由于 IP 是没有距离限制的,这就使得 IP-SAN 可以扩展到世界上任何一个具有互联网的地方。IP-SAN 具有的优势主要有以下几点:

(1) 成本低。相对于 FC 昂贵的价格来说,基于 IP 的网络设备价格低了不少,减少了成本压力。

(2) IP 网络技术相当成熟,IP-SAN 的配置管理简单了许多。

(3) 无速度和距离限制。IP-SAN 随着以太网的飞速发展,传输速度越来越快且没有限制,有 Internet 的地方就可以扩展,这为异地容灾备份、数据迁移等提供了很多便利。

而 IP-SAN 也有其缺点:

(1) 速率低。正常 IP 网络传输效率通常不高,利用率往往低于 50%。

(2) 安全性低。IP 网络是暴露在 Internet 中的,传输的安全性是比较低的。

(3) 占用资源高。若使用普通网卡,则会使 IP 网络占用较多的主机资源。

### 2. iSCSI 协议

iSCSI 协议是一种基于 IP 的协议,它将现有的 SCSI 数据接口与以太网相结合,使服务器可以使用 IP 网络与存储设备进行数据交换。基于 iSCSI 的存储系统只需很少的投资就可以实现存储功能,甚至直接利用现有的 TCP/IP 网络就可以实现。

iSCSI 的工作流程:iSCSI 系统由 SCSI 卡发送一个 SCSI 命令,命令被封装到 TCP/IP 中并发送,接收方接收到信息之后从 TCP/IP 包中把命令抽取出来并执行,然后把执行的结果和数据封装到 TCP/IP,再返回给发送方,流程结束。

iSCSI 协议的使用使得 IP-SAN 迅速发展并逐渐赶上 FC-SAN 的发展,iSCSI 的主要优势有:

(1) 以太网的广泛性为 iSCSI 的部署提供了良好的可扩展性。

(2) 以太网的急速发展为 iSCSI 的传输速度和带宽提供了更好的支持,并逐渐追赶上 FC-SAN。

(3) 基于以太网的 iSCSI 系统，管理维护更加简单，不再另外需要高端的技术人才。

(4) 距离上的优势，以太网是没有距离限制的，所以基于以太网的 iSCSI 也无距离限制，为远程复制、容灾恢复提供了解决方案。

(5) 由于以太网的设备价格低，基于以太网的 iSCSI 系统部署成本相应低很多。

基于 iSCSI 的 IP-SAN 的拓扑图如图 5-33 所示。

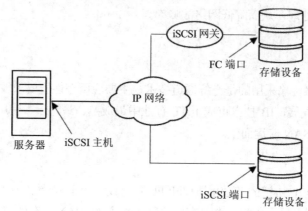

图 5-33　IP-SAN 拓扑图

### 3. FCIP 协议

由于 FC-SAN 距离限制的问题，且其数据传输的速度优势又不能放弃，所以业界一直在寻找能够解决 FC-SAN 距离问题的方案。考虑到 TCP/IP 的距离优势，很多人研究如何让 FC-SAN 利用 TCP/IP 的这种优势，FCIP 就在这种背景下出现了。

FCIP(Fibre Channel over IP)是基于 TCP/IP 的光纤通道，它的出现解决了 FC-SAN 孤岛问题，通过可靠的高速连接使得地理上分散的 SAN 实现了互连，这种解决方案需要使用现有的 IP 基础设施传送 FC 块数据。基于 FCIP 的 IP-SAN 的拓扑图如图 5-34 所示。

图 5-34　FCIP 的拓扑图

### 4. IP-SAN 产品

随着 IP 网络的不断发展，IP 网络的传输速率提升很快，使得 IP-SAN 与 FC-SAN 之间的差距越来越小。华为 OceanStor Pacific 系列是一款支持 IP-SAN 的存储产品，支持与原有 SAN、NAS 存储一体化架构共存。华为 OceanStor Pacific 9540、9550、9950 系列存储的规格参数如表 5-5 所示。

表5-5 OceanStor Pacific 9540、9550、9950存储规格参数

| 项目 | Pacific 9540 | Pacific 9550 | Pacific 9950 |
| --- | --- | --- | --- |
| 系统架构 | 全对称分布式架构 | | |
| 每机箱最大裸容量 | 648TB | 2160TB | 614.4TB |
| 每机箱高度 | 4U | 5U | 5U |
| 每机箱节点数 | 1 | 2 | 8 |
| 每节点最大主存盘数 | 36 | 60 | 10 |
| 每节点处理器 | 2 颗鲲鹏 920 处理器或 2 颗 x86 架构处理器 | 1 颗鲲鹏 920 处理器 | 1 颗鲲鹏 920 处理器 |
| 每节点最大内存 | 512GB | 256GB | 256GB |
| 每节点最大缓存 | 4 个 NVMe SSD | 4 个 Half-Palm NVMe SSD | 不涉及 |
| 每节点系统盘 | 2 个 600GB SAS HDD 或 2 个 480GB SATA SSD | 2 个 480GB SATA SSD | 2 个 480GB SATA SSD |
| 数据盘类型 | 3.5 英寸 HDD | 3.5 英寸 HDD | Half-Palm NVMe SSD |
| 前端业务网络 | 10GE、25GE 或 100GE TCP/IP、25GE 或 100GE RoCE、100Gb/s EDR InfiniBand | 10GE、25GE 或 100GE TCP/IP、25GE 或 100GE RoCE、100Gb/s EDR/HDR InfiniBand | 25GE 或 100GE TCP/IP、100GE RoCE、100Gb/s EDR/HDR InfiniBand |
| 存储互联网络 | 10GE、25GE 或 100GE TCP/IP、10GE、25GE 或 100GE RoCE，100Gb/s，EDR InfiniBand | 25GE 或 100GE TCP/IP、25GE 或 100GE RoCE、100Gb/s EDR/HDR InfiniBand | 100GE RoCE |
| 数据冗余保护机制 | 纠删码(Erasure Coding)：支持 N+M 冗余保护，M 支持 2、3 或 4，适用于 SSD 或 HDD 主存 | | |
| 存储访问协议 | NFS、SMB、POSIX、MPI-IO、HDFS 和 Amazon S3 等 | | |
| 数据自愈 | 自动并行重构，效率可达 2TB/小时 | | |
| 关键特性 | 配额(SmartQuota)、分级存储(SmartTier)、服务质量(SmartQoS)、负载均衡(SmartEqualizer)、多租户(SmartMulti-Tenant)、快照(HyperSnap)、数据加密(SmartEncryption)、审计日志(SmartAuditlog)、WORM(HyperLock)、异步复制(HyperReplication(A))、回收站(RecycleBin)、元数据检索(SmartIndexing)、多协议互通(SmartInterworking)、端到端数据完整性校验(DIF)、智能纳管(SmartTakeover)、场景化压缩(SmartCompression)、跨站点 EC(HyperGeoEC) | | |

(续表)

| 项目 | Pacific 9540 | Pacific 9550 | Pacific 9950 |
|---|---|---|---|
| 机箱尺寸<br>(高×宽×深) | 鲲鹏机型：<br>175mm×447mm×790mm；86 机型：<br>175mm×447mm×748mm | 219.5 mm×447mm×1030 mm | 219.5 mm×447mm×926 mm |
| 每机箱最大重量<br>(含硬盘) | 鲲鹏机型：≤65 kg<br>×86 机型：≤65 kg | ≤164 kg | ≤115 kg |
| 工作环境温度 | 5℃～35℃ | 5℃～35℃ | 5℃～35℃ |
| 工作环境湿度 | 8% RH～90% RH，无凝露 | 5% RH～90% RH，无凝露 | 5% RH～90% RH，无凝露 |

这个系列的产品采用了分布式存储组网架构，分为前端业务网络和后端存储互联网络，这种组网方式在对象分布式存储中占主流地位，最大特点就是前、后端网络分离。后端网络用于传送存储集群节点内部交换流量，前端网络流量用于应用主机访问存储集群。前后端网络隔离，确保了系统的安全性和性能。

作为 IP-SAN 产品，首先关注的参数是前端接口，IP-SAN 的特点是采用了以太网接口与服务器进行通信，这几款产品在前端接口方面支持 10GE、25GE 或 100GE TCP/IP、25GE 或 100GE RoCE、100Gb/s EDR InfiniBand。RoCE 全称是 RDMA over Converged Ethernet(基于融合以太网的 RDMA)，是在 InfiniBand Trade Association(IBTA)标准中定义的网络协议，允许通过以太网使用 RDMA。RoCE 在以太网上实现高性能、低延迟、高吞吐量的数据传输，不需要使用特殊的网络硬件设备，只需要通过标准化的以太网设备就可以实现，大大降低了成本。后端接口方面，该系列产品支持 25GE 或 100GE TCP/IP、25GE 或 100GE RoCE。

IP-SAN 产品的另一个重要参数是存储容量。作为企业级存储产品，这个系列还支持分级存储、数据快照、数据加密等高级功能。

### 5.5.3　IP-SAN 与 FC-SAN 的对比

SAN 随着数据存储需求的增加而被广泛使用，下面从几个方面来对比两者的区别。

(1) 从连接方式来看。FC-SAN 的连接方式比较灵活，有点对点、仲裁环、光纤交换机互连 3 种方式，而 IP-SAN 是基于以太网的连接方式。但 FC-SAN 的连接距离是有限制的，达到一定限度之后，距离越远成本越高；而 IP-SAN 的连接距离无限制，有以太网的地方都可以实现连接，并且成本要远远低于 FC-SAN。

(2) 从使用的网络设备和传输介质来看。FC-SAN 使用专用的光纤通道连接，链路中使用光纤介质；FC-SAN 中使用的交换设备是光纤交换机，使得处理效率非常高。IP-SAN 使用的是通用的 IP 网络和设备，使用光纤和双绞线等介质，双绞线会在长距离的传输过程中出现信号衰减；交换机设备使用的是普通网络交换机，由于自身限制，处理效率不算太高。

(3) 从并发访问情况来看。从应用效果上来看，FC-SAN 要比 IP-SAN 能够承担更多的并发访问。在访问量不大的情况下，两者之间的差距是不大的；一旦访问量急剧增多，IP-SAN 将受到以太网的限制，导致整个访问受限，而 FC-SAN 由于其高性能的传输所受影响较小。

## 5.6 企业级存储技术

企业级存储是指用于企业级应用的数据存储解决方案。随着企业数据规模的不断增长，企业级存储的技术也在不断发展。本节将介绍数据自动分层、智能精简配置、数据快照、智能重复数据删除和压缩、数据加密及业务连续性保障等企业级存储技术。

### 5.6.1 数据自动分层

随着时间的推移，有些数据的访问频率会越来越低，形成冷数据，这些低价值的冷数据继续存放在高成本、高性能的存储上，会造成存储资源的浪费。因此，需要借助数据自动分层技术将冷数据迁移到较低成本的存储上，使得存储资源分配更为合理。

#### 1. 基本思想

自动分层技术通过将数据在同一阵列的不同介质间进行安全迁移的方式，将访问价值低的冷数据迁移到低成本的存储上，将价值高的热数据迁移到高性能的存储上，从而提高存储资源的利用率，降低成本。

#### 2. 技术原理

数据存储系统根据数据的创建时间、访问频率、最后访问时间等信息设计数据的冷热评价指标，通过计算来对数据进行冷热分类，同时自动识别存储介质的 I/O 性能，将冷热数据迁移到对应性能的存储中，以达到对存储资源和性能的合理利用。高成本和高性能的存储设备有 SSD，低成本和低性能的存储设备有 NL-SAS 硬盘。存储设备中 LUN 数据自动分层前后的情况如图 5-35 所示。经过系统的一系列算法之后，冷数据迁移到低性能存储，热数据迁移到高性能存储。

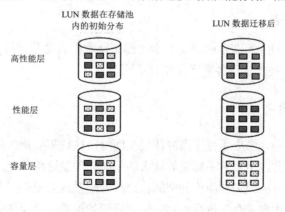

图 5-35　数据自动分层示意图

### 3. 分层原则

存储数据自动分层处理需要满足以下原则：

(1) 确保存储分层的简单。存储分层的个数应该尽量减少并且定义简单。

(2) 数据迁移之前保证一段时间的稳定期。在数据被写入之后保持一段时间的好处是能更好地分辨哪些是冷数据，哪些是热数据。

(3) 确保访问频率低但运行时需要高性能支持的数据(例如视频数据)不被自动分层。

(4) 确定数据卷最初的保存层级。所有新数据应该被写入到高性能的光纤存储中，然后根据应用情况在一段时间之后再决定是否进行迁移。

### 4. 数据自动分层的优缺点

数据自动分层技术的优点主要有：

(1) 减少存储总体成本。高性能存储的设备成本高，将数据自动分层之后，只把热数据存放到高性能的存储设备上，从而降低存储的总体成本。

(2) 改善数据的可用性。自动分层把访问频率小的历史数据迁移到大容量存储设备中，这样就为高速存储设备提供了更多的可用空间，保证热数据都在高速存储上，同时也提高了在线数据的可用性。

(3) 数据迁移的透明性。使用自动分层技术进行分级存储后，数据移动到另外的存储介质时，应用程序不需要任何操作，底层冷、热数据的自动分层是透明的。

同时，数据自动分层技术也存在一些缺点，主要有：

(1) 自动分层技术会导致首次冷数据访问性能降低。自动分层技术将存储分成多个层级，热数据存储在高性能存储中，访问数据是最快的，但低性能存储的冷数据总有被用户访问的时候，这时候冷数据需要从低性能存储迁移至高性能存储，就会导致首次访问有明显的性能降低。

(2) 自动分层技术并不能提供真正实时的数据迁移管理功能。随着应用需求的变化，系统的 I/O 状态在下一秒或下一小时中都是不同的。一些系统可能会有某种可预见性，而有些则是高度不可预见的。因此数据迁移的频率不能太高，否则内耗 I/O 会很大，造成应用程序读写的延迟升高。所以，不能实现真正的实时迁移。

### 5. 支持该技术的产品

目前主流存储厂商的中高端存储产品基本上都支持数据自动分层技术，包括 Dell/EMC、HP、华为等主流厂商。技术实现各家产品稍有不同。

#### 5.6.2 智能精简配置

在传统的存储系统中，当应用程序需要使用空间时，往往需要预先从后端存储分配足够大的空间给该应用，即使此应用暂时不需要如此大的空间。但是这部分空间已经分配出去，其他应用程序无法使用已经分配但仍然闲置的空间。这种分配模式会使得闲置的空间越来越多，导致用户不得不继续购买大容量存储进行扩容，造成资源的浪费。智能精简配置的提出就是为了解决这个问题。

## 1. 基本思想

智能精简配置即实现存储容量的虚拟化管理，对存储资源实现按需分配。智能精简配置不会预先分配所有的空间，而是将大于物理存储空间的容量分配给用户，使用户看到的存储空间可以远远大于系统实际拥有的空间。用户对这部分空间的使用实行按需分配的原则。如果用户的存储空间不足，可通过扩充后端存储资源池的方式进行扩容，无须系统停机，完全透明。图 5-36 所示为传统存储配置和智能精简存储配置的示意图，从图中我们可以看出，智能精简配置能够更合理的利用存储资源。

图 5-36　传统存储配置(左)与智能精简配置(右)示意图

## 2. 技术原理

智能精简配置主要用到两个技术，分别为写时空间分配和读写重定向。下面分别对二者进行介绍。

(1) 写时空间分配

写时空间分配技术是指对 Thin LUN(采用智能精简配置的 LUN)的写 I/O 请求触发存储池的实际空间分配，而未写到的位置等到用时再分配。写时空间分配技术是一种动态分配空间的技术，写数据时分配的实际存储区域是不确定的，需要专门的映射表来记录数据的逻辑地址和实际存储位置的对应关系。写时空间分配的技术原理如图 5-37 所示。

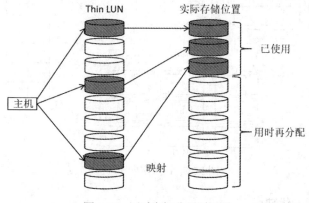

图 5-37　写时空间分配原理图

(2) 读写重定向

读写重定向技术是指对 Thin LUN 进行读写时需要根据映射表进行重定向。其中写重定向如图 5-38 所示，其主要步骤如下：

① 收到 Thin LUN 的写请求。
② 查找映射表对应关系。
③ 若映射表中未记录，则分配新空间并写入映射表；若映射表中有记录，则覆写。
④ 向物理磁盘写入数据。

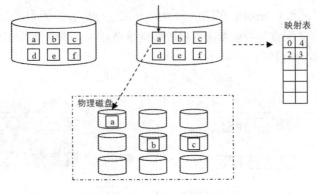

图 5-38 写重定向原理图

读重定向如图 5-39 所示，主要步骤如下：
① 收到 Thin LUN 的读请求。
② 查找映射表对应关系。
③ 根据映射表中查找到的存储地址重定向到物理地址。
④ 从物理磁盘读出数据。

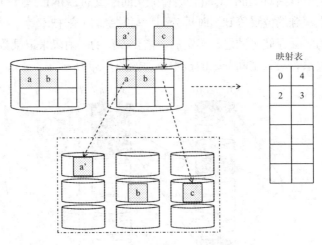

图 5-39 读重定向原理图

### 3. 智能精简配置的优缺点

智能精简配置技术的优点是可以动态调整存储空间，即使分配的空间大于物理磁盘空间，只要实际使用空间不超过物理磁盘就可以继续使用，从而提高了资源利用率。同时，可以方便地进行扩展，而不需要停止业务。因此，智能精简配置技术适合对业务连续性要求较高的系统核心业务(例如，银行票据交易系统)、应用系统数据增长速度无法准确评估的业务(例如，E-mail

邮箱服务、网盘服务)以及多种业务系统混杂且对容量需求不一致的业务(例如，运营商服务)。

智能精简配置技术的缺点在于 Thin LUN 存储的数据划分是不连续的，读写重定向会对性能造成影响。因此，智能精简配置技术不适合对 I/O 性能要求很高的场景(例如，在线交易)。

#### 4. 支持该技术的产品

智能精简配置的广泛应用场景和对资源利用率的提高使得大多数存储厂商的中高端设备都支持该技术，包括华为、Dell/EMC 等主流厂商。

### 5.6.3 数据快照

操作系统、软件升级或机房设备更替，一般会选择在夜间或其他无生产业务的时段进行。此类工作属于高危操作，操作前会对数据进行快照，若操作失败，则将快照进行回滚，把源数据恢复至操作前的状态。

#### 1. 基本思想

存储网络行业协会 SNIA(Storage Networking Industry Association)对快照的定义是：关于指定数据集合的一个完全可用拷贝，该拷贝包括相应数据在某个时间点(拷贝开始的时间点)的映像。快照可以是其所表示的数据的一个副本，也可以是数据的一个复制品。存储快照是一种数据保护措施，可以对源数据进行一定程度的保护，实现数据的回滚。

#### 2. 技术原理

目前，快照的实现方式均由各个厂商自行决定，但主要技术分为两类：一种是写时拷贝(Copy On Write, COW)；另一种是写重定向(Redirect On Write, ROW)。下面对这两种技术分别进行介绍。

(1) 写时拷贝

写时拷贝 COW，也称为写前拷贝。创建快照以后，如果源卷的数据发生了变化，那么快照系统会首先将原始数据拷贝到快照卷上对应的数据块中，然后再对源卷进行改写。写时拷贝如图 5-40 所示。

① COW 写操作

快照创建以后，若上层业务对源卷写数据，数据在缓存中排队，快照系统将此数据即将写入的位置(逻辑地址)上的原数据拷贝到快照卷中对应的位置(逻辑地址)上，同时，生成一张映射表，表中一列记录源卷上数据变化的地址，另一列记录快照卷上对应变化数据的地址。上层业务每下发一个数据块，存储上即发生了两次写操作：一次是源卷将数据写入快照卷，一次是上层业务将数据写入源卷。

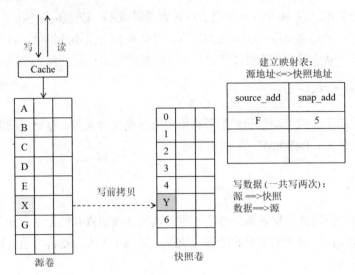

图 5-40 数据快照写时拷贝原理图

② COW 读操作

快照卷若映射给上层业务用于数据分析等用途，针对快照进行读操作时，首先由快照系统判断上层业务需要读取的数据是否在快照卷中，若在，直接从快照卷读取；若不在，则查询映射表，去对应源卷的逻辑地址中读取(这个查表并去源卷读的操作，也被称作读重定向)。由此可以看出，快照是一份完全可用的副本，它虽没有对源卷进行 100%的拷贝，但对上层业务来说，却可以将快照看作是和源卷"一模一样"的副本。针对源卷进行读操作时，与快照卷没有数据交互。

快照对源卷的数据具有很好的保护作用，快照可以单独作为一份可以读取的副本，但并没有像简单的镜像那样，一开始就占用了和源卷一样的空间，而是根据创建快照后上层业务产生的数据，来实时占用必需的存储空间。

(2) 写重定向

写重定向 ROW，也被称为写时重定向。创建快照以后，快照系统把对数据卷的写请求重定向给了快照预留的存储空间，直接将新的数据写入快照卷。上层业务读源卷时，创建快照前的数据从源卷读，创建快照后产生的数据，从快照卷读。写重定向如图 5-41 所示。

① ROW 写操作

快照创建以后，若上层业务对源卷写数据，数据在缓存中排队，快照系统判断此数据即将写入源卷的逻辑地址，然后将数据写入快照卷中预留的对应逻辑地址中，同时，将源卷和快照卷的逻辑地址写入映射表，即写重定向。上层针对源卷写入一个数据块，存储上只发生一次写操作，只是写之前进行了重定向。

② ROW 读操作

若快照创建以后，上层业务对源卷进行读，则有两种情况。若读取的数据，在创建快照前产生，数据是保存在源卷上的，那么，上层就从源卷进行读取；若需要读取的数据是创建快照以后才产生的，那么上层就查询映射表，从快照卷进行读取(即读重定向)。

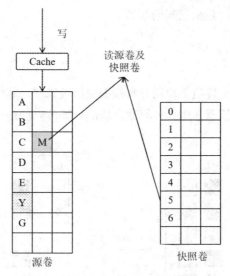

图 5-41　数据快照写重定向原理图

**(3) COW 与 ROW 技术对比**

COW 的写时拷贝，导致每次写入都有拷贝操作，大量写入时，源卷的写性能会有所下降，而读源卷不会受到任何影响。ROW 在每次写入仅做了重定向操作，这个操作耗时几乎可以忽略不计，源卷的写性能几乎不会受到影响，但读源卷时，则需要判断数据是创建快照前产生的还是创建快照后产生的，导致进行大量读数据时读性能受到一定的影响。

**3. 支持该技术的产品**

数据快照技术常用于银行和科研单位等。目前，主流存储厂商的产品都支持快照技术。但是在具体实现上，不同厂商会有一些小的改动。

### 5.6.4　智能重复数据删除和压缩

随着时间的推移，设备系统所产生的数据急剧增多，存储系统压力越来越大。因此，如何对长期积累的大量数据进行有效删减就变成了亟待解决的问题。重复数据删除和压缩技术就是为了通过合理的方法缩减存储的数据，提高存储系统或者备份系统的利用率，减轻系统的压力。

**1. 基本思想**

重复数据删除是一种块级数据缩减技术，它通过删除数据集中重复的数据块，只保留其中一份，从而消除冗余数据，旨在减少存储系统中的数据量。数据压缩技术是一种字节级的数据缩减技术，它按照一定的算法对数据进行重新组织，减少数据的冗余，提高数据的传输、存储和处理效率。

重复数据删除和数据压缩的不同在于：重复数据删除是找出重复的数据块，删除多余的，只留一块，所有应用的数据指针都指向这一个数据块的实际地址。数据压缩是将一个大的字符串中的子串用一个简短的数字来标记，然后检索该子串出现的位置，用简短数字来替代，从而减少数据表达所需要的空间，带来空间的节省。

**2. 技术原理**

(1) 重复数据删除

重复数据删除主要利用文件数据块切分和数据块指纹算法。其中文件数据块切分算法用于对数据进行切块，数据块指纹算法用于计算数据块的特征，以便进行重复性比对。重复数据删除过程如图 5-42 所示。

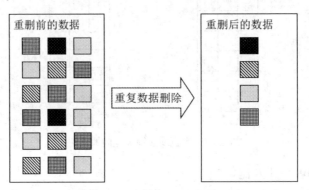

图 5-42 重复数据删除示意图

① 文件数据块切分

重复数据删除首先要对数据进行切分：定长切分和非定长切分。

定长切分按照预定义大小的数据块对数据进行切分，根据指纹算法删除重复的数据块。非定长切分采用指纹算法(例如 Rabin 指纹算法)(如图 5-43 所示)，计算数据内容的指纹值。当窗口滑动到 k 位置时正好满足算法函数，则 k 确定为数据块边界。这样分出来的数据块大小不一。

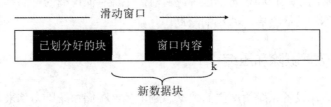

图 5-43 非定长切分算法示意图

② 数据块指纹算法

数据指纹是数据块的唯一标识，理想状态是每个唯一数据块具有唯一的指纹，不同的数据块具有不同的指纹。数据指纹通常对数据内容进行相关的数学运算获得，比如 md5、SHA1、SHA-256 等等。相对来说 md5 和 SHA 系列的 Hash 函数具有非常低的碰撞率，因此通常作为指纹算法。

③ 重复数据删除常见分类

重复数据删除方法有不同的分类方式。按照重删发生的时间可以分为在线重复数据删除和离线重复数据删除两种。在线重复数据删除是指数据到达存储设备之前进行重复数据删除。离线重复数据删除是指等服务器空闲时再进行重复数据删除。除此之外，按照部署位置的不同可以分为源端重复数据删除和目标端重复数据删除。按照数据分块策略的不同可以分为定长重复数据删除和非定长重复数据删除。按照重复数据删除的粒度可以分为块级重复数据删除和文件级重复数据删除。

(2) 数据压缩

数据压缩可分为无损数据压缩和有损数据压缩。无损压缩方法使用压缩后的数据进行重构，重构后的数据与原始数据完全相同。有损压缩方法中重构后的数据与原始数据有所不同，但不影响人对原始数据的理解。

无损压缩和有损压缩应用场景不同，有损压缩算法一般用于图像领域；无损压缩算法则主要用于存储系统领域，比较常见的有 LZ 系列编码和霍夫曼编码。

### 3. 支持该技术的产品

重复数据删除和压缩技术对不同系统的重要性有所不同。在备份系统中，重复数据删除和压缩被视为必备功能。在主存储系统中，由于开启重删和压缩会对存储的性能有一定的影响，因此重删和压缩一般作为可选功能使用。存储厂商提供的一些中高端存储设备具有数据重删和数据压缩的功能，例如 Dell/EMC、华为、浪潮等厂商的设备。

## 5.6.5 数据加密

网络安全日渐重要。数据在网络中传输时，容易受到病毒、黑客以及系统本身的漏洞或安全缺陷等威胁，保护数据成为重中之重。数据加密技术对数据的安全传播起到了至关重要的作用。

### 1. 基本思想

数据加密是将密码学应用于数据传递过程中，用来保证数据的安全性。数据加密利用加密函数将信息转换为无意义的、错乱的且不可理解的密文形式；当信息到达目标接收者时，再使用特定的解密方法将密文转换为明文。

### 2. 技术原理

数据加密一般分为对称加密和非对称加密两种方式。对称加密的特点是数据的加密和解密过程中使用相同的密钥；非对称加密则使用不同的密钥进行加密和解密。

(1) 对称加密技术

对称加密的处理过程如图 5-44 所示。发送者和接收者使用的是相同的密钥。对称加密技术常用的算法包括 DES、3DES、AES 和 Blowfish 等。

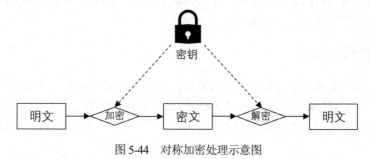

图 5-44 对称加密处理示意图

对称加密技术的优点是加密速度快、计算量小、加密效率高。因此，它比较适合大数据量的加密。对称加密技术的缺点在于数据传送前首先要通过安全专用通道传送密钥，如果密钥被截获，会造成安全性问题。除此之外，每对用户都有密钥，当用户多时，会产生大量密钥，增加密钥管理员的负担。

(2) 非对称加密技术

非对称加密的处理过程如图 5-45 所示。非对称加密技术需要两个密钥：公开密钥(公钥)和私有密钥(私钥)。公钥和私钥是一对，用公钥进行加密只有用私钥才能解密。因此，发送者和接收者使用不同的密钥。非对称加密技术常用的算法有 RSA、Elgamal、Rabin 和 ECC 等。其中 RSA 算法是使用最广泛的算法。

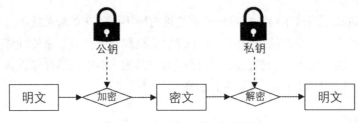

图 5-45　非对称加密处理示意图

非对称加密技术的优点是算法复杂、安全性高，且公钥是公开的，私钥由接收端用户保存，不需要传给其他人。非对称加密技术的缺点是加密和解密速度慢，适合少量数据的加密。

3. 支持该技术的产品

由于存储设备中存有大量数据，而针对大量数据加密比较方便的方式是对称加密。因此在有的高端存储中采用的加密方式多为对称加密，采用 AES 算法，例如 AES256。在存储厂商的一些高端存储产品中会提供数据加密功能，例如华为公司的 OceanStor Dorado 18500/18800 存储系统。

### 5.6.6　业务连续性保障

由于生态系统不断变化，企业业务快速发展、计划外中断和灾难时有发生，因此需要一定的手段保证业务的持续运行。

1. 基本思想

从存储角度来看，新的要求包括数据中心内部和区域之间能够实现动态分配和无缝数据移动性，而最重要的是实现可靠的业务连续性。

2. 支持该技术的产品

两地三中心是业务连续性保障的典型技术解决方案。存储厂商为了保证两地三中心数据的一致性，提出了很多可行的方式，其中包括 Dell SC 系列存储中的 Live Volume 技术和华为高端存储中的 HyperMetro SAN 和 NAS 一体化双活技术。下面对二者分别进行介绍。

(1) Live Volume 技术

Live Volume 具有自动故障转移功能，可以在单独的阵列上创建同步或异步的实时副本，从而能够根据需要或在出现意外中断时采用透明方式维护和切换。对主机而言，从表面上看，Live Volume 与普通的 LUN 一样，但实际上，数据是在两个位置之间连续进行复制。两个路径上均可以执行读取和写入操作，这意味着可以移动其中任何一个底层卷或使其离线，而不会对用户造成影响。

Live Volume 可以在同一数据中心中的两个存储中心之间或两个连接良好的数据中心之间创建。创建成功之后，它可以实现全自动的故障转移操作。例如，当站点 1 出现故障时，站点 2 将自动接管并继续提供服务，从而确保业务的连续性。

(2) HyperMetro SAN 和 NAS 一体化双活技术

随着数据中心的发展，由于存在各种不同需求，存储设备类型也逐渐多样化，包括 SAN、NAS 等架构。存储设备多样化之后，可以对后端各种不同类型的存储构建双活技术，但传统的双活的构建需要采购的设备多、部署复杂且异构支持效果不好，而 HyperMetro 一体化双活技术解决了这些问题。

如图 5-46 所示，传统双活方案有多台设备提供 SAN 和 NAS 双活服务，网络结构复杂，购置成本高；此处，由于存在两套仲裁机制分别对 SAN 和 NAS 设备进行仲裁，因此，当站点间出现网络故障时，可能会出现仲裁结果不一致的问题。

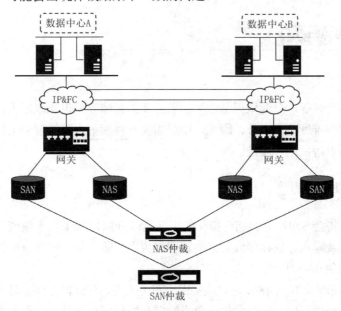

图 5-46 传统双活方案架构图

HyperMetro 一体化双活技术采用免网关的架构，共用一套仲裁机制，统一的仲裁机制始终保证仲裁结果一致。同时，该技术将心跳网络、配置网络和数据网络合而为一，大大降低了网络部署成本。HyperMetro 一体化双活方案如图 5-47 所示。

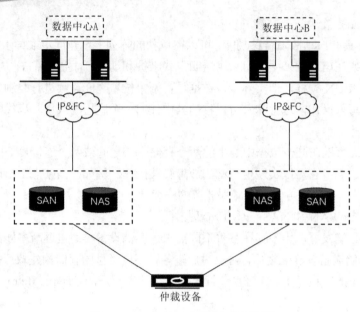

图 5-47　HyperMetro 双活方案架构图

## 5.7　存储虚拟化

随着信息的不断发展，企业数据量激增，所需要的存储容量也越来越大，使得存储实现方案日益复杂化，管理难度随之上升。因此，用户需要一种简单、易管理的架构来满足当前的挑战，存储虚拟化可以解决这一难题。

### 5.7.1　存储虚拟化的概念

存储网络工业协会 SNIA 对存储虚拟化的定义是：通过对存储(子)系统或存储服务的内部功能进行抽象、隐藏或隔离，使存储或数据的管理与应用、服务器、网络资源的管理分离，从而实现应用和存储的独立管理。

存储虚拟化的形式如图 5-48 所示。从实现思路上来说，存储虚拟化就是在物理存储系统和服务器之间增加一个虚拟层，这个虚拟层负责管理和控制所有存储并对服务器提供存储服务。服务器不直接与存储硬件打交道，存储硬件的增减、调换、分拆、合并对服务器层完全透明。因此，对存储进行虚拟化处理，有以下优点：

(1) 能够隐藏系统复杂度，使得服务器能够进行标准化接入。
(2) 便于将现有的功能集成使用，统一数据管理。
(3) 摆脱了物理容量的局限，整合了空间资源。

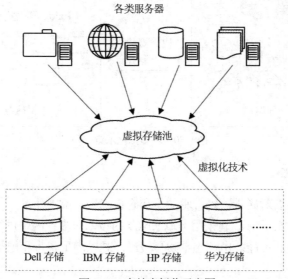

图 5-48　存储虚拟化示意图

## 5.7.2　存储虚拟化的类别

### 1. 磁盘虚拟化

磁盘虚拟化就是将扇区地址用逻辑块地址表示,屏蔽底层物理磁盘的概念。磁盘虚拟化由磁盘自身固件完成,虚拟化的结果是用户无须了解磁盘的内部硬件细节,通过块地址就可以访问磁盘。磁盘扇区的物理地址一般用 C-H-S(柱面号-磁头号-扇区号)表示。磁盘虚拟化的思想如图 5-49 所示。

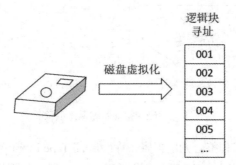

图 5-49　磁盘虚拟化示意图

### 2. 块虚拟化

块虚拟化是指对多块硬盘建立 RAID,划分逻辑卷(LUN)。每个 LUN 对使用者而言都完全等同于一块物理硬盘。物理上来说,这个 LUN 的所有数据块,都通过 RAID 处理,分布在不同的物理硬盘上。块虚拟化的结果是使存储的使用者无须关心 RAID 实现的具体过程,用户只需像读写普通硬盘一样读写这个 LUN,就能获得 RAID 对数据的保护功能。块虚拟化的思想如图 5-50 所示。

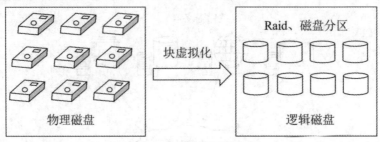

图 5-50　块虚拟化示意图

### 3. 磁带系统虚拟化

磁带系统虚拟化主要对磁带、磁带驱动器和磁带库进行虚拟化。

磁带虚拟化如图 5-51 所示。它采用类似 RAID 的技术对多盘磁带进行条带化和校验，以期提高磁带使用的可靠性和性能。由于磁带读写缓慢，难以满足条带和校验的需要，所以 RAID 技术较少使用。

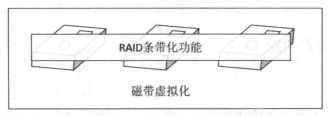

图 5-51　磁带虚拟化示意图

磁带驱动器虚拟化如图 5-52 所示，其主要思路是将多个磁带驱动器转换为一个逻辑磁带驱动器。磁带驱动器虚拟化能够提高磁带驱动器使用效率，加快数据备份的速度。

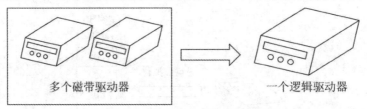

图 5-52　磁带驱动器虚拟化示意图

磁带库虚拟化将磁盘阵列整合为虚拟磁带库(Virtual Tape Library, VTL)，使用户在无须改变备份习惯和现有备份软件配置的情况下使用多个磁带驱动器，从而提高存储性能、缩短数据备份和恢复窗口，并获得磁盘阵列的 RAID 保护功能、避免磁带介质故障、持续扩展备份的性能和容量。磁带库虚拟化的思路如图 5-53 所示。

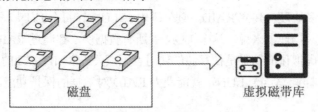

图 5-53　磁带库虚拟化示意图

### 4. 文件虚拟化

文件级存储虚拟化屏蔽掉文件服务器与存储系统的细节问题，将其整合成统一的命名空间。它的目的是抽象出一个文件系统来屏蔽掉底层复杂的文件系统，让上层用户可以统一地管理和访问数据。因此，文件虚拟化提供的是一个单一的命名空间，方便管理员对目录和文件进行管理。文件级虚拟化主要在 NAS 存储中实现，其整体架构如图 5-54 所示。

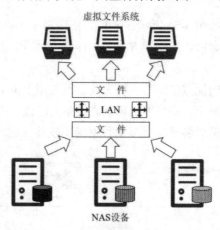

图 5-54　NAS 存储文件虚拟化示意图

## 5.7.3　存储虚拟化的实现位置

### 1. 基于主机的虚拟化

基于主机的虚拟化如图 5-55 所示。具体来说，它能使服务器的存储空间跨越多个异构的磁盘阵列，常用于在不同磁盘阵列之间做数据镜像保护。基于主机的虚拟化一般由操作系统下的逻辑卷管理软件完成，不同操作系统的逻辑卷管理软件也不相同。

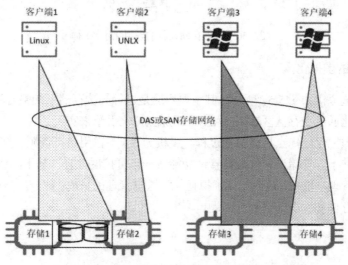

图 5-55　基于主机的虚拟化示意图

基于主机的虚拟化的优点是支持异构的存储系统。基于主机的虚拟化的缺点是占用主机资源，降低应用性能。同时，此类虚拟化存在操作系统和应用的兼容性问题，导致主机升级、维护和扩展非常复杂，而且容易造成系统不稳定。除此之外，此类虚拟化方式需要复杂的数据迁移过程，影响业务连续性。

### 2. 基于存储设备的虚拟化

基于存储设备的虚拟化如图 5-56 所示。它主要用于在同一存储设备内部，进行数据保护和数据迁移。基于存储设备的虚拟化的实现方式是在存储控制器上添加虚拟化功能，常见于中高端存储设备。

基于存储设备的虚拟化的优点是，与主机无关、不占用主机资源、数据管理功能丰富。基于存储设备的虚拟化的缺点是，一般只能实现对本设备内磁盘的虚拟化、不同厂商间的数据管理功能不能互操作；多套存储设备需配置多套数据管理软件，成本较高。

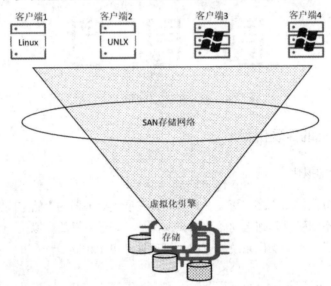

图 5-56　基于存储设备的虚拟化示意图

### 3. 基于网络的虚拟化

基于网络的虚拟化如图 5-57 所示。其主要用途是进行异构存储系统整合和统一数据管理。基于网络的虚拟化通过在存储区域网(SAN)中添加虚拟化引擎来实现。

基于网络的虚拟化的优点是虚拟化过程与主机无关、不占用主机资源；能够支持异构主机、异构存储设备，使不同存储设备的数据管理功能统一，可扩展性好。基于网络的虚拟化的缺点是部分厂商数据管理功能弱，难以达到虚拟化统一数据管理的目的；部分厂商产品成熟度较低，仍然存在与不同存储和主机的兼容性问题。

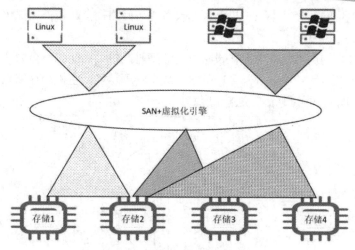

图 5-57　基于网络的虚拟化示意图

## 5.7.4　存储虚拟化的实现方式

### 1. 带内虚拟化

带内虚拟化技术如图 5-58 所示。其主要思想是，在数据读写的过程中，在主机到存储设备的路径上实现存储虚拟化。带内虚拟化主要用途是进行异构存储系统整合，统一数据管理，在业务运行的同时完成复制、镜像、CDP 等各种数据管理功能。

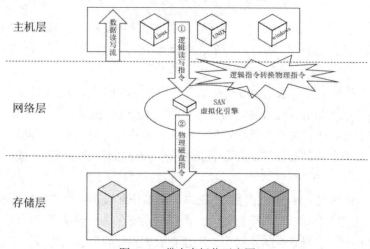

图 5-58　带内虚拟化示意图

带内虚拟化的优点是使服务器和存储设备具有较好的兼容性；虚拟化和数据管理功能由专用硬件实现，不占用主机资源，从而丰富数据管理功能，配置简单且易于实施。带内虚拟化的缺点是虚拟化设备发生故障时，整个系统将中断。

### 2. 带外虚拟化

带外虚拟化技术如图 5-59 所示。其主要特点是，在数据读写之前，就已经做好了虚拟化工作，而且实现虚拟化的部分并不在主机到存储设备的访问路径上。带外虚拟化技术一般用于不同存储设备之间的数据复制。

带外虚拟化技术的优点是在虚拟化设备发生故障时，整个系统将不会中断。带外虚拟化技术的缺点是主机资源占用较大，大部分产品缺乏数据管理功能，主机和存储系统需要严格的兼容性认证，数据初始化同步复杂，实施难度高。

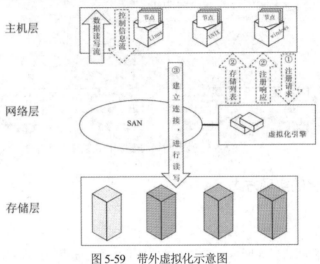

图 5-59　带外虚拟化示意图

## 5.7.5　存储虚拟化面临的问题

面对新产生的应用，以及不断增加的存储容量，用户需要利用虚拟化技术来降低管理难度和提高工作效率，但是随着存储技术的发展，存储虚拟化并没有完全普及，主要是因为存在以下问题：

(1) 存储设备的扩展性问题。企业在购买存储设备的时候考虑到当时数据容量的大小，并不会一次性地去购买大量的存储设备，而是在不断的发展中，随着需要的存储容量越来越多，慢慢地增加存储设备。但是先后添置的存储设备之间异构平台的数据管理问题是一个难题，存储虚拟化必须与现有的存储环境相融合，也要能把诸多不同的存储系统融合成一个单一的平台，才能满足用户不断增长的需求。

(2) 存储虚拟化的安全问题。在存储系统中，增加任何设备，存放数据都需要考虑到安全问题。存储虚拟化把多个存储设备虚拟化为一个存储系统，这样数据都放在这一个系统之中，假如该系统出现问题，会导致数据不可用。所以存储虚拟化要研发出更多的先进功能和友好易操作的视图，来保障数据的安全性，以及存储管理员对设备的易管理性。

(3) 阻碍存储虚拟化普及的另外一个问题是成本。存储虚拟化更多的是面向高端的用户，这些用户的存储系统足够庞大、设备多，在这种情况下，存储虚拟化带给这些用户更方便的管理和成本的降低。但是高端用户毕竟是少数，更多的是中小企业用户，这些用户的存储系统并不复杂，管理也不太困难，若使用存储虚拟化将会造成成本的提高，这显然是不可取的。

## 5.8 数据备份

数据备份就是对企业重要的数据制作一份或者多份,在本地或者异地进行保留的一个过程。对于一个完整的数据中心系统,备份是一个重要的组成部分。简单地说,备份的作用更像是一把备用的钥匙,当正常的钥匙无法使用时,备份的钥匙将起到关键性的作用。

### 5.8.1 数据备份的意义

数据备份的意义是保障数据的可连续使用。也就是说,数据备份的核心意义就是能够方便高效地对损失的数据进行恢复。一个无法用来恢复数据的备份是不具有任何意义的。

数据备份是存储领域的一个重要组成部分,其在存储架构中的地位和作用是不可忽视的。随着网络技术的高速发展,网络上出现了各种入侵方式,企业的数据难免被众多的黑客攻击,威胁到数据的安全,而且一些不可抗力的因素,例如地震、火灾等自然灾害都会造成系统失效、数据丢失。这时候,数据备份就起到了它的作用。备份不仅可以防范意外的发生,而且是对历史数据保存归档的最佳方式。因此,即便系统正常工作,没有任何数据丢失或者其他意外的发生,备份工作仍然具有非常重要的意义。

备份和容灾是有区别的,数据备份更多的是把在线状态的数据剥离到离线状态并保存到磁盘阵列的一种方式,而容灾更重要的是保证系统的可用性。两者侧重的方向不同,实现的手段和产生的效果也不尽相同。

### 5.8.2 数据备份方式

数据备份有很多种方式,不同的备份方式划分的依据不同。主流的备份方式有 3 种。

#### 1. 根据备份设备与系统的相对位置分

根据备份设备与系统的相对位置,可以分为本地备份和异地备份。

(1) 本地备份。将数据通过备份功能备份到本地的磁盘阵列或者磁带库。
(2) 异地备份。备份软件利用现有的以太网或者专用网络将数据备份到异地的磁盘阵列或磁带库中。

#### 2. 根据备份时的数据状态分

根据备份时的数据状态,可以分为冷备份和热备份。

(1) 冷备份。也称为脱机备份,是指按照正常的方式关闭数据库,并对数据库的所有文件进行备份。

(2) 热备份。也称为联机备份，是指数据库在继续提供服务的情况下进行备份。热备份可以做到实时备份。

### 3. 根据备份时备份的数据和数据总量的关系分

根据备份时备份的数据和数据总量的关系，可分为完全备份、增量备份和差异备份。

(1) 完全备份。备份系统中的所有数据。优点是恢复的时候所需要的时间少，操作方便可靠；缺点是备份数据量太大，所需要的时间太长。

(2) 增量备份。备份上一次备份以后更新的所有数据。优点是每次备份的数据量不会太多，所用的时间少；缺点是在恢复的时候需要恢复全备份和多个增量备份。

(3) 差异备份。备份与上一次备份有变化的所有数据。其优点是备份数据量小、占用空间少，所用时间少；其缺点与增量备份相似。

## 5.8.3 备份系统架构

随着用户的需求不断增多、数据中心应用场景不断变得复杂，备份系统的技术和架构也在不断地提升，以满足当前不断增长的需求。备份系统架构主要有基于主机的备份、基于 LAN 的备份、基于 SAN 的 LAN-Free 备份和基于 SAN 的 Server-Free 备份。应根据应用场景的不同选择适合的备份方式。

### 1. 基于主机的备份

基于主机的备份是一种传统的数据备份架构，是基于 DAS 存储的备份系统。

在这种备份架构中，每台需要备份的主机都配备有专用的存储磁盘或者磁带库，主机中的数据必须备份到本地的专用磁盘设备中。这样，一台主机在备份时，其他主机就不能使用，磁盘利用率较低。另外，不同的操作系统使用的备份软件不尽相同，这就使得备份工作的管理过程更加复杂。

基于主机的备份适合数据量小、服务器数量较少的中小型局域网，其优点是：
(1) 安装方便、成本低。
(2) 数据传输速率高。
(3) 存储容量扩展较方便。

### 2. 基于 LAN 的备份

基于 LAN 备份的架构克服了基于主机备份的资源利用率低和备份系统不易共享的缺点。要实现基于 LAN 的备份，需要在 LAN 中配置一台专用备份服务器，存储设备直接连接到备份服务器，由备份服务器管理控制，其他需要备份的主机作为备份服务器的客户端，如图 5-60 所示。

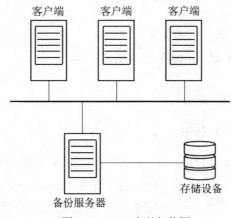

图 5-60　LAN 备份拓扑图

在基于 LAN 的备份架构中，数据是以 LAN 网络为基础传输的，这种备份架构适用于备份主机较多、数据量不是太大的情况，优点是：

(1) 结构简单，易部署。
(2) 能够方便地实现存储资源的共享。
(3) 便于集中管理。
(4) 提高了存储资源的利用率。

### 3. 基于 SAN 的 LAN-free 备份

LAN-free 备份是指不通过局域网络直接进行备份，管理员只需将存储资源连接到 SAN 网络中，各服务器就可以把需要备份的数据写入到共享的存储资源上。因为所有的备份数据都在 SAN 网络中传输，局域网只负责各服务器之间的通信即可。基于 SAN 的 LAN-free 拓扑图如图 5-61 所示，图中虚线为数据的流向。

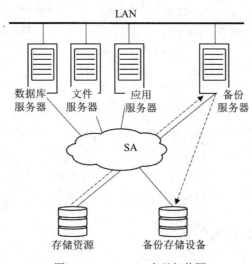

图 5-61　LAN-Free 备份拓扑图

在多服务器、多存储、大容量数据的应用场景中，基于 SAN 的 LAN-free 备份可以发挥其强大的作用，它的优点有：

(1) SAN 网络给数据备份提供了高性能的传输。
(2) SAN 网络的优势使得 LAN-free 扩展性更加灵活。
(3) 备份的集中化管理。
(4) 解除了对 LAN 网络的依赖。

**4. 基于 SAN 的 Server-free 备份**

LAN-free 在备份的过程中，仍然有服务器参与某些过程，所以仍然会占用服务器的资源，这也会造成一定程度的资源消耗。而为了减少这种消耗，Server-free 的备份技术应运而生。

目前，实现 Server-free 备份的方式有两种，一种与 LAN-free 备份架构差不多，在备份架构中准备一台物理服务器专门作为备份服务器，同时需要在该服务器上安装第三方备份软件实现备份功能；另一种借助 SAN 网络中的一些设备，进行数据的传输和管理，厂商会把一些备份的功能集成到设备上，管理员可以直接通过这些设备提供的功能进行备份管理。Server-free 备份架构如图 5-62 所示，图中虚线为数据的流向。

Server-free 备份技术适合超大量数据的备份和对恢复时间要求高的应用场景，它的优点有：
(1) 服务器不参与备份过程，所以备份速度将更快。
(2) 在备份过程中是存储间直接传输，不再受到服务器性能的限制。
(3) 在备份的过程中不会对用户网络造成影响。
(4) 备份在恢复的时候速度更快。

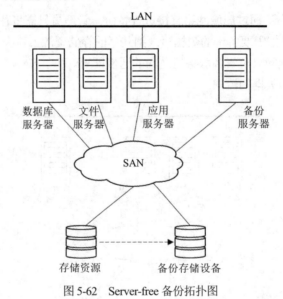

图 5-62　Server-free 备份拓扑图

### 5.8.4　常用数据备份软件介绍

随着备份技术的不断发展，各种备份软件也层出不穷，主流的厂商都有自己的备份软件。
(1) VERITAS 公司的 NetBackup。NetBackup 软件适用于中型和大型的存储系统，是个功能强大的企业级数据备份管理软件。它支持 Windows、UNIX 等多种操作系统，是目前国际上使用最广泛的备份管理软件。NetBackup 采用全图形界面的管理方式，同时提供命令界面，满足不同的客户需求。

(2) EMC 公司的 NetWorker。NetWorker 原来是 Legato 公司的产品，Legato 公司于 2003 年被 EMC 收购。NetWorker 的使用也很广泛，仅次于 NetBackup 软件。它同样支持 Windows、UNIX、AIX 等几乎所有的操作系统，还支持 Oracle、SQL、Exchange 等数据库的在线备份。

(3) IBM 公司的 TSM。Tivoli Storage Manager 简称 TSM，是 IBM Tivoli 软件家族的旗舰产品之一，它为用户提供了企业级的备份管理软件。TSM 是一个功能非常全面的解决方案，不仅具有数据备份的功能，还提供了数据保护、数据归档、分级存储等一系列数据管理功能。

(4) 爱数信息技术公司的 AnyBackup。爱数 AnyBackup 是一款企业级数据保护产品，它集虚拟、物理和云环境保护能力于一体，可支持多种、不同方式的数据库、应用及虚拟化平台数据保护。其支持的软件包括：Oracle、Sybase、SQL Server、DB2、MySQL、MaxDB、SAP HANA、PostgreSQL、Microsoft Exchange、Microsoft SharePoint、SAP/SAP HANA、VMware、Hyper-v、Citri、FusionCompute、XenServer、H3C CAS、OpenStack 等。同时作为国产化备份产品，对于国产数据库及系统平台，包括中标麒麟、银河麒麟、中科方德、达梦、人大金仓、南大通用、神舟通用(Gbase)和 GaussDB 等，也提供了支持及深度适配。

## 5.9 数据容灾技术

计算机系统是脆弱的，人为的操作失误、攻击破坏、软件故障以及地震、火灾、水灾等自然灾害都会对它造成很大的损伤，而容灾系统的存在正是为了预防这些损伤带来的影响。如今，衡量一个数据中心业务连续性是否得到保障的一个重要指标就是是否具有容灾系统。

### 5.9.1 容灾的概述

容灾系统是指在相隔较远的异地，建立两套或者多套功能完全相同的 IT 系统，相互之间可以监视健康状态并能够切换功能，当其中一个地点的系统因各种意外造成业务停止时，另外一处的系统能够继续为用户提供服务，保证业务的连续性。

容灾系统更加强调的是，在环境引起系统中断时，特别是一些灾难性的事故导致整个数据中心无法正常运作时，它能够起到关键性的作用。

### 5.9.2 容灾系统分类

根据对灾难的抵抗程度和对数据的保护程度，容灾系统可划分为数据级容灾和应用级容灾。

(1) 数据级容灾。数据级容灾是指在异地建立一个系统，这个系统更多的是作为数据的一个远程备份，在灾难发生之后确保在异地保存着一个可用的数据备份，用来迅速地接替原有的业务，保证业务的连续性。需要提到的一点是，数据级容灾在恢复时所用时间是比较长的，所以很有可能会造成业务的中断。

(2) 应用级容灾。应用级容灾是在数据级容灾的基础上，在异地建立一套完整的与原来一样的应用系统。异地的这套系统采用同步或异步等众多复制技术，确保两套系统数据的同步性，这样在灾难发生之后，异地的容灾系统能够迅速地接管业务，而不必造成业务的中断，让用户基本感受不到灾难的发生。

### 5.9.3 容灾等级

构建一个容灾系统需要考虑众多的因素，如数据量的大小、容灾数据中心与应用数据中心之间的距离、灾难发生之后容灾系统的恢复速度，以及容灾中心的构建成本等。根据这些因素可以将容灾系统划分为以下 4 个等级。

(1) 0 级：无异地容灾备份。这一级的容灾无恢复能力，备份数据只是备份在本地而非异地，当灾难发生之后无法恢复数据。

(2) 1 级：本地备份加异地备份。这一级的容灾系统是在本地备份之后，先把关键性的数据备份到异地，非关键性的数据随后慢慢复制到异地。在灾难发生之后，首先恢复关键性的数据，然后再恢复非关键性的数据。这种方案成本低，配置简单，但是当数据量达到一定级别后，管理起来将非常麻烦。

(3) 2 级：热备份中心。这一级级的备份在异地建立一个热备份中心，通过网络连接本地与异地的数据中心，采取同步或异步的方式进行备份。备份中心在正常状态下不提供业务服务，当灾难发生之后热备份中心迅速接替原数据中心业务，从而确保业务的连续性。

(4) 3 级：活动容灾数据中心。在相隔较远的异地再建立一个与原地相同的数据中心，两数据中心之间是相互备份的，并且都处于活动状态。当其中一个数据中心发生灾难时，另一个数据中心可以继续提供服务。若投入的资金足够多，可以构建零数据丢失的数据中心，即两个数据中心之间互相作为镜像，这个需要的成本是相当高的，但恢复速度也是最快的。

### 5.9.4 容灾系统中的常用技术

构建一套容灾系统需要涉及多项技术，包括同步/异步复制技术和快照技术等。

#### 1. 同步/异步复制技术

同步复制技术，是将本地的数据以完全同步的方式传送到异地目标，并写入目标磁盘，待完成后回复，并且本地的 I/O 在得到回复之后方能释放。同步复制的优点是实时性高，数据完全一致，缺点就是对网络性能要求高。

异步复制技术，是本地请求将数据传送到异地，本地 I/O 请求完成之后得到释放，而异地接收到请求之后开始写入数据，完成之后再回复。异步复制的优点是对系统影响小，缺点就是数据会出现一定的滞后。

## 2. 快照技术

快照是一种基于时间点的数据复制技术，是某个数据集在某一个特定时刻的镜像，它是这个数据集的一个完整可用的副本。快照有很多种实现方式，在容灾系统中主要应用到的是指针型快照技术和空间型快照技术。

指针型快照技术，是对系统数据进行快速扫描之后，建立一个快照 LUN 和快照 Cache，在扫描的过程中，把将要被修改的数据块复制到快照 Cache 中。而快照 LUN 是一组指针，它指向的是快照 Cache 和系统中不变的数据块，整个过程在备份的过程中执行。

空间型快照技术是在磁盘阵列内部创建一个或者多个独立的 copy 卷，这些 copy 卷是生产卷的镜像，和生产卷一模一样，并且也可以提供服务。若在此时需要备份，则备份软件可以利用 copy 卷进行备份工作，这样就减少了在备份过程中对业务的影响。

## 5.9.5 常见的容灾系统方案

### 1. IBM 公司的 PPRC

PPRC(Peer-to-Peer Remote Copy，即点对点的远程数据复制)是 IBM 公司用于其 DS6000、DS8000 中高端存储平台上的远程数据容灾软件，它包含有 Metro Mirror、Global Copy 和 Global Mirror 等多种工具。

Metro Mirror 是一种实时地利用同步复制技术的方式，能在各种情况下保证数据一致性，适合用于距离较近、带宽足够的两个站点之间。

Global Copy 是一种非实时利用异步复制技术的方式，该方式的传输不能保证数据的一致性，适用于距离远、带宽低的站点之间的数据复制。

Global Mirror 则是一种带有远程镜像功能的异步复制技术，可以保证数据复制的一致性。Global Mirror 提供了高性能和超远距离数据复制和恢复的解决方案。

### 2. EMC 公司的 MirrorView 和 SRDF

MirrorView 提供基于块的复制功能，它有两种远程镜像模块：MirrorView/S 和 MirrorView/A。MirrorView/S 能够提供一个短距离的同步复制功能，因此 RPO 为零；MirrorView/A 提供的是一个长距离的异步复制功能，它的 RTT 时间是比较高的，但不应该高于 200ms，它采用一个可跟踪主站点的更改的定期更新模块，然后以用户确定的 RPO 间隔将这些更改应用到辅助站点。

SRDF(Symmetrix Remote Data Facility)提供各种业务连续性和灾难恢复解决方案。它包含 3 种基本解决方案，分别是 SRDF/S(Synchronous)、SRDF/A 和 SRDF/DM。SRDF/S 可在源 LUN 和目标 LUN 之间维护数据的实时镜像，适合最多 10ms RTT 有限距离的环境，具有无数据丢失、远程镜像操作不争用服务器资源、支持通过 IP 和光纤通道协议的复制等优势；SRDF/A 模式始终在辅助站点上维护生成的源站点的镜像，适合最多 200ms RTT 的远距离复制，具有比 SRDF/S 距离更长的远程复制、不影响主机性能、带宽要求低和同样支持 IP 和光纤通道协议的复制等优势；SRDF/DM 是一种双站点 SRDF 数据迁移和复制的解决方案，它支持从目标站点到辅助站点的远距离快速数据传输。

## 5.10 习题

1. 请简述存储设备的发展历程。
2. 机械式磁盘由哪几个组成部分，每个部分的主要功能是什么？
3. 磁盘接口协议有哪几种？每种接口协议的特点是什么？
4. 请简述 SSD 固态硬盘的工作原理及主要的接口类型。
5. 请简述 RAID 不同级别技术的工作原理。
6. 目前主流的存储设备分为几类？每一类的存储设备的工作原理是什么？
7. IP-SAN 和 FC-SAN 存储设备的区别是什么？
8. 请简述主要的企业级存储技术及其工作原理。
9. 请简述存储虚拟化的概念。
10. 存储虚拟化有哪几类？每一类存储虚拟化的原理是什么？
11. 数据备份的主要方式有哪些？
12. 容灾系统分为几个等级？每个等级的特点是什么？

# 第6章

# 安全子系统

数据中心存储大量关键数据、运行大批关键业务，因此安全管理是数据中心建设、运维过程中非常重要的一个环节。如何建立有效、可靠、完整的安全防护机制是数据中心运维人员面临的难点和重点问题。本章首先对数据中心安全进行概述，接着介绍数据中心所面临的安全威胁，然后从技术和管理两个方面介绍了如何提高数据中心的安全保障能力；随后介绍数据中心中常见的安全产品，最后通过实际案例来说明如何加强数据中心的安全管理。

我国在网络安全方面取得了显著成绩，网络安全法律法规治理体系逐步完善，为网络安全产业发展提供了有力的法治保障。安全可信的网络产品和服务产业生态初步构建，产业结构逐步变得合理。

## 6.1 数据中心安全概述

保护存储子系统与网络流量中的数据、防范恶意软件与黑客攻击,以及防止数据泄密都是数据中心安全领域流行的主题,同时也不能忽略数据中心的基本物理安全性。

### 6.1.1 数据中心安全的背景和意义

数据中心安全涉及数字经济的发展、法规和合规要求、业务连续性和数据安全等方面,保障数据中心的安全具有以下重要意义。

**1. 数据中心安全关系到数字经济的持续发展**

随着数字经济的快速发展,数据中心变得越来越庞大和复杂。数据中心不仅包含业务数据和应用程序,还涉及大量机密和敏感信息,如客户数据、财务信息等。因此,数据中心的安全与否直接关系到业务的连续性和数据安全。

**2. 数据中心建设应符合法律法规要求**

《中华人民共和国网络安全法》《中华人民共和国数据安全法》《中华人民共和国个人信息保护法》《关键信息基础设施保护条例》等法律、法规以及行业标准对数据中心的安全管理具有重要的影响。在当今的监管环境下,相关单位必须遵守一系列的法规和合规要求,数据中心的安全性是满足这些法规和要求的关键。

**3. 数据中心安全为业务连续性提供技术保障**

数据中心对于维持业务连续性至关重要。保障数据中心的安全可以确保应用程序和数据的可用性,避免业务中断和数据丢失。在紧急情况下,如自然灾害、网络攻击等,数据中心的应急恢复能力可以减少业务中断时间,确保业务的连续性。

**4. 数据安全是数据中心安全的本质**

数据中心存储着大量敏感数据,保障数据中心的安全可以防止数据泄露、数据篡改和数据丢失等安全事件。通过采取适当的安全措施,如数据加密、访问控制、安全审计等,可以保护数据的机密性和完整性,避免因数据泄露而带来的声誉和财务损失。

综上所述,保障数据中心安全能够有效保护数据中心存储的数据资产不被泄露、篡改或丢失,确保应用程序和数据的可用性,避免业务中断和数据丢失,保障业务的连续性。数据中心建设和运维管理必须满足相关法律、法规的要求,以避免因不合规行为带来的法律风险和损失。

## 6.1.2 数据中心安全的目标和原则

### 1. 数据中心安全的目标

数据中心安全的目标包括机密性、可靠性、完整性、可用性、审计和合规性、恢复和备份，以及监控和警报。这些目标有助于确保数据中心的安全和稳定，保护数字资产和业务连续性。

(1) 机密性：确保数据的安全性和保密性，不被未授权的第三方访问和查看。

(2) 可靠性：确保数据的准确性，正确收集和处理数据，减少特定业务风险。

(3) 完整性：确保数据不被未经授权的第三方修改或改变，被准确存储在数据中心内。

(4) 可用性：确保数据和系统的可用性，避免因安全事件或故障导致的应用程序关闭或系统停机。

(5) 审计和合规性：确保数据中心符合相关的法规和标准，可以进行安全审计和检查，以验证其合规性。

(6) 恢复和备份：确保数据中心的备份和恢复机制有效，能够在发生灾难或数据丢失时迅速恢复数据和系统。

(7) 监控和警报：实施监控和警报机制，及时发现和应对安全威胁和攻击。

### 2. 数据中心安全管理的原则

数据中心安全管理应遵循以数据为中心、以组织为单位、最小权限原则、数据分类原则、保持一致性原则、安全意识培训原则、定期备份和恢复原则，以及监控和应急响应原则。

(1) 以数据为中心：将数据的防窃取、防滥用、防误用作为核心，在数据的生命周期内保护数据的安全。

(2) 以组织为单位：以组织为单位进行数据安全治理，确保各个部门和所有用户遵循相同的安全标准和流程。

(3) 最小权限原则：系统管理人员应该仅被授予完成工作所需的最少权限，以减少数据泄露和滥用风险。

(4) 数据分类原则：根据数据的敏感程度、重要性和法律要求，将数据进行分类，并为每个分类设置相应的安全措施。

(5) 保持一致性原则：数据安全管理的规则和标准应该在整个组织范围内保持一致，以确保所有数据都能得到适当保护。

(6) 安全意识培训原则：所有管理人员都应接受定期的数据安全培训，强化数据安全意识，以减少数据安全的风险。

(7) 定期备份和恢复原则：确保数据的备份和恢复机制有效，能够在发生灾难或数据丢失时迅速恢复数据和系统。

(8) 监控和应急响应原则：实施监控和应急响应机制，及时发现和应对安全威胁和攻击，减少潜在的损失和影响。

### 6.1.3 数据中心安全方面存在的问题

当前，数据中心在安全管理方面还存在着不少问题与挑战。《中华人民共和国网络安全法》《中华人民共和国数据安全法》《关键信息基础设施保护条例》等法律、法规和行业标准的出台，对数据中心安全提出了明确的要求和相应处罚依据。例如在《中华人民共和国网络安全法》第二十一条指出，国家实行网络安全等级保护制度，网络运营者应当按照网络安全等级保护制度的要求，履行相关安全保护义务，保障网络免受干扰、破坏或者未经授权的访问，防止网络数据泄露或者被窃取、篡改。近年来，由于部分数据中心缺乏安全管理的经验，防护措施不到位，引发了诸多安全问题，具体表现如下。

#### 1. 未落实网络安全等级保护制度

数据中心负责各类应用系统的运行维护，应对上线运行的应用系统进行定级、测评和备案，有些单位没有及时对重要业务系统进行等保测评及备案工作，一方面存在较大的安全隐患，另一方面也存在合法性、合规性方面的安全风险。

#### 2. 未制定内部安全管理制度和操作规程

数据中心安全管理涉及物理安全、网络安全、系统安全和应用安全等多个层面，应针对具体管理内容和目标，制定内部安全管理制度和操作规程，确定网络安全负责人，落实网络安全保护责任。有些单位未制定相关规章制度，带来了一定的安全风险。

#### 3. 安全防护不到位

数据中心安全防护的目的在于保障网络免受干扰、破坏或者未经授权的访问，防止网络数据泄露或者被窃取、篡改。在对数据中心进行安全管理的过程中，应组合采用各种网络安全防护设备，采用分级保护原则，划分不同安全域，实施多层次多类型安全防护技术。有些单位安全防护缺乏整体设计，采用的技术手段落后，应该配备的一些安全设备不到位，这些都会带来较高的安全风险。

## 6.2 数据中心安全威胁与防范

数据中心的主要职能是为用户提供各类业务服务。由于互联网的开放性，数据中心本质上是互联网上的一个组成节点，因此，数据中心也面临着来自互联网的各种安全威胁，包括病毒、蠕虫、木马、后门及逻辑炸弹等，可能导致业务中断和数据丢失，从而给用户带来巨大的经济损失。同时，数据中心存储着大量有价值的数据，在黑色利益链的驱动下，黑客等非法攻击者利用各种非法手段对数据中心发动恶意攻击，进入数据中心内部，对数据中心中的关键数据进行复制、下载、更改或者删除，从而造成严重的后果。因此，数据中心应该采取适当的安全防范措施，以确保数据中心的安全性和可靠性。

本节从不同层次来对数据中心存在的安全威胁进行分析，并给出相应的解决方案，主要包括：网络安全、系统安全、数据安全、Web应用安全以及云数据中心所面临的整体风险与对应的防范措施。

## 6.2.1 网络安全威胁与防范

网络是信息收集、存储、分配、传输的主要载体，网络安全是数据中心安全的重中之重。由于数据中心网络具有开放性、互联性及多样性的特征，因此，极易受到黑客的恶意攻击。

### 1. 网络安全威胁

(1) 网络监听。网络监听技术原本是用于监测网络数据传输，协助网络管理人员准确定位网络故障位置的一项技术。但由于其易用性以及普遍性而被黑客用作探测工具，用来获取系统口令密码、敏感数据等。

(2) 口令爆破。口令爆破是网络攻击行为中最常见的攻击方式，因为口令破解的难度仅仅取决于管理员设置口令的复杂程度。密码设置过于简单、密码复用等情况，都会带来较高的安全风险。

(3) 拒绝服务攻击。拒绝服务攻击主要针对网络协议存在的缺陷，在短时间内发起大量链接或者数据传输行为，从而使网络堵塞，系统资源耗尽，最终导致系统宕机。这种行为一旦发生，将严重妨碍数据中心业务的连续性。

(4) 漏洞攻击。黑客利用系统硬件、软件和网络协议在开发、使用、维护过程中产生的各种安全漏洞进行攻击。

### 2. 网络安全防范

(1) 部署安全设备

网络安全的保障需要硬件设备及相关技术的支持，具体包括以下几类：

- 防火墙。防火墙主要用于阻止非法用户对内网的非法访问以及不安全的数据的传输，保护数据中心免受未经授权的访问、恶意攻击和网络威胁。它通过监控和过滤网络流量来实现这一目标，并根据预先定义的规则来允许或阻止特定类型的通信。
- 入侵检测系统。入侵检测系统又称为IDS，是一种主动的安全防护技术。该系统主要用于监测和分析网络传输中的相关数据，一旦发现不安全因素，就及时向网络管理人员发出相关告警。同时，该系统可以与防火墙、IPS联动来对相关危险数据传输进行拦截。
- 虚拟专用网络。虚拟专用网络又称VPN，VPN技术的核心是网络隧道技术，将相关传输数据封装在网络隧道中进行安全传输。VPN系统对于网络安全数据传输来说是一个完整、高效的解决方案，该方案中包括身份认证、加密和密钥分发等安全机制。
- 网络蜜罐。蜜罐其实是指网络安全管理员经过技术性的伪装，为非法入侵者设立的"黑匣子"。蜜罐的目的是设立一个虚假目标，让非法访问者进行入侵，从而收集相关数据作为主要证据。蜜罐还具有隐藏真实服务器地址的作用，因此一个完整的蜜罐需要具备多方面的功能。这些功能主要包括：发现攻击、产生警告、日志记录、欺骗和协助调查。

(2) 制定网络安全防护策略

网络安全防护策略具体包括物理安全策略和访问控制策略。

① 物理安全策略

物理安全策略的主要作用是对系统、网络、相关服务器等硬件,以及网络通信的链路进行安全防护,以避免网络基础设施受到自然灾害、人为的破坏及其他类型的攻击。策略包括建立合理的安全认证与授权体系,实现用户身份验证以及权限确认,防止非法用户登录和越权使用的行为;同时,建立合理的安全长效管理机制,防止非法人员进入数据中心从事盗窃、破坏等违法行为。

② 访问控制策略

访问控制是网络安全防护的重要组成部分,该策略的主要功能在于确保网络资源不被非法入侵者访问并获取。该策略对网络整体安全配置具有重大作用,是保护网络数据资源的重要策略之一。

- 入网访问控制。入网访问控制能够为网络的正常安全访问提供第一层安全保护,它主要用于确保用户在安全的地点和时间内登录到服务器,从而获取网络数据资源。
- 网络权限控制。网络的权限控制是针对网络中部分用户的非法访问和非法操作而制定的一系列安全防护策略,用户在正常登录的同时被管理员赋予一定权限,以获取权限内的网络资源。
- 网络监测和锁定控制。网络管理员能够通过监测平台对网络实施实时监控,利用日志服务器记录用户的登录、访问等操作日志。对于非法操作及不正常访问,管理平台将进行安全告警,甚至直接限制该用户访问,并记录用户信息与访问行为。
- 网络端口和节点的安全控制。网络中服务器的端口采用加密技术来识别节点的身份。此类安全设备主要用于防止假冒合法用户,防范黑客的自动拨号程序对网络进行攻击。通常在网络中还对相关服务器及用户端采取一定控制,如身份验证等。
- 信息加密策略。信息加密的主要目的是对网络内的敏感数据、口令和信息进行安全防护。信息加密方法一般有 3 种:链路加密、节点加密和端到端加密。链路加密的目的是保护网络节点之间的链路信息安全;节点加密是在源节点到目的节点之间的中间节点上安装加密解密装置;端到端加密的目的是对源端到目的端用户的全部数据传输过程进行加密,提供更全面的数据保护。

## 6.2.2 系统安全威胁与防范

操作系统本质上是一种资源管理系统,主要是对各种信息、数据和资源进行整理管理及维护。合法用户往往通过安全操作系统来获取访问网络资源的权限。系统安全指的是操作系统无错误配置、无漏洞、无后门、无木马病毒,并能够防止非法用户获取系统资源。

**1. 系统安全威胁**

(1) 计算机病毒

计算机病毒从根本上来说是可执行的程序。但是计算机病毒拥有和生物病毒一样的特性,它们同样具有自我繁殖性、相互感染性以及激活再生性等特征。

计算机病毒在设计之初就被赋予了隐蔽性、很强的自我复制能力和感染性，能够快速蔓延，但由于其超强的潜伏性和感染能力，往往很难根除。它们通常能将自身捆绑到各种类型的文件中，当文件被传输给正常用户时，它们就随同文件一起传输过去，一旦系统执行该文件，激活捆绑的病毒程序，病毒就会在新的系统里蔓延开来。

(2) 逻辑炸弹

逻辑炸弹和病毒的作用结果近似。逻辑炸弹是在满足特定逻辑条件的情况下，对目标系统实施破坏的计算机程序。这种程序通常隐藏在具有正常功能的程序中，在不具备触发条件的情况下，系统运行情况良好，用户察觉不到任何异常。一旦触发条件得到满足，逻辑炸弹就会"爆炸"，对目标系统造成破坏，例如出现文件破坏、数据破坏、信息泄露及系统瘫痪等严重后果。逻辑炸弹的触发方式非常多，如事件触发、时间触发、计数器触发等。对于计算机系统而言，逻辑炸弹造成的后果往往相对比较严重，易引发联动性强、大规模性的灾难，并且相对于计算机病毒来说不具备感染性，但是逻辑炸弹更趋向于破坏系统自身。

(3) 特洛伊木马

特洛伊木马与病毒不同，木马程序并不能自行运行，一般是捆绑在正常软件上。对于用户来说，该软件表面看来是安全的，但用户在运行该软件的同时，木马程序同样被运行起来，造成敏感数据被窃取或破坏。

(4) 后门

原本后门程序是开发人员为了管理、维护系统以及节省操作时间预留的系统控制端。但由于该控制端功能强大，经常被非法人员作为控制服务器主机的特殊途径，对服务器整体安全造成的危害较大。

(5) 隐蔽信道

隐蔽信道攻击是一种利用计算机系统或网络中的非正常通信路径来传输信息的方法。这种攻击通常是为了绕过正常的安全措施，将信息从一个地方传输到另一个地方而不被检测到。隐蔽信道攻击可以分为两种类型：存储隐蔽信道和时间隐蔽信道。存储隐蔽信道是通过在系统的存储区域中存储和读取数据来传输信息。时间隐蔽信道是通过修改系统的定时机制来传输信息。

### 2. 系统安全防范

系统安全的实现主要通过增强系统安全机制来完善，具体包括：设置系统安全策略、增加身份验证机制和加强访问控制机制。

(1) 设置系统安全策略。设置系统安全策略能够有效防止攻击。例如，通过删除 Guest 账户、限制用户数量、设置多个管理员账户、更改管理员账号初始名称、增加陷阱账号、关闭共享文件夹、设置安全密码、关闭不必要的服务与端口、开启审核策略、备份敏感文件、备份注册表、禁止建立空连接、下载最新的补丁等方法来增强系统安全。

(2) 强化身份验证机制：通过使用多因素身份验证或生物识别技术等方法，加强对用户身份的验证，确保只有合法用户才能访问系统。

(3) 实施访问控制机制。访问控制的重点是权限分配，权限明确定义了用户、组对某个对象或对象属性的访问类型。通过设定适当的权限和访问策略，控制用户对系统和网络资源的访问权限。只授予用户所需的最低权限，以减少潜在的风险。

### 6.2.3 数据安全威胁与防范

数据中心是存储和处理大量敏感数据的关键设施，因此，面临着广泛的数据安全威胁，例如数据信息泄露、数据库攻击、虚拟化和云数据安全威胁、数据备份损失，以及数据传输安全威胁等问题。

**1. 数据安全威胁**

数据中心面临的数据安全威胁包括数据信息泄露，如未经授权的人员入侵导致的数据盗窃；数据库攻击，如黑客入侵、恶意软件和病毒攻击；虚拟化和云数据安全威胁，如虚拟机逃逸和云服务提供商的安全性；数据备份损失，包括人为错误和不完整的数据备份与恢复；以及数据传输安全威胁，包含数据明文传输等。这些威胁可能导致数据泄露、篡改、滥用或丢失，给用户带来财务损失、声誉受损和法律责任等严重后果。因此，数据中心必须采取严格的安全措施来保护数据安全。

(1) 数据信息泄露。一般来说，数据信息泄露来自两个方面，一个方面是内部员工无意或有意地泄露给非法盈利的个人或团体。另一个方面是未经授权的人员入侵数据中心，导致数据被泄露和盗窃。黑客可以通过各种手段获取访问权限，如社交工程、密码破解、钓鱼攻击或系统漏洞利用。一旦数据泄露，就可能会对个人隐私、商业机密和用户信任产生严重影响。

(2) 数据库攻击。数据库攻击是指通过黑客入侵、恶意软件和病毒攻击等方式对数据中心的数据库系统进行攻击，以获取敏感数据或对数据库进行破坏，例如恶意病毒、SQL注入及数据库拒绝服务攻击等。

(3) 虚拟化和云数据安全威胁。随着数据中心的虚拟化和云计算的发展，虚拟机和云环境也面临着虚拟机逃逸、数据隔离不足等一系列数据安全威胁。虚拟机逃逸是指黑客通过利用虚拟化平台的漏洞，从虚拟机中获取主机系统权限，进而对整个虚拟环境进行控制和破坏。此外，由于云平台中的多个用户共享同一物理服务器和存储设备，如果云服务提供商未能做好数据隔离措施，用户的隐私数据可能被其他用户访问、篡改或删除，从而导致数据泄露和数据完整性问题。

(4) 数据备份损失。数据备份是防止数据丢失和进行数据恢复的关键措施。然而，人为错误或不完整的数据备份与恢复过程可能导致数据丢失或无法完全恢复。例如，操作员在备份数据时可能出错，或者由于存储介质故障而无法成功恢复数据。这些情况下，数据中心可能会面临长期的数据丢失和运营中断风险。

(5) 数据传输安全威胁。为了提高数据的可读性，数据中心的数据往往直接采用明文存储，并且在进行数据交换时也直接采用明文进行传输。那么，数据在传输过程中就可能受到拦截、窃听或篡改等安全威胁。此外，数据传输通道，例如API接口等存在漏洞，黑客可以截获数据并对其进行篡改或窃取敏感信息。

**2. 数据安全防范**

(1) 身份鉴别

身份鉴别是指在用户访问数据中心资源时,对用户身份进行验证和确认的过程。其目的是确保只有合法的用户才能够访问和操作数据中心中的敏感数据。身份验证通常在用户登录并访问数据中心资源时进行,是数据安全防护的第一道门槛。一般情况下数据传输过程中并不要求进行身份验证。

(2) 访问控制

访问控制的最基本要求就是用户权限的分配。在对数据中心的资源进行访问和使用时,必须在经过用户身份验证之后,在该用户所具有的权限内有序地控制该用户对信息资源的访问。访问控制的任务是对系统内的所有的数据规定每个用户对它的操作权限。

访问控制可以分为下面的4种形式。

- 自主访问控制(Discretionary Access Control, DAC)。自主访问控制主要是在用户访问数据库内的数据时,对其使用权限的一种控制,其目的是让正常访问用户只能在管理员配给他的权限内对数据库数据进行相应的管理控制。
- 强制访问控制(Mandatory Access Control, MAC)。强制访问控制是基于预先定义的安全策略和标签,对系统中的每个主体和资源进行分类,并为其分配相应的安全级别。用于限制和控制用户对资源(如文件、数据库)的访问权限。与自主访问控制不同的是,强制访问控制是由操作系统或安全内核来强制执行的,而不是由主体或资源的所有者来控制的。
- 基于角色的访问控制(Role-Based Access Control, RBAC)。基于角色的访问控制主要安全策略依托三个元素:用户、权限和角色。在该模式中,通过将所有权限相同、不同属性的用户定义成同一种角色,管理员增加或者更改用户权限可以通过将该用户分配到不同角色组内实现。
- 基于属性的访问控制(Attribute-Based Access Control, ABAC)。在基于属性的访问控制中,访问决策基于多个属性的组合,例如用户的身份、所在的位置、当前的时间等。该方法可以提供更细粒度的访问控制,并且可以根据环境和需求进行动态调整。基于属性的访问控制可以更好地适应复杂的访问控制需求,例如基于上下文的访问控制、动态访问控制和风险自适应访问控制等。

(3) 虚拟化安全策略

确保虚拟化平台的安全配置,包括及时安装虚拟机操作系统的安全补丁与最新版本、修复已知漏洞、禁用不必要的服务和功能、限制网络访问、启用防火墙和入侵检测系统等防护策略。这些措施是降低入侵风险、防范虚拟机逃逸的关键。此外,强化虚拟网络隔离,在虚拟化环境中,确保虚拟机之间和虚拟机与物理网络之间的有效隔离。采用虚拟局域网隔离技术,限制虚拟机之间的通信,以减少横向渗透攻击的风险。

(4) 数据备份与审计

数据中心的数据备份应该包括所有关键数据和应用程序,确保所有的业务数据都得到备份,包括数据库、文件系统、虚拟机镜像、配置文件等。制定和执行定期备份计划,采用多层次的备份策略，包括全量备份、增量备份和差异备份。数据库审计是指对数据库系统中的操作和事件进行记录、监控和审查的过程。通过数据库审计，可以跟踪和分析数据库的使用情况、检测潜在的安全威胁和违规行为，以及保护敏感数据的安全性和完整性。

(5) 数据加密

使用加密技术对数据进行加密，确保数据在传输过程中无法被窃取或篡改。同时，选择安全的通信协议来传输数据，以确保数据传输过程中的安全性。在数据传输过程中，可以使用校验和、消息认证码或哈希函数等技术对数据包的完整性进行校验。这可以帮助检测数据是否在传输过程中被篡改。

### 6.2.4　Web 应用安全威胁与防范

#### 1. Web 应用安全威胁

(1) 物理路径泄露

物理路径泄露一般是由于 Web 应用处理用户请求出错导致的，比如用户提交一个超长或精心构造的请求，或请求一个 Web 应用上不存在的文件。如果开发或维护人员并未对所提交的请求进行过滤，往往会造成物理路径泄露。这些请求都有一个共同特点，就是被请求的文件肯定属于 CGI(Common Gateway Interface，通用网关接口)脚本，而不是静态 HTML 页面。

(2) 目录遍历

目录遍历主要是通过对任意 URL 附加类似于"../"或者"..\"或"..//"等符号，或者这些符号的编码，从而导致目录被获取的现象。

(3) 执行任意命令

执行任意命令即通过 URL 提交的链接中的特殊字符、命令，导致 Web 服务器执行任意操作系统命令。

(4) 缓冲区溢出

缓冲区溢出漏洞主要是指 Web 应用对非法用户提交的超长链接未做合适处理与防护。这种请求包括超长 URL、超长 HTTP Header 域或其他超长的数据。缓冲区溢出漏洞往往会导致 Web 服务器执行任意命令或拒绝服务。

(5) 拒绝服务

拒绝服务产生的原因较多，主要包括超长 URL、特殊目录、超长 HTTP Header 域、畸形 HTTP Header 域或 DOS 设备文件等。如果 Web 应用在处理这些特殊请求时处理方式不当，就可能导致服务出错而终止或进程挂起。

(6) SQL 注入

SQL 注入类型漏洞是开发人员在编译代码时造成的，主要是后台的数据库可以执行动态 SQL 语句，而前端 Web 应用并没有对用户提交的数据或者请求进行过滤，从而造成的安全威胁，是数据库自身的特性造成的，与 Web 程序的编程语言无关。几乎所有的关系数据库系统和相应的 SQL 语言都面临 SQL 注入的潜在威胁。

(7) CGI 漏洞

CGI 漏洞指 CGI 脚本中存在的安全漏洞，比如暴露敏感信息、默认提供的某些正常服务未关闭、利用某些服务漏洞执行命令、应用程序存在远程溢出，以及非通用 CGI 程序的编程漏洞等。

2. Web 应用安全防范

(1) 系统安装的安全策略

系统安装程序需要遵循一定的安全策略，例如安装系统时不要安装多余的服务或应用，因为部分服务及应用存在安全威胁。安装系统后一定要及时安装相应的系统补丁，并安装防病毒软件。

(2) 系统安全策略的配置

系统管理员通过"本地安全策略"限制匿名访问本机、限制远程用户对光驱或软驱的访问等，并通过"组策略"限制远程用户桌面共享，限制用户执行 Windows 安装任务等安全策略配置。同时，限制相关用户执行系统底层命令，并对相关用户设置合理权限。

(3) IIS 安全策略的应用

对于使用 IIS 作为 Web 服务器的设备，管理员在配置 IIS 时，不使用默认的网站，并及时对虚拟目录映射进行限制或删除。另外，对主目录权限进行限制，普通用户只拥有读取权限。

(4) 审核日志策略的配置

日志系统的主要作用在于，当 Web 应用出现问题时，管理员和审计人员能够通过系统日志对 Web 应用进行相关分析，准确了解故障原因，为后续问题处理提供依据。

- 设置登录审核日志。审核事件分为成功事件和失败事件。成功事件表示一个用户成功地获得了访问某种资源的权限，而失败事件则表示用户的尝试失败。
- 设置 HTTP 审核日志。系统管理员通过"Internet 服务管理器"选择 Web 站点的属性，对 HTTP 相关日志存储标准及位置进行设置。
- 设置 FTP 审核日志。设置方法同 HTTP 的设置基本一样。选择 FTP 站点，对相关日志存储标准及位置进行设置。

(5) 网页发布和下载的安全策略

通常 Web 应用的网页可能需要频繁修改，因此需要制定完善的维护策略来保证 Web 应用的安全。常见做法包括：制定访问控制策略，确保只有授权用户才能访问、修改和下载网页内容；使用版本控制系统，通过版本控制系统(如 Git)管理网页文件的变更，这样可以追踪每次修改的历史，快速回滚到以前的版本，减少相关风险；定期备份，定期对网页内容进行备份，以防数据丢失或损坏，同时要注意备份文件的安全存储。

### 6.2.5 云数据中心安全威胁与防范

云计算已进入高速发展阶段，许多组织和个人将信息存入云端，这使得云数据中心的海量信息在传输和存储过程中面临着被破坏和数据丢失的安全风险。更重要的是，云数据中心汇集了大量数据信息和网络设备，一旦受到攻击，其影响将是巨大的。云计算和虚拟化给云数据中心的管理带来便利的同时，也带来了新的安全挑战与风险。具体来说，云数据中心存在以下五大安全挑战和三大安全风险。

### 1. 云数据中心安全挑战

(1) 越来越多的安全威胁

随着云计算的快速发展,针对云数据中心的恶意攻击也日益频繁。相对于传统 IT 系统,云平台被攻陷后,影响范围更大。例如 2014 年 6 月,提供代码托管服务的 Code Spaces 网站遭受了 DDoS 攻击,攻击者设法删除了所有该公司托管的客户数据和大部分备份,Code Spaces 因这次攻击事件的巨大影响,最终宣布停止运营。

(2) 云计算虚拟化带来新的安全挑战

云计算虚拟化的实质是多个企业或组织的虚拟机共享底层物理资源。虽然传统的数据中心的安全仍然适用于云环境,但基于硬件的物理安全隔离无法防止同一服务器上虚拟机之间的攻击。目前,虚拟化安全技术的发展进程滞后于云计算虚拟化的发展,许多虚拟化和安全技术厂商并没有提供相应的安全服务。此外,云计算环境中庞大的虚拟机管理是一个复杂的任务。虚拟机的创建、配置、迁移和销毁等操作需要进行有效的身份验证和授权。如果虚拟机管理不当,可能会面临未经授权的访问、虚拟机配置错误、虚拟机镜像污染等风险。

(3) 数据泄露风险较大

目前,在云数据中心中,大多的业务均采用外包的形式。业务外包是为了降低企业运维负担和费用支出,但外包意味着失去对数据的根本控制,存在着一定的风险。云数据中心的员工也是数据泄露的潜在风险。未经授权的员工可能访问、复制或泄露企业的敏感数据,或者将数据提供给其他不法分子。根据 Verizon 发布的《2023 年度数据泄露调查报告》,2023 年全球范围内发生了超过 5200 起的数据泄露事件。报告还显示,在所分析的数据泄露事件中,大约四分之三涉及人为因素。

(4) 云故障频发

IT 管理人员习惯性地认为他们对于应用程序、服务、服务器、存储和网络拥有控制权,因此数据是安全的。实际情况是即便是技术实力很强的云服务供应商,也可能出现数据丢失的情况,绝对安全的云是不存在的。

(5) 云安全法律法规相对滞后

随着时间的推移,大多数企业的业务会向云端转移。云数据中心的网络安全法律法规和行业标准的执行过程更为复杂,也更具挑战性。客户难以辨别其数据是在云服务供应商还是供应商合作伙伴的网络上,这对数据隐私与隔离安全性等法规提出了新的挑战。所有正在考虑使用云计算服务的公司都需要仔细研究,有哪些法律法规可能会对云计算的数据安全和隐私产生影响。

### 2. 云数据中心安全风险

(1) 数据传输安全风险。数据中心在通常情况下存储着大量重要敏感数据,在数据中心的云计算模式下,将存储的数据通过网络传输给云计算服务器进行处理。但是这些数据在传输处理过程中面临以下几个问题:一是在网络传输过程中,如何确保敏感数据的保密性;二是如何保证相关数据的安全性;三是如何保证用户能够合法正常访问相关敏感数据。

(2) 数据存储安全风险。云数据中心中存储着大量重要敏感数据。在云环境下,用户无法确认数据所存储的服务器所在位置、相关存储区域是否安全,以及数据的完整性能否得到保障。

(3) 数据审计安全风险。传统数据中心在进行重要数据的存储和处理时，为确保数据的准确性，用户往往会进行第三方的审核验证。但是在云计算中，相关数据的准确审计很难实现。

### 3. 云数据中心安全防范

(1) 加强安全管理体系建设。为加强云数据中心的安全防范，首先应该进行安全域划分，根据不同安全域，设置安全管理目标并制定相应安全防护措施，不能只重视互联网出口处的网络安全防护，而忽视内网隔离、内网访问控制、安全审计等安全策略。

(2) 建立安全运营平台。通过在云数据中心部署安全运营平台，采集不同来源的网络流量、安全设备告警日志等数据，对经过云数据中心的网络操作进行实时监控和分析，一旦发现问题，及时产生安全告警，实现对云数据中心的安全态势感知。

(3) 规范管理制度和流程。在云数据中心的日常运维过程中，应加强管理制度建设，制定管理流程并严格执行，如密码管理、采用多因子认证技术、敏感数据加密存储、定期执行安全风险评估等。

## 6.3 数据中心安全技术

数据中心安全技术指为了保障数据中心网络系统硬件、软件、数据及其服务的安全而采取的信息安全技术。下面主要从安全防护技术、安全检测技术、访问控制技术、安全审计技术和数据备份技术几个方面进行介绍。

### 6.3.1 安全防护技术

数据中心网络安全防护主要采用的技术是防火墙。防火墙是位于互联网之间或者内部网络之间以及互联网与内部网络之间的网络安全防护技术，主要由硬件防火墙与软件防火墙按照一定的安全策略建立起来，目的在于保护内部网络或主机的安全。防火墙不仅可以过滤访问流量，还有助于对数据中心资产集中管理及各服务器、主机相关安全策略的执行，从而提高数据中心的安全性。

### 6.3.2 安全检测技术

数据安全检测采用安全检测技术实现数据的入侵检测功能，主要完成对威胁数据与非法操作的监测和阻拦。

数据包的入侵检测总体来说是基于网络流量分析的一种主动性安全防护技术，入侵检测系统主要位于防火墙之后，可以说是网络安全中的第 2 道阀门。其主要通过收集和分析用户的网络行为，对数据包内的入侵行为进行安全检测，使存在安全隐患的数据不能进入到数据中心。

通过安全日志、审计规则和数据记录可获取网络中计算机系统相关信息，检查进入数据中心及数据中心内部的操作、数据是否违反安全策略以及是否存在被攻击的迹象，主要采用模式匹配、统计分析和完整性分析三种分析策略。

入侵检测系统可以根据对数据和操作的分析，检测出数据中心是否受到外部或者内部的入侵和攻击。图6-1所示为常见的入侵检测系统流程图。

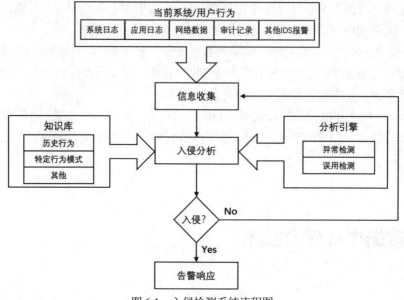

图6-1 入侵检测系统流程图

### 6.3.3 访问控制技术

为了保证合法用户可以访问权限内的数据中心资源，同时为了防止非法或合法的用户访问未授权的资源，需要在数据中心的数据访问层引入访问控制技术。访问控制技术首先对用户身份的合法性进行验证，同时利用控制策略进行权限管理工作，在对用户身份和访问权限做了验证之后，还需要对越权操作进行监控。

访问控制技术是用于保护信息免受组织内部和外部攻击以及授予和撤销用户访问权限的方法之一。访问控制技术给予被授权的人或系统访问数据中心的资源的权限。访问控制的主要目的是限制主体对客体的访问，从而保障数据资源在合法范围内得以有效使用和管理。访问控制完成两个任务：识别和确认访问系统的用户，以及决定该用户可以对特定的系统资源进行何种类型的访问。访问控制通常由识别、认证和授权组成，访问控制在认证后根据用户权限级别授予用户访问权限。常见的访问控制技术有统一身份认证技术、单点登录技术、多因素身份验证技术、基于虚拟局域网的网络隔离技术等。

(1) 统一身份认证技术。统一身份认证技术是一种集中管理多个应用程序、系统和服务的身份认证和授权的技术。它旨在提供一种一致的身份验证和授权机制，以简化用户登录和管理，并提高系统安全性。

(2) 单点登录技术。单点登录技术是一种允许用户在多个应用程序、系统和服务之间使用一组凭据进行身份验证和授权的技术。数据中心管理员可以根据数据中心的需求和预算选择适当的单点登录技术,用户登录一次就可以访问所有相互信任的应用程序,不需要多次输入身份验证信息。

(3) 多因素身份验证技术。多因素身份验证技术要求用户提供两个或更多的身份验证因素来验证其身份,包括密码、指纹、智能卡、生物识别等。

(4) 基于虚拟局域网的网络隔离技术。基于虚拟局域网的网络隔离技术是一种能够将不同的网络流量隔离在彼此独立的虚拟局域网中的网络架构,可以提高数据中心网络的可靠性和安全性,并方便管理和维护。

## 6.3.4 安全审计技术

数据中心是企业或组织信息系统的核心,包含大量的敏感数据和重要应用程序,因此,需要在安全审计分析层面引入安全审计技术,以及部署独立的安全审计系统来提供全面的安全保护。数据中心的安全审计技术是指利用各种安全审计工具和技术对数据中心的安全状态和合规性进行评估和监控。数据中心的安全审计技术通过对数据中心的安全配置、访问控制、日志记录、操作、应用程序等方面进行审计,发现安全问题和漏洞,并采取相应的措施进行修复和改进,以提高数据中心的安全性和防御能力。安全审计系统作为数据中心的一个独立的应用系统,立足于现有的数据采集、处理、分析、存储、查询等技术,通过对审计数据的快速提取和安全分析,满足信息处理中对于检索速度和准确性的需求,实现对攻击行为的有效防范和追查。安全审计系统首先通过软件代理、主动探测或原始报文解析等技术采集审计数据;然后经过滤、去重、规范化等数据处理操作得到统一的数据格式;再根据审计数据的格式,包括文件、结构化数据、非结构化数据等格式,采取不同的存储和备份技术对审计数据进行存储备份;最后,使用数据查询和分析技术,如使用倒排索引进行数据查询,使用数据挖掘和人工智能技术对安全事件进行分析总结,从而实现数据审计的"监督"和"评价"职能。图 6-2 所示为安全审计系统的通用架构图。

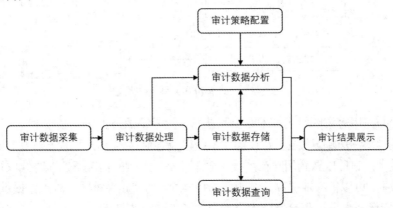

图 6-2  安全审计系统的通用架构图

常见的安全审计技术的分类有:主机安全审计技术、网络安全审计技术和数据库安全审计技术等。

(1) 主机安全审计技术。主机安全审计技术是一种对单台主机进行安全审计的技术，主机指任何运行操作系统的计算机设备，包括服务器、工作站和个人电脑等，这是最基础的审计也是最复杂的审计。审计的内容包括但不限于主机账号登录退出等操作的审计、主机网络连接的对象的审计，以及主机文件系统的审计等。

(2) 网络安全审计技术。网络安全审计技术是一种监控和记录数据中心的网络流量和事件，以便进行后续分析和审计的技术。审计的内容包括但不限于内网接入行为的审计、电子邮件收发行为和内容的审计，以及网络流量信息的审计等。

(3) 数据库审计技术。数据库审计技术是一种监控和记录数据库的操作和事件以便后续进行分析和审计的技术。审计的内容包括但不限于数据库安全配置的审计、数据库操作的审计，以及数据库产生的日志的审计。

### 6.3.5 数据备份技术

数据备份容灾主要是指为了防止数据中心的数据由于操作失误、系统故障或者恶意攻击而导致丢失，从而将数据全部或部分复制的过程。从对数据中心系统数据的保护程度来划分，有数据备份技术和应用容灾技术。数据备份是为了解决由于自然灾害和硬件故障、软件错误、操作失误、恶意攻击等网络灾害造成的数据中心数据丢失的问题，通过各种手段把丢失和遭到破坏的数据还原为正常数据。应用容灾建立在数据备份基础上，在保证数据中心系统的数据尽可能不丢失的情况下，使数据中心系统业务能够持续运行，从而保证数据中心提供的服务完整、可靠和安全。图 6-3 所示为某一异地备份容灾系统原理图。

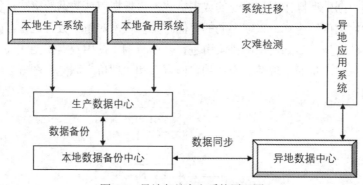

图 6-3　异地备份容灾系统原理图

数据备份与应用容灾的常用技术有快照技术、远程镜像技术和互连技术。

(1) 快照技术。快照技术主要是在操作系统以及存储技术上实现的一种用于记录某一时间系统状态的技术，它可以做到用户在系统一般服务不受影响的情况下，即时读取系统当前在线的所有服务数据，可以很好地提高系统服务的持续性，为完成系统的全时工作提供了技术保障。

(2) 远程镜像技术。远程镜像技术作为容灾备份的核心技术，是一种备份整个系统或服务器镜像的技术，包括操作系统、应用程序、配置和数据等，主要应用于主、备数据中心之间的信息备份，是保持远程数据同步和实现灾难恢复的基础。远程镜像技术可以与快照技术有效融合来实现远程备份，通过镜像将信息备份到远程存储系统中，然后利用快照技术将远程存储系统中的数据同步到远程存储单元中,提高数据中心的可用性和灾难恢复能力,有效支持数据备份和应用容灾功能。

(3) 互连技术。互连技术是指在主、备数据中心之间进行远程镜像复制的一种技术。以往的主、备数据中心间的数据备份大多使用光纤信道将两个数据中心的存储区域网络进行相连以实现远程备份。当前,一种基于 IP 的存储区域网络的互连协议,使用 TCP/IP 网络系统将主数据中心存储区域网络上的所有数据,远程复制到备份数据中心的存储区域网络中,这种互连技术能够横跨局域网、城域网和广域网,具有成本低和可延伸性强等优点。

## 6.4 数据中心安全管理

数据中心的安全体系建设并非安全产品的堆砌,它是从具体的安全管理制度、安全管理策略、应急预案等多个方面构建的一套生态体系。

### 6.4.1 安全管理制度

数据中心安全管理方案的制定应遵守信息安全相关法律法规及行业规章。首先,从法律层面来说,要遵守国内、国际信息安全相关法律法规,根据法律法规的要求进行用户数据安全与隐私保护,并依法保护知识产权。其次,从行业监管层面来说,需要遵守行业信息系统定级、备案、测评、整改的行业要求。根据不同信息系统的安全等级的特点和需求制定安全防护标准和等级保护制度,应将各类安全防护手段落实到各个等级区域边界中,从而保证各级安全目标的实现。同时,可搭建诚实可信的第三方公共云服务平台,为中小企业提供服务。

在安全管理制度时,可以参考行业先进的安全标准,以建立适合自身需求的安全管理制度,比如进行信息系统安全等级测评、安全加固、定期的安全检测、制定应急流程、定期进行应急演练等。建立健全完整的信息安全预警及通报机制,比如可通过购买第三方服务预警等方式进行漏洞扫描、安全检查;建立第三方(如供应商、服务商、外包人员和实习人员等)安全管理制度和管理流程。

### 6.4.2 安全管理策略

在对数据中心进行安全管理的过程中,采用分层管理是可行的方法,具体可分为:网络层、基础设施层、主机层、管理层和应用层。可针对每一层的特性分别制定不同的安全管理策略。

1. 网络安全管理策略

采用网络安全防护产品,如入侵检测和入侵防御 IDS/IPS、DDoS 攻击防护、流量清洗、防火墙、统一威胁管理 UTM、网闸、网络防病毒、数据库防火墙等,进行外部攻击的检测和防御。制定网络安全设备策略,并根据应用系统的变更及时调整相关策略。同时,定期梳理相关安全策略，做好访问控制策略管理。对新增业务提前做好安全策略规划。

### 2. 基础设施安全管理策略

采用包括监控系统、门禁系统、值班系统等在内的系统，保障基础设施安全。制定巡检制度，做好巡检日志。制订并实施基础设施的应急响应计划，包括对潜在威胁的预防、检测和应对措施。

### 3. 主机安全管理策略

采用操作系统加固、数据库加固、病毒防护、中间件加固、安全补丁管理等手段。存储安全方面，采用磁盘加密等技术，防止虚拟化环境中其他物理节点的安全威胁。实施基于 IP 的访问控制(如防火墙)，以防止虚拟服务器的攻击，并对服务器上应用的用户访问进行限制等，针对不同用户提供授权范围内的、安全的访问。

### 4. 管理层安全策略

采用包括 SOC(Security Operations Center)平台、日志审计设备、数据库审计设备、合规性检查工具、带外管理、终端安全管理、桌面防病毒、数据(加密/防泄密)等技术手段，制定信息安全事件的通报制度，从管理层做好信息安全事件管理策略。

### 5. 应用安全管理策略

包括应用安全策略、访问控制策略等。

(1) 应用安全策略

- 电子邮件安全：从修复相关安全漏洞、过滤不安全邮件和加固邮件系统等方面加强防护。
- Web 网页防篡改：解决网页篡改问题。
- WAF：对来自客户端的各类请求进行内容检测和验证，确保其安全性与合法性，对非法的请求予以实时阻断，从而对各类网站站点进行有效防护，阻止如 SQL 注入攻击、跨站脚本攻击(XSS)、网页挂马等类型的攻击。
- 应用交付安全：解决应用安全缺陷可能的引入点，这些引入点包括安全架构设计缺陷、开发编程缺陷、引用第三方的代码缺陷、中间件安全隐患等。通过在开发过程中引入设计和编码规范、中间件安全规范、代码审计等，保障应用交付安全。
- 开发、测试、生产环境严格分离：开发、测试和生产环境应严格分离，确保经过严格测试后再上线，降低系统频繁变更上线带来的风险。
- 变更管理规范化：制定严格的变更管理流程，确保变更安全可控，规范变更的测试、变更申请和审批流程，进行变更前备份，以及变更成功后验证或变更失败回退等步骤，从而保障变更质量，保障生产系统稳定性和可靠性。
- 运行维护流程化：运行维护操作流程化、文件化，保障运行维护的规范化，保障生产系统的安全性和稳定性。建立备份管理制度、备份定期检查和测试制度等，确保备份程序正常运行，备份文件切实有效。

(2) 访问控制策略

针对不同应用，制定不同的访问控制策略，贯彻访问控制安全策略基本原则：最小特权原则、最小泄露原则和多极安全策略原则。

### 6.4.3 应急预案及演练

随着互联网应用的普及和网络安全攻防技术的快速发展，由于网络安全风险的客观性和损害结果的不可逆性，使得建立网络安全事前、事中、事后的治理体系尤为重要。应急预案作为一种事前预防措施，可以最大限度地预防和减少网络安全事件及其造成的损害。

**1. 开展网络安全应急演练的必要性**

我国 2013 年公布的《突发事件应急预案管理办法》明确了对突发事件应对的具体规定，其中确立了应急预案管理应遵循统一规划、分类指导、分级负责、动态管理的原则。网络安全事件作为社会突发事件的一种，其应急预案管理也应遵循上述原则，加强应急预案的制定、审批、备案、公布、演练、修订和保障工作，以充分发挥网络安全应急预案的重要作用。

《中华人民共和国网络安全法》在第三章网络运行安全部分，第二十五条指出：网络运营者应当制定网络安全事件应急预案，及时处置系统漏洞、计算机病毒、网络攻击、网络侵入等安全风险；在发生危害网络安全的事件时，立即启动应急预案，采取相应的补救措施，并按照规定向有关主管部门报告。第五十三条指出：国家网信部门协调有关部门建立健全网络安全风险评估和应急工作机制，制定网络安全事件应急预案，并定期组织演练。

2017 年 1 月，中央网信办印发的《国家网络安全事件应急预案》明确规定：中央和国家机关各部门按照职责和权限，负责本部门、本行业网络和信息系统网络安全事件的预防、监测、报告和应急处置工作。同时规定各省(区、市)、各部门、各单位要根据本预案制定或修订本地区、本部门、本行业、本单位网络安全事件应急预案。

**2. 开展应急演练的流程**

开展网络安全应急演练工作，主要包括编制《应急预案》、制定演练《工作方案》及制定演练《实施方案》几个步骤。

(1) 编制《应急预案》。在编制《应急预案》时，主要应包括如下信息：明确组织机构性质及职责、定义安全事件级别及事件类型、制定对不同级别和不同类型网络安全事件的响应流程、制定针对不同级别和不同类型网络安全事件的预警措施。

(2) 制定演练《工作方案》。在制定演练《工作方案》中，主要应明确演练事件的类型、级别、参与方及演练科目等内容。

(3) 制定演练《实施方案》。在制定演练《实施方案》时，主要内容包括：明确具体参与人、明确演练实施步骤(确定演练实施方、响应方、组织方等的演练剧本)，明确演练记录与工作总结的内容。

**3. 网络安全事件应急处置流程**

一旦发生网络安全事件，根据制定的《应急预案》，相关人员应通过业务影响分析，确定各信息系统关键资源及信息安全事件的影响，并设定恢复目标，包括关键业务功能恢复的优先顺序和恢复时间范围等。以网站篡改为例，应急处置流程主要包括如下步骤。

(1) 事发紧急处置：断网、保护现场、上报安全责任人和主要负责人，同时上报给上级主管部门的网络安全应急管理中心。

(2) 事中情况报告与处置：掌握损失、分析原因、修复漏洞、恢复功能、配合调查。完成事件报告的填报。

(3) 事后整改报告与处置：总结教训、排查隐患、加强管理和防护。同时应及时将事件报告提交至上级主管部门。

## 6.5 数据中心安全产品

为保障数据中心的安全运营，通常需要根据数据中心业务性质和规模制定相应的安全解决方案。在安全解决方案的落地过程中，制定安全管理规范和选择网络安全产品是两项重点工作。网络安全产品众多，例如防火墙、入侵检测/防御系统、安全审计系统、漏洞扫描系统、防病毒系统等，不同类型的安全产品实现的安全防护功能不同，且对应不同的应用场景。本节围绕数据中心常见安全产品进行分类介绍。

### 6.5.1 网络安全产品

**1. 防火墙**

在网络安全技术中，传统防火墙指的是一个由软、硬件设备组合而成，在内、外网之间或者专有网与公共网的边界上构造的保护系统。防火墙在内、外网之间建立起一个安全网关，阻挡网络的非法访问和不安全数据传递，从而确保内部网络免受来自外部网络的安全威胁。

防火墙的工作原理是：

(1) 根据预定义规则和策略进行网络数据包的检查，进行包过滤。

(2) 跟踪网络连接状态和属性，识别并阻止未授权的连接。

(3) 部分防火墙可充当应用层代理，在网络应用层上进行深度检查和控制，过滤不安全应用层数据。

(4) 进行网络地址转换(Network Address Translate, NAT)，将内网私有 IP 地址映射为公共 IP 地址，使得外部计算机无法直接访问内部网络的私有 IP 地址。

(5) 提供 VPN 支持，允许远程用户安全访问受保护网络。

(6) 记录安全事件和生成报告。

防火墙的优点：可以强化安全策略，可在被保护的网络和外部网络之间进行网络连接记录，能限制暴露用户点，并可作为安全问题的检查点。缺点：防火墙虽然可以阻断网络攻击，但不能消灭攻击源，也无法阻止来自网络内部的攻击。此外，防火墙无法识别病毒。并且，某些高级攻击可能会绕过防火墙的安全措施。

防火墙的主要生产厂商有华为、天融信等。在防火墙设备选型时，主要考虑的技术参数包括：吞吐量、最大并发连接数和新建连接速率等。其中，吞吐量指每秒处理数据包的最大能力，是衡量防火墙性能的重要指标。

## 2. Web 防火墙

Web 防火墙(Web Application Firewall, WAF)是为了保护 Web 应用免受各种网络攻击和漏洞利用而出现的一种应用级安全防护系统。与传统防火墙不同，WAF 工作在应用层，对 Web 应用防护有先天的技术优势。它提供应用扫描、木马检测、安全防护、访问控制和日志审计等功能，从而有效地对网站系统和 Web 应用系统进行安全防护。

WAF 通过在 Web 应用程序与网络用户之间充当代理服务器的形式工作，它位于 Web 服务器前或与服务器集成，拦截并检查所有进出的 HTTP/HTTPS 流量。其工作原理包括 5 个关键步骤，分别为：

(1) 监控传入和传出的 HTTP/HTTPS 报文。
(2) 使用签名等各种技术检测 Web 攻击行为。
(3) 将流量与事先定义的安全规则进行匹配，过滤恶意流量。
(4) 对安全事件记录生成日志。
(5) 生成报告并进行安全告警。

WAF 的优点是，它有较高级的防御功能，防护范围全面，配置和策略灵活，可实现与威胁情报服务集成，获取最新威胁情报。缺点是，WAF 存在一定误报率和漏报率，在处理大量流量时，其性能会受到一定影响。

WAF 主要生产厂商有绿盟科技、安恒信息等。在 WAF 设备选型时，主要考虑的技术参数包括：业务带宽和每秒最大查询数(QPS 峰值)等。其中，业务带宽是指 WAF 保护的网站业务流量的峰值带宽大小。

## 3. 入侵检测系统

入侵检测系统(Intrusion Detection System, IDS)用于监控和检测网络中的任何形式的安全威胁、恶意活动和安全事件，发现并响应潜在的入侵行为，生成警报通知安全团队，是一种积极主动的安全防护技术。

入侵检测按照工作原理可分为实时入侵检测和事后入侵检测两类。

(1) 实时入侵检测在网络连接中进行，系统根据用户的历史行为模型、专家知识和神经网络模型对用户当前操作进行判断，一旦发现入侵迹象，立即断开入侵者与主机的连接，并收集证据、实施数据恢复，这个检测过程是不断循环的。

(2) 事后入侵检测则是由具备网络安全专业知识的管理人员定期或不定期进行，不具备实时性，因此防御入侵的能力也不如实时入侵检测系统。

IDS 的优点是能够追踪攻击者的攻击线路，能侦测系统配置错误，使现有安防体系更完善，并且及时记录和分析入侵事件，有助于后续调查取证工作。IDS 的缺点是可能存在误报和漏报的问题，需要一定的人为干预来进行适当的调优和配置，并且对系统资源的消耗较大，也可能对网络性能产生一定的影响。

IDS 的主要生产厂商有绿盟科技、启明星辰等。在 IDS 设备选型时，主要考虑的技术参数包括：每秒数据流量、每秒抓包数、每秒能监控的网络连接数，以及每秒能够处理的事件数。其中，每秒数据流量指网络上每秒通过某节点的数据量，是网络入侵检测系统性能的重要指标。网络入侵检测系统检测到网络攻击和可疑事件后，会生成安全事件或称报警事件，并将事件记录在事件日志中，每秒能处理的事件数这一指标反映了检测分析引擎的处理能力和事件日志记录的后端处理能力。

#### 4. 入侵防御系统

入侵防御系统(Intrusion Prevention System, IPS)是一台能够监控网络和网络数据传输行为的计算机网络安全设备或软件。它能对网络数据流量进行深度预警感知和分析，对一些不正常或具有伤害性的网络数据传输行为进行中断或者隔离。IPS 一般作为防火墙和防病毒系统的补充来投入使用。

IPS 工作原理如下：

(1) 监视网络流量，通过分析入站和出站数据包来确定潜在威胁和入侵行为。

(2) 使用事先定义的规则集和签名检测已知的攻击和恶意行为，并和已知攻击特征进行匹配，如果是恶意流量，则采取阻止措施。

(3) 使用行为分析技术来检测未知的入侵行为，分析异常流量，从而识别潜在威胁。

IPS 的优点是当 IPS 被攻击失效后会阻断网络连接，确保被保护的资源与外界隔离，并且 IPS 允许管理员根据需求灵活定制规则策略。但 IPS 也有一定的缺点，它可能会将正常流量误报为恶意行为，并且需要对规则集和签名数据库定期更新。此外，由于数据流量均要经过 IPS 来进行检查，这在一定程度上加大了网络延迟。

目前 IPS 的主要生产厂商有绿盟科技、启明星辰等。在 IPS 设备选型时，主要考虑的技术参数包括：吞吐量、最大并发会话数、每秒新增会话数等。

### 6.5.2 系统安全产品

#### 1. 防病毒系统

防病毒系统的主要用途是防止病毒入侵主机并扩散到全网，实现全网的病毒安全防护。通过检测、阻止和清除恶意软件，提供实时保护和病毒扫描，防止计算机系统感染病毒并遭受数据损失或盗取。

防病毒系统通常采用多种技术来防止病毒入侵，其工作原理是使用病毒特征库来识别已知病毒，实时监控网络流量中病毒活动，使用启发式分析技术检测未知病毒，以及自动更新病毒特征库以获取最新病毒定义和修复补丁。

防病毒系统的优点是提供实时的和多层次的保护，也可自动更新病毒特征库和修复补丁，但其缺点是无法完全预防未知病毒的攻击，也可能会对系统性能产生一定影响。

防病毒系统的主要设备生产厂商有奇安信、安恒信息等。防病毒系统主要技术参数包括：网络吞吐量、病毒特征库数量及更新频次、最大并发会话数和每秒新建会话数等。

### 2. 漏洞扫描系统

漏洞扫描系统的主要功能是对系统、网站、端口、应用软件、数据库等一些网络应用进行扫描检测，并对检测出的漏洞进行报警，提示管理人员进行修复，以提高网络安全性。网络漏洞扫描器可用于企业、组织和个人网络的安全评估和风险管理。最新一代漏扫系统还具备智能识别功能，根据风险的分布和级别进行分析预警，同时还可以对漏洞修复情况进行对比分析，以提高漏洞修复效率。

一次完整的网络漏洞扫描包括三个阶段：
(1) 指定要扫描的目标网络或系统范围；
(2) 扫描目标系统的开放端口，确定可访问的网络服务和应用程序；
(3) 使用预定义漏洞数据库或签名对目标系统进行漏洞检测，扫描完成后生成详细报告。

网络漏洞扫描系统的优点是可以进行自动化扫描，提高扫描效率和准确性，并且可以通过扫描漏洞帮助管理员了解网络的安全风险。其缺点是可能会产生误报和漏报，部分高级的漏洞扫描器在扫描中可能会给目标系统带来一定的网络流量和负载，对网络性能产生影响。

漏洞扫描的主要设备生产厂商有绿盟科技、启明星辰等。漏洞扫描设备在选型时，主要考虑的技术参数包括：漏洞特征库数量与更新频次，最大允许并发扫描的主机地址数，最大允许的并发扫描线程数，最大允许的并发扫描任务数，以及支持的特征库漏洞条数等。

### 3. 安全管理与运维审计系统

在对数据中心业务系统进行运维管理的过程中，对运维人员的管理操作进行访问控制以及对运维操作进行审计是保障数据中心内部安全非常重要的一环。通过部署安全管理与运维审计系统，可实现系统运维人员从外部网络安全可控可审计地访问数据中心内部资源。安全管理与运维审计系统俗称"堡垒机"，其主要功能包括：身份认证、授权管理、访问控制和操作审计。

安全管理与运维审计系统的基本工作原理如下：
(1) 通过切断终端计算机对网络和服务器资源的直接访问，采用协议代理的方式，接管了终端计算机对网络和服务器的访问；
(2) 运维安全审计模块能够拦截非法访问和恶意攻击，对不合法命令进行命令阻断，过滤掉所有对目标设备的非法访问行为，并对内部人员误操作和非法操作进行审计监控，以便事后进行责任追踪。

安全管理与运维审计系统的优点体现在使用简单、安全性较高。通常系统使用网络加密技术来保护用户数据，并提供了多种安全措施来防止未经授权的访问。缺点主要体现在安全管理与运维审计系统存在不稳定性。由于堡垒机是一种远程控制设备，它可能会受到网络环境中断、硬件故障等因素的影响，从而导致访问控制失效。

安全管理与运维审计系统的主要设备生产厂商有帕拉迪、安恒信息等。安全管理与运维审计系统选型时，主要考虑的技术参数包括：产品架构、部署方式、授权管理设备数等。

#### 4. 虚拟化安全

虚拟化安全是专门为虚拟化环境设计的安全解决方案，可以保护数据中心中的虚拟机、虚拟网络、虚拟存储等虚拟化环境，防止虚拟机遭受攻击和数据泄露。

虚拟化安全产品的工作原理如下：

(1) 实时监控虚拟化环境的活动，识别潜在的安全问题；

(2) 提供防火墙、入侵检测和防御功能，阻止恶意活动；

(3) 对虚拟机和虚拟网络提供加密和认证机制，确保数据的机密性和完整性。

虚拟化安全产品的优点是增强了虚拟化环境的安全性，可与现有安全产品集成。缺点是虚拟化安全产品可能会增加系统的复杂性和管理开销，某些产品会对系统性能产生一定影响。

虚拟化安全产品的主要生产厂商有华为、阿里云等。虚拟化安全产品选型时，主要考虑的技术参数包括：授权许可数、服务器兼容性、对虚拟机在线迁移以及对多站点的支持能力。

### 6.5.3 数据安全产品

#### 1. 数据库审计系统

数据库审计系统可以监控和审计用户对数据库中的表、视图、序列、包、存储过程、函数、库、索引、同义词、快照、触发器等的创建、修改和删除等操作，并且可以精确到 SQL 操作语句级别的分析。

数据库审计系统通过对数据库系统的操作和事件进行日志记录、对数据库进行实时监控和警报、定义审计规则和策略，以及对数据库审计日志进行安全分析和报告来实现对数据库的审计。

数据库审计系统的优点是实时监控和警报、可及时发现和响应安全事件、记录详细的审计日志，以及帮助发现潜在安全威胁和合规性问题。缺点是可能会对数据库性能造成一定影响，并且需要定期维护和更新审计规则和策略。

数据库审计系统的主要设备生产厂商有启明星辰、安恒信息等。数据库审计系统选型时，主要考虑的技术参数包括：吞吐能力、日志存储容量、日处理业务操作数、峰值事务处理能力。

#### 2. 数据库防火墙

数据库防火墙部署于应用服务器和数据库之间，用户必须通过该系统才能对数据库进行访问或管理。它主要用于监控和控制数据库流量，防范未经授权的访问、恶意攻击和数据泄露等潜在风险。

数据库防火墙通过访问控制、安全策略和规则、数据过滤和检测、安全审计和日志记录，以及实时报警响应来实现对数据库的保护。数据库防火墙主动实时监控、识别、告警、阻挡绕过企业网络边界(FireWall、IDS/IPS 等)防护的外部数据攻击以及来自内部的高权限用户(DBA、开发人员、第三方外包服务提供商)的数据窃取、破坏等。从数据库 SQL 语句精细化控制的技术层面出发，数据库防火墙提供了一种主动安全防御措施，并结合独立于数据库的安全访问控制规则，来应对来自内部和外部的数据安全威胁。

数据库防火墙的优点是提供了强大的访问控制和安全策略，能够有效避免数据库受到各种威胁。数据库防火墙的缺点是配置和管理较为复杂，高级功能和定制化需求需要额外配置和开发。

在数据库防火墙设备生产领域，主要厂商有安华金和、安恒信息等。数据库防火墙设备选型时，主要考虑的技术参数包括：数据库实例数、每秒 SQL 并发数等。

### 3. 网页防篡改系统

网页防篡改系统会监控网站的源代码文件和内容，及时识别出篡改网页的非法行为，检测出网页潜在的恶意攻击和威胁，保护网页代码文件不被篡改；也可在篡改发生后及时进行识别，并采取快速自动恢复等措施进行处理。

网页防篡改系统采用的技术主要有三种：外挂轮询、核心内嵌、事件触发。外挂轮询技术是指用一个网页读取和检测程序，以轮询方式读出待监控网页，并与真实网页比较，判断内容的完整性，对被篡改网页进行报警和恢复。核心内嵌技术是指将篡改检测模块内嵌在 Web 服务器软件里，它在每一个网页流出时进行完整性检查，对篡改网页进行实时访问阻断，并报警和恢复。事件触发技术是指利用操作系统的文件系统或驱动程序接口，在网页文件被修改时进行合法性检查，对非法操作进行报警和恢复。

外挂轮询技术的优点是实现和部署简单，缺点是网页数量大的情况下，扫描用时太长，会占用大量系统资源。核心内嵌技术的优点是仅对流出 Web 服务器的页面进行检查，使被篡改页面不会被浏览者看到，缺点是访问页面必会经过处理，增加访问延迟。事件触发技术的优点是从根本上对非法篡改进行阻止，缺点是支持的操作系统类型有限，不易部署。

网页防篡改系统的主要设备生产厂商有：绿盟科技、深信服等。网页防篡改系统在选型时，在防篡改功能方面，应重点考虑篡改恢复时间、支持保护的网页文件类型；在采用的核心技术方面，应考虑是否采用基于文件过滤驱动保护技术、是否采用事件触发机制等。

### 4. 数据备份系统

数据备份系统是一种用于备份和恢复数据的硬件或软件系统，可以保护企业或组织的数据免受意外删除、硬件故障、恶意软件等事故的影响，确保数据的可用性和完整性。数据备份系统通常会定期备份数据，以确保在数据丢失或损坏时可以进行恢复。

数据备份系统的工作原理是，首先根据备份策略选择需要备份的数据源和文件，然后将选择的数据传输到备份系统中，之后备份系统将数据存储在磁盘、云存储等介质中，备份系统管理备份数据的索引版本、历史记录和存储位置。在需要时，数据备份系统根据需求从备份存储中选择和恢复数据。

数据备份系统的优点是容灾能力强，自动化功能减少了人工管理和操作的工作量。数据备份系统的缺点是需要额外的存储设备和资源，增加了成本和管理负担。

数据备份系统的主要设备生产厂商包括华为、爱数等。数据备份系统在选型时，主要考虑的技术参数包括：支持的协议类型、容量和对应用级容灾备份系统的支持等。

## 6.5.4 其他安全产品

### 1. 日志审计系统

日志审计系统采集信息系统中系统事件、用户登录信息、系统运行状态等各类信息，经过相应处理后,将信息以日志形式集中存储和管理,实现对信息系统日志的全面审计。管理员可通过日志审计系统随时了解计算机系统的运行情况和网络设备的安全性,检测计算机系统中潜在的安全事件和威胁。

日志审计系统的主要工作原理是,通过日志采集器,采集各种设备日志,并将其推送到日志审计平台。日志审计平台运用日志解析、日志过滤、日志聚合等技术进行关联分析,发现潜在安全问题,从而进行告警、报表统计,帮助监控和保护计算机系统的安全性,并满足合规性要求和监管要求。

日志审计系统的优点是可以很好地检测安全事件,提供潜在威胁分析。缺点是需要收集和存储大量日志数据,这会涉及隐私和合规性问题,并且处理大量的日志数据可能会对系统性能造成一定影响。

日志审计系统的主要设备生产厂商有安恒信息、绿盟科技等。日志审计系统主要技术参数:支持的日志接入格式、日志的集中存储容量、日志源数量和每秒事件数等。

### 2. 态势感知系统

态势感知系统是一种用于监测、分析和预测网络安全态势的安全管理工具。其主要用途是对网络环境的安全状态进行实时监控,提高对网络和系统威胁的感知能力。

态势感知系统通过多种方式收集来自网络设备、安全设备、日志数据等的实时信息,利用数据聚合、分析和挖掘技术对这些数据进行处理和分析,以获取网络环境中的安全状态和趋势。系统会应用机器学习、行为分析、异常检测等算法,识别出可能的安全事件和威胁,生成相关的报告和警报。同时,系统还可以提供可视化界面和查询功能,方便用户查看和分析安全态势数据。

态势感知系统的优点是可以对多种数据源进行全面分析和实时监测,以预测潜在威胁。缺点是需要处理大量数据,对计算和存储资源要求较高,并存在漏报和误报情况。

态势感知系统的主要设备生产厂商有奇安信、深信服等。态势感知系统在选型时,主要考虑的技术参数包括:平台部署模式、威胁情报特征库数量及更新频率、全流量监测与预警能力等。

### 3. 安全信息和事件管理系统

安全信息和事件管理系统(Security Information and Event Management, SIEM)可以监控和分析网络和计算机系统的安全事件和信息,从而提高安全性并减少管理成本。

SIEM 系统收集来自各种安全设备和应用程序的安全事件日志和信息,并对这些日志和信息进行实时监控,利用各种技术进行数据分析,提供安全事件的自动或手动响应机制,帮助组织生成合规性报告和审计日志。SIEM 系统还可以将这些事件和信息与先前的安全事件和威胁情报进行比较,以确定当前事件是否属于一系列已知的攻击或威胁。

SIEM 系统的优点是可以集中管理来自多个数据源的日志数据,简化了安全事件的监测。缺点是一些 SIEM 系统可能会产生误报,并且由于需要对大量日志数据进行收集分析,对计算和存储能力要求较高。

SIEM 系统的主要设备生产厂商有华为、启明星辰等。SIEM 系统在选型时,主要考虑的技术参数有:日志采集格式、流量监测和分析能力,以及是否支持网络资产发现等。

## 6.6 数据中心安全管理案例分析

数据中心包含重要的业务系统和数据，因此往往会成为网络攻击者的重要目标。数据中心的网络安全威胁主要来自两方面：外部攻击和内部风险。外部攻击主要由黑客等发起，包括拒绝服务攻击、端口扫描、木马后门、强力攻击、IP碎片攻击、蠕虫病毒等。内部风险主要体现在系统漏洞、网站脆弱性、管理制度缺失，以及安全运维能力不足等方面。对数据中心的安全管理和防护是保护数据中心关键业务系统稳定、持续运行的前提和保障。在众多安全管理防护措施中，对数据中心安全架构进行顶层设计是实现数据中心安全管理和防护的基础。本节以某数据中心安全管理架构为例（如图 6-4 所示），介绍数据中心安全域划分及各安全域对应的安全防御措施。

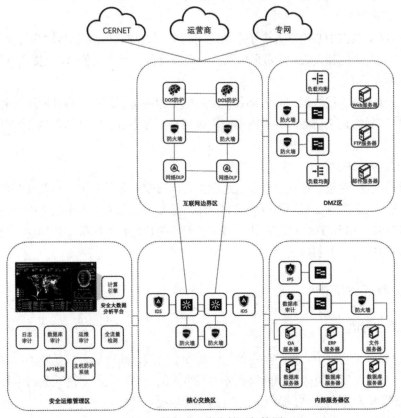

图 6-4 数据中心安全管理架构图

### 6.6.1 安全域划分

在网络管理中，采用安全域模型设计方法对安全域进行划分，设计边界访问策略和边界防护技术,可以有效保障域内网络和业务信息安全。在数据中心安全管理过程中,将数据中心各业务系统按照业务功能和逻辑组网架构进行安全域划分和边界整合,进而部署不同边界防护设备,有利于数据中心安全管理。图 6-4 所示是一个中等规模数据中心安全管理架构设计,将数据中心业务系统划分为五个安全域,分别为互联网边界区、DMZ 区、核心交换区、内部服务器区和安全运维管理区。

(1) 互联网边界区

互联网边界区是数据中心与外部互联网之间的连接通道,既要保证业务的对外安全通信,也要满足各业务分区的网络带宽需求。

(2) DMZ 区

DMZ(Demilitarized Zone),隔离区,也称"非军事化区",是为了解决安装防火墙后外部网络无法直接访问内部服务器而设立的一个非安全系统与安全系统之间的缓冲区。DMZ 区是数据中心内部网络与外部网络之间的一个网络区域,将允许外部访问的服务器单独部署在 DMZ 区,而其他需要保护的服务器部署在内部服务器区,从而实现内外网分离。例如 Web 服务器、FTP 服务器、邮件服务器等都可以部署在 DMZ 区。

(3) 核心交换区

核心交换区是数据中心内部各个子系统之间的交汇点,承担着数据传输和交换的关键任务。为了确保核心交换区的稳定性,通常采用双核心交换设备进行冗余备份,以提高网络的可用性。

(4) 内部服务器区

内部服务器区是承载数据中心内部各类应用服务器的重要区域,内部应用对外部网络不可见,不允许外部网络直接访问。各类内部应用包括 OA 服务器、ERP 服务器、文件服务器,以及各类数据库服务器。

(5) 安全运维管理区

安全运维管理区对整个数据中心安全运营负责,在安全事件发生时需要及时报警和给出防御措施,是整个安全防御体系中不可或缺的一环。通常可部署安全大数据分析平台,集成身份管理、漏洞扫描、终端管理、日志审计、APT 检测、主机防护系统等多种功能,对网络中的主机与安全设备进行统一的监控。

### 6.6.2 安全域边界防护

#### 1. 互联网边界区

互联网边界区是数据中心由外到内的第一重安全防线,防火墙是基础防护设备,防火墙在逻辑上形成一个分离器,监控内部网络和外部网络间的活动,同时对进入数据中心网络的流量进行实时过滤防护和策略控制,保护内部网络不受未授权访问和恶意攻击。

在互联网边界区,除部署防火墙之外,为应对分布式拒绝服务(Distributed Denial Of Service,DDoS)攻击,可在网络出口处部署 DDoS 防护设备,从而降低数据中心遭受 DDoS 攻击的风险。从数据安全防护角度出发,为防止数据泄露,可在网络出口部署数据泄露防护(Data Leakage Prevention, DLP)设备,通过深度内容识别技术对网络传输中的数据进行监控,并根据安全策略执行相关的动作(如阻止、审计、提示)，及时阻断敏感数据的外发，同时生成预警日志和审计日志。

### 2. DMZ 区

根据 DMZ 区设计原理，虽然能提供对外部入侵的安全防护，但不能提供对内部破坏的防护。可将这个区域置于两类防火墙之间来实现对 DMZ 区的有效安全防护。其中，一类防火墙控制 DMZ 区和外部网络之间的流量，另一类防火墙用来限制 DMZ 与内部网络的连接，通过制定不同的防火墙策略来实现对内部网络、DMZ 区和外部网络之间不同级别的访问控制。

### 3. 核心交换区

为了增强核心区的安全性，可在核心交换区旁路部署入侵检测系统(Intrusion Detection System, IDS)和安全审计设备，对核心交换机上的流量进行实时监测和检测，及时发现恶意威胁和攻击，并采取相应的措施，保障核心交换区的网络运行安全。此外，该区域也可以部署防火墙设备，以实现核心网安全策略。

### 4. 内部服务器区

部署在内部服务器区的应用系统虽然外部网络不能直接访问，但是一旦 DMZ 区服务器被攻破，网络攻击者可能通过横向移动、内网扫描等手段，对内部网络系统发动攻击并造成破坏。因此，在对内部服务区应用系统进行管理时，实施必要的访问控制、管理权限最小化等操作是必不可少的。可以在内部服务区边界部署入侵防御系统( Intrusion Prevention System, IPS)来对内部服务区流量进行实时监测防护，阻拦可疑的数据包等。

在内部服务器区，由于数据库承载数据中心重要数据，需要在保障数据可用性与流动性的前提下落实对数据机密性与完整性的保护。可通过部署数据库防火墙来增强访问数据库系统的人员的身份鉴别安全与访问安全，从而有效防止非法操作者对数据库的恶意攻击。同时，可以通过部署数据库审计系统，监视并记录对数据库服务器的各类操作行为，并建立行为模型以发现违规的数据库访问行为。

### 5. 安全运维管理区

在安全运维管理区，通常部署安全大数据分析平台，用于采集数据中心南北向流量和东西向流量，以及各类网络安全设备告警日志。该平台通过数据融合，结合网络安全威胁情报信息进行关联分析，最终形成对整体网络的安全态势分析，并为网络安全监测、预警和处置提供技术支撑。

除了通过技术工具对安全威胁进行监测预警之外，管理人员还应该制定针对数据中心不同类别、不同级别的网络安全事件的应急预案，并定期开展应急演练，这也是数据中心安全运维管理不可或缺的一部分。

## 6.7 习题

1. 数据中心网络安全威胁有哪些？如何进行防范？
2. 数据中心中常见数据安全产品有哪些，请列举三种。
3. 数据中心安全的目标有哪些？
4. 数据中心安全架构的基本原则是什么？
5. 用于数据中心的边界安全防护设备有哪些？
6. 网络安全产品的种类有很多，思考如何选择适当的安全产品，并阐述在选择数据中心安全产品时应考虑的主要因素。
7. 数据中心中引入访问控制技术的意义和作用是什么？常见的访问控制技术有哪些？
8. 高校数据中心由于部署有高计算能力的服务器，成为"挖矿木马"病毒的感染目标，请尝试给出应对策略。

# 第7章 数据中心运维

随着云计算、物联网、移动互联网、大数据、智慧城市等新技术的快速发展和广泛应用，人们对数据中心运维的要求越来越高，数据中心运维的难度也越来越大。越来越多的企业把拥有强大的数据中心视为核心竞争力，数据中心的运维管理也越来越被企业所重视。在这种背景下，数据中心的运维面临巨大的压力。如何有效地对数据中心进行监控和管理，提高数据中心运维效率，已经成为很多大型数据中心亟待解决的问题。

本章首先介绍数据中心运维的重要性，然后从基础环境、网络、计算、存储、安全5个方面介绍数据中心运维的相关技术及软件工具，最后介绍运维管理技术的发展趋势。

## 7.1 数据中心运维的重要性

信息系统能否安全、稳定、高效地运行，直接取决于数据中心的运行状况。因此，高效的运维服务管理不可或缺。数据中心运维工作的重要性体现在以下几个方面：

(1) 高效的运维管理可以延长数据中心设施设备的生命周期。所有的硬件设备都有寿命问题，而信息系统包含大量不同种类、不同功能、不同性能的设备，每种设备的寿命各不相同。对信息系统而言，几乎在项目建设完成后即需进入项目运维期，而对某些建设周期需要很多年的信息系统来说，在项目建设后期，便要对前期建设的项目进行运维。

(2) 硬件设备的更换、升级有运维需求。考虑到硬件寿命及技术进步，硬件产品会不断升级，从而要求原来使用的各种软件也需进行升级，而系统软件升级也需应用软件进行相应的调整以适应新环境。

(3) 系统软件、工具软件由于自身存在各种缺陷，需要在运维过程中主动修正和完善。

(4) 随着时间的推移，系统需要应对新的功能要求或政策变化。因此，我们需要对系统进行运维，包括必要的升级和改造，以不断完善其功能。

从某种程度上来说，运维比建设更重要，过程更长，要想让系统继续用下去，那么运维就将持续进行。

数据中心运维通过管理IT资源来保障系统合规、安全、可靠、稳定地运行，并持续提高业务连续性和IT服务水平。根据数据中心属性的不同，在法律、监管、稳定性、安全性等方面也会有一些不同要求。总的说来，数据中心运维管理需要满足以下目标。

### 1. 合规性

运维管理在合规性方面需严格遵守相关的法律、法规。提供公有云服务的数据中心，还应遵守国际通行的法律、法规、准则等。运维管理过程需确保符合第三方审计的相关要求等。

### 2. 连续性

数据中心的系统经常会有计划性维护和非计划性维护，其中非计划性维护可能会导致业务系统的中断。根据过去几年的云故障统计，即使是亚马逊这样知名的云服务商，也有不少非计划性的云故障事件出现，这些事件不仅造成业务系统的中断，给用户带来了不良影响，也给自身带来了经济损失和名誉损害。因此，数据中心在运维管理中应针对不同的故障场景，提前制定应急方案，并定期进行演练，以确保在出现异常情况时能够迅速反应，快速解决，从而保障数据中心业务的连续性。

### 3. 安全性

数据中心要满足安全性要求，即信息安全三要素：保密性、完整性、可用性。保密性：确保机密信息不被窃听，或窃听者不能了解信息的真实含义。完整性：确保数据的一致性，防止数据被非法用户篡改。可用性：确保合法用户对信息和资源的使用不会被不正当地拒绝。

### 4. 服务性

数据中心应构建服务导向型的运维管理框架，从服务的角度出发，规范化各种服务管理流程，最终形成数据中心运维服务整体架构。比如，数据中心在管理体系的设计上可以参考ITIL(信息技术基础架构库，Information Technology Infrastructure Library)和ITSM(信息技术服务管理，Information Technology Service Management)等标准，建立适合企业自己的流程，如建立服务台、规范运维流程、创建配置库、创建知识库等，通过借鉴国际先进的IT服务管理理念，提升运维服务水平。

数据中心运维的主要内容有多种划分方式，依据前面章节中介绍的数据中心各个子系统，可以将运维管理划分为：基础环境运维、网络子系统运维、计算子系统运维、存储子系统运维和安全子系统运维。

## 7.2 基础环境运维

基础环境运维主要是对各类基础设施设备的巡检、监控、维护和操作。为了保障机房基础设施设备正常、安全、可持续运行，规范日常运行管理工作，必须根据数据中心实际基础环境运维内容制定具体方法及相关要求。基础环境运维工作包含以下几个方面：

(1) 机房环境运维。
(2) 空调系统运维。
(3) 供配电系统运维。
(4) 消防系统运维。
(5) 监控系统运维。
(6) 运维文档管理。

### 7.2.1 机房环境运维

机房环境运维是为机房中部署的设备提供一个安全可靠的物理环境，确保机房设备不会因为环境因素导致不能正常运行或损坏。为了达到此目的，机房环境需每日巡检1～2次，具体工作包括以下几个方面：

(1) 确保机房温度在22℃～26℃之间，最大温度变化率不超过10℃/h。
(2) 确保机房湿度在45%～55%之间。
(3) 确保机房电压在220V±5%之间，电压频率在50±0.5Hz之间，瞬间变动电压不超过220V±15%，总谐波不高于5%。

(4) 确保机房无杂物堆积，机房门窗、地面保持清洁，并定期对机房及配电室进行清洁工作。

(5) 检查机房所有与外界的空洞是否已严密封堵，严密防鼠。

(6) 检查机房玻璃、地板、天花板、通气口和墙体表面是否正常，外观是否完好，是否出现老化现象。

(7) 检查机房是否有漏水现象。检查机房墙壁是否有渗水现象。

巡检完成后填写"机房巡检记录表"，有问题及时报告。

数据中心机房防雷装置应当每年检测一次，每年雷雨季节前应对接地系统进行检查和维护。主要检查连接处是否紧固、接触是否良好、接地引下线有无锈蚀、接地体附近地面有无异常，如果发现问题应及时处理。雷雨季节中要加强巡视，发现异常应及时处理。

### 7.2.2 空调系统运维

机房精密空调是针对数据中心机房设计的专用空调，它的工作精度和可靠性较高。空调系统运维包括日常巡检与定期维护保养两部分工作。

**1. 日常巡检内容**

日常巡检，每日两次，包括以下内容。

(1) 记录设备机房内的温、湿度。

(2) 查看空调机有无异响。

(3) 制冷剂充注量是否合适。

日常巡检工作由值班人员进行，将巡检状况记录在《机房巡检记录表》中。

**2. 定期维护保养**

针对精密空调的定期维护必须在停机状态下进行，一般由专业的公司进行，每年两次。

(1) 清洗加湿器。

(2) 擦拭机组外壳。

(3) 检查室外风机有无抱死、破损，运转情况是否正常，并清除积灰。

(4) 更换空气过滤网。

(5) 对制冷管路上各接口进行检查，观察是否有油迹，如果螺纹接口有油迹可用扳手进行紧固。

(6) 检查压缩机高低压参数，根据检查情况补充或释放制冷剂。

(7) 当有备用电源时，在使用前要检查电源相序是否与市电一致。

(8) 对所有的电器接线端子进行检查，不应有松动。

(9) 检查高压控制器、高压压力开关的动作是否良好。

(10) 对空调机运行参数进行换季调整。

保养完毕后，由责任人填写"精密空调系统维保记录表"。

## 7.2.3 供配电系统运维

供配电系统是由多种配电设备(或元件)和配电设施所组成的，通过电源直接向终端用户分配电能的一个电力网络系统。供配电系统运维包含供电系统、配电系统、UPS 系统等的日常运维及保养维护。

### 1. 供电系统维护

应急发电系统是在市政供电系统出现故障，无法保证设备正常运行时，由末端用电单位通过柴油发电机发电而保证设备用电的系统。

针对柴油发电机的日常巡检内容包括：

(1) 检查整机外观有无异常。
(2) 检查冷却液位和预热装置工作状态。
(3) 检查燃油位、日用油箱油面高度是否在满位；补油装置是否正常；输油管路有无渗漏；检查各环节闸阀有无关闭现象。
(4) 检查空气滤清器阻塞情况，空气滤清器的进气阻力指示器如显出红色则需要更换空气滤清器。
(5) 检查发电机机体有无冷却液、润滑油、燃油的泄漏。
(6) 检查电池极柱氧化腐蚀情况，电池连线接头有无松动；机组电瓶闸刀左右两边应保持在直通位置。

日常巡检工作由值班人员负责执行，巡检状况应记录在"柴油发电机巡检记录表"中。对于柴油发电机的巡检频次，在不工作状态下，每日一次；在工作时，7×24 小时值守。

柴油发电机也需要进行定期维护保养，具体工作包括：

(1) 着重检查并拧紧各旋转部件螺栓，特别是喷油泵、水泵、皮带轮、风扇等连接螺栓，同时紧固地脚螺栓。
(2) 检查是否有漏油、漏水、漏气、漏电(简称四漏)现象，必要时清理。
(3) 检查机组上的部件是否完好无损，接线牢靠，仪表齐全、指示准确，无螺丝松动。
(4) 排除在运转中所发现的简易故障和不正常现象。
(5) 清理空气滤清器滤芯上的尘土。
(6) 检查润滑油液面和喷油泵的油面，必要时添加品质可满足技术要求的润滑油。
(7) 检查水箱冷却水液面，必要时添加软纯净水。
(8) 检查控制系统的电气连线是否有松动。
(9) 清洁机组表面。
(10) 排放燃油箱的残水。
(11) 排放燃油滤清器的残水。
(12) 检查油底壳是否混入水分和燃油。

定期维护保养工作完成后，由工作责任人填写"柴油发电机维保记录表"。

## 2. 配电系统维护

数据中心配电系统的日常巡检由值班工作人员负责，每日 1～2 次。具体工作包括：

(1) 配电室环境温度、洁净度，注意有无异味、异常声响等。
(2) 查看各个开关的仪表显示是否正常。
(3) 查看各开关状态并确认无误。
(4) 检查各开关有无异常声响、变形。
(5) 用点温仪测量开关温度并记录。
(6) 检查变压器温度、声音、电压、电流，以及风机的启动有无异常。

日常巡检工作由值班人员进行，巡检状况应记录在"配电系统巡检记录表"中。

配电系统也需要进行定期维护保养，具体内容包括：

(1) 设备表面和场所的清洁。
(2) 对日常维护记录中反映出来的主要数据的变化规律进行分析，发现异常要进行调整或检修。
(3) 检查转动和震动部件，紧固其不应松动的紧固件。
(4) 针对日巡视及月巡视相关记录，对负荷量较大或负荷变化较大的线路及开关接线处进行检查，对松动部件进行紧固。紧固工作应停电进行，停电前注意确认，以防误操作。
(5) 检查电器元件的操作机构是否灵活，不应有卡涩或操作力过大的现象。
(6) 检查主要电器的主辅触头的通断是否可靠。
(7) 检查各母线的连接、绝缘支撑件、安装件、其他附件安装是否牢固可靠。

维保工作完成后，由分管责任人按规定填写"配电系统维保记录表"。

在巡检过程中的注意事项包括：

(1) 巡检时必须严格遵守各项安全运行工作制度。
(2) 巡检时应禁止戴手表、手链等金属物件。
(3) 巡检时应携带对讲设备以保持通信畅通。
(4) 巡检应二人进行，巡检完成后应向机房运维岗位负责人汇报巡检情况。
(5) 巡检时必须严格执行门禁管理方面的规定，只在授权区域内进行巡检。

在巡检中发现设施或设备工作异常时，应立即向数据中心运维负责人汇报，并按照运维负责人的安排进行处理，协助运维负责人或相关人员填写相关报告。

## 3. UPS 系统维护

UPS 是数据中心供配电系统的重要组成部分，日常巡检每天一次，具体内容包括：

(1) 检查卫生环境、温湿度状况。
(2) 检查 UPS 运行状态，记录各种运行数据，包括电压、电流、频率、功率、带载率等。
(3) 观察 UPS 风扇有无异响，运行是否正常。
(4) 观察 UPS 主机内部有无异响、震动。
(5) 观察 UPS 输入、输出柜进出线开关状态。
(6) 观察电池外观有无明显鼓胀、渗液或开裂。

日常巡检工作由值班人员进行，巡检状况应记录在"机房巡检记录表"中。

UPS 设备需要定期进行维护保养，一般由专业厂商来进行。具体工作包括：

(1) 除进行日常检查之外，还应检查 UPS 通风风扇是否完好，风扇电机有无卡死、抱轴情况，风扇扇叶是否完好无损。

(2) 保持风扇滤网干净，无灰尘堆积，发现不合格及时更换。

(3) 记录 UPS 电压、电流、负载率相关参数。

(4) 检查 UPS 报警情况，对 UPS 报警记录进行统计分析，判断 UPS 本身是否存在问题。

(5) 测量并记录电池组内阻、静态电压。

(6) 对整体 UPS 设备进行紧固操作。

(7) 联系 UPS 厂家对 UPS 的内部参数进行校对，对内部器件进行检查测试。

(8) 操作必须关机进行，关机后应对 UPS 内部进行放电操作。

维保工作完成后，由分管负责人填写"UPS 维保记录表"。

### 7.2.4 消防系统运维

数据中心内部配备有消防系统，需要进行日常巡检和定期维保。

日常巡检内容包括：

(1) 检查气体灭火系统，查看是否有火灾报警、设备故障报警、未处理事件等非正常情况。

(2) 检查安全疏散设施，应保持疏散通道和安全出口畅通，严禁占用疏散通道，严禁在安全出口或疏散通道处摆放杂物。

(3) 检查消防安全疏散指示标志和应急照明设施。

(4) 应保持防火门、消防安全疏散指示标志、应急照明、机械排烟送风机等设施处于正常状态；检查推杠锁使用是否正常。

(5) 检查消防器材及烟、温感报警器，查看是否有报警、设备故障报警、未处理事项等非正常情况。

(6) 检查灭火器、消防箱、防火栓、手动报警器、玻璃破碎，应保持设施的完整性，查看是否处于正常工作状态。

日常巡检工作由值班人员进行，巡检状况记录在"消防系统巡检记录表"中。巡检频次为每日一次。

定期维保一般由专业公司完成，维保内容包括：

(1) 消防主机需切断主电源，查看备用直流电源自动投入和主、备电源的状态显示情况。

(2) 检查电压、电流表的指示是否正常。

(3) 查看应急照明外观是否有损坏，电源插头是否插在电源插座上，灯管是否工作正常。

(4) 查看防火门外观、关闭效果，以及双扇门的关闭顺序。

(5) 对报警阀进行开阀试验，观察阀门开启和密封性，以及报警阀各部件的工作状态是否正常。检查系统的压力开关报警功能是否正常。

(6) 对疏散指示标志进行一次功能性测试；对于疏散通道上设有出入口控制系统的防火门，自动或远端手动输出控制信号，查看出入口控制系统情况及反馈信号。

(7) 正压送风、防排烟系统每半年检测一次，查看是否有异常情况。

(8) 对灭火器进行年检，过期的要进行更新。

(9) 测试火灾探测器，并核对火灾探测器的地址是否正确。

定期维保工作完成后，由责任人填写"消防系统维保记录表"。

### 7.2.5 监控系统运维

机房监控系统包含安防视频监控、设备监控及环境监控三部分内容。监控系统集成了入侵报警系统、视频监控系统、出入口控制系统、安全检查系统、供配电动力监测系统、环境监测系统等。

日常巡检工作应每日巡查一次，巡视内容包括：

(1) 通过人为触发红外报警入侵系统，查看报警主机及视频采集情况。

(2) 双鉴探测器通过人为触发，查看报警主机是否响应。

(3) 视频监控系统，可在中控室检查全部视频图像、数字硬盘录像机视频录制情况是否正常。

(4) 门禁系统要查看是否有报警、未锁闭等非正常情况。

(5) 检查监控系统内配电参数是否正常。

(6) 检查监控系统内 UPS 参数是否正常。

日常巡检工作由值班人员进行，并将巡检状况记录在"机房巡检记录表"中。

监控系统应定期进行维护保养，具体内容包括：

(1) 对于视频监控，在中控室检查全部视频图像和数字硬盘录像机视频录制情况，查看是否存在黑屏、无图像、监控位置不准确、功能不全等问题。查看监控中是否有异常情况。

(2) 对于门禁系统，整体检查是否有报警、未锁闭、门禁读卡器故障、门锁问题、门控系统报警记录等非正常情况。

(3) 对于硬盘录像机，检查其电风扇有无故障，是否影响排热，防止硬盘录像机因过热而工作不正常。

(4) 每季度对红外入侵探测器、双鉴探测器、传感器等设备进行一次除尘、清理。对摄像机、防护罩等部件要卸下彻底吹风除尘，之后用酒精棉将镜头擦干净，调整清晰度，防止由于机器运转、静电等因素将尘土吸入监控设备机体内，确保机器正常运行。同时检查监控机房通风、散热、净尘、供电等设施。

(5) 对视频监控、门禁系统的传输线路质量进行检查，排除故障隐患。

(6) 每季度对易吸尘部分清理一次。监控器表面有灰尘吸附，会影响画面的清晰度，因此要定期擦拭监视器，校对监视器的颜色及亮度。

定期维保工作完成后，由责任人填写"监控系统维保记录表"。

### 7.2.6 运维文档管理

机房运维文档管理是确保机房管理工作有序进行的重要环节，主要涵盖机房管理制度、机房巡检记录、人员出入登记、资料建档归档等内容。

## 1. 管理制度文档

机房管理制度一般包括：《数据中心机房管理岗位职责》《数据中心机房管理制度》《数据中心机房巡检制度》《数据中心机房故障维修管理制度》《安全运行管理制度》等。

## 2. 机房巡检文档

机房巡检必须要有记录，巡检记录直接关系到巡检的效果。管理人员利用巡检能够掌握机房运行情况，能更好地对数据进行客观的统计和研究，为做出迅速、准确的判断和决策提供依据。巡检记录的覆盖面要全面，操作性要强。巡检记录应在巡检期间填写，以记录时间为准，不得事后补填或超前记录。纸介质的巡检记录表必须妥善归档保存。

## 3. 设备日志文档

对机房内设备的运行、应用、维护等情况，应建立档案，并做好系统日志。要对发生的故障(隐患)及排除故障情况做好详细记录；值班人员必须认真、如实、详细填写"数据中心机房故障排查日志"等各种登记簿，详细记录故障、来人、事件、处理经过等，以备后查。定时做好中心监控系统的日志和存档工作，任何人不得删除运行记录的文档。如机房发现意外和紧急情况要及时报告，对重大事故要注意保护好现场。

## 4. 人员出入文档

建立人员出入登记制度，记录机房内人员的出入情况。每位进入机房的人员都需要进行登记，包括姓名、单位、联系方式等信息，以便于后续的追溯和管理。机房参观活动需要提前审批，并登记管理。

## 5. 资料归档与管理

资料、文档和数据等必须有效组织、整理和归档备案，包括机房设备的规格、型号、维护记录等，机房布线图、设备连接图等，以及其他与机房运维相关的文件和资料。对这些资料进行分类、编号、存档，确保可以方便地查找和使用。禁止任何人员将机房内的资料、文档、数据、配置参数等信息擅自以任何形式提供给其他无关人员或向外随意传播。对于牵涉网络安全、数据安全的重要信息、密码、资料、文档等必须妥善存放。外来工作人员确需翻阅文档、资料或者查询相关数据的，应由机房相关负责人代为查阅，并只能向其提供与其当前工作内容相关的数据或资料。重要资料、文档、数据应采取对应的技术手段进行加密、存储和备份。对于加密的数据应保证其可还原性，防止遗失重要数据。

## 7.3 网络子系统运维

数据中心中网络子系统的运维工作主要包括以下几部分：
(1) 网络设备安装上架。
(2) 网络设备配置。
(3) 网络设备日常巡检。
(4) 网络设备故障处理。
(5) 网络设备系统升级。
(6) 网络设备文档管理。

### 7.3.1 网络设备安装上架

新采购的网络设备在机房中进行上架的工作流程如下：
(1) 确认需要上架设备的数量、规格及型号等信息，综合考虑配电、散热等因素，分配合理的机柜空间，并将其记录于网络设备管理文档中。
(2) 规划交换机配置的 IP 地址、电源接口位置等信息，同样将其记录于文档中。
(3) 阅读设备厂商的安装手册，明确注意事项、操作步骤、线缆连接方式等重要内容。
(4) 在机房外的准备间，将设备加电后开机，检验硬件模块配置是否正确。
(5) 在机房内，将设备安装到预先规划好的机柜托架上。
(6) 连接好电源及网线。
(7) 进行设备加电测试，测试网络连通性。
(8) 更新网络设备相关管理文档。

### 7.3.2 网络设备配置

数据中心网络设备以三层交换机为主，交换机完成上架后，一般通过终端或网络管理工具，登录到交换机的管理界面，进行基本的初始化配置，包括设定管理 IP 地址、子网掩码、网关等；根据网络需求，进行其他必要的配置，如 VLAN、路由、安全策略等。

下面以华为交换机为例，介绍配置的基本步骤。
(1) 连接交换机。使用网线将电脑与交换机的 Console 端口相连，使用串口线将电脑与交换机的 Console 接口相连。
(2) 打开终端软件。使用终端软件(如 SecureCRT、Putty 等)打开串口连接，配置正确的串口参数(波特率、数据位、校验位、停止位)。
(3) 进入交换机系统。等待交换机启动完毕后，在终端软件中出现登录提示，输入默认用户名和密码，进入交换机系统。

(4) 设定管理 IP 地址。
- 进入系统视图：system-view。
- 设定管理 IP 地址：interface vlanif 1。
- 配置 IP 地址：ip address <IP 地址><子网掩码>。
- 开启接口：undo shutdown。
- 设定网关：ip route-static <网关地址>。

(5) 根据需要进行其他配置。
- VLAN 配置：创建 VLAN、配置端口成员、配置 VLAN 接口等。
- 路由配置：配置静态路由、策略路由、RIP、OSPF 等。
- 安全策略：配置 ACL、端口安全、802.1X 等。
- 配置远程登录：配置 telnet、ssh 登录。

(6) 配置策略路由。
- 进入系统视图：system-view。
- 创建路由策略：ip policy-based-route <策略名称>。
- 配置策略：rule <规则序号> permit source <源地址><源地址掩码> destination <目标地址><目标地址掩码>。
- 配置下一跳：if-match ip-address next-hop <下一跳地址>。
- 应用策略：apply policy-based-route <策略名称>。

(7) 配置 IPv4/IPv6 地址。使用以下命令配置 IPv4/IPv6 地址。
- 进入接口视图：interface <接口名称>。
- 配置 IPv4 地址：ip address <IP 地址><子网掩码>。
- 配置 IPv6 地址：ipv6 address <IPv6 地址>/<前缀长度>。

### 7.3.3 网络设备日常巡检

数据中心的网络子系统的日常巡检工作，包括机房现场巡检和在监控中心通过网管软件进行远程巡检。

(1) 机房现场巡检
- 查看网络设备前面板的指示灯，了解设备的运行状态。正常情况下为绿色或蓝色，故障时为琥珀色或红色。注意关注电源指示灯、端口指示灯等。
- 检查设备的温度，确保在正常范围内。
- 检查设备的连接线路，确认连接是否牢固。
- 巡检频率为每天 1~2 次。

(2) 使用网管软件进行远程巡检
- 检查网络设备的可用性、设备性能，进行业务分析。
- 查看设备的系统日志，关注高危事件信息，分析硬件故障和性能问题。
- 检查设备的端口状态，确保端口连接正常，无异常报错。
- 检查设备的网络流量情况，查看是否存在异常流量或拥堵情况。

➢ 检查设备的配置文件，确保配置的准确性和一致性。

➢ 通过远程登录设备操作界面检查设备的状况，包括设备的电源、背板、接口板、风扇等，如图 7-1 所示。

```
<HW-CE12808-core>display device
Chassis ID: 1 (Master Switch)
CE12808's Device status:
-----------------------------------------------------------------------------
Slot  Card   Type          Online   Power Register    Alarm    Primary
-----------------------------------------------------------------------------
6     -      CE-L24XS-EC   Present  On    Registered  Normal   NA
8     -      CE-L24XS-EC   Present  On    Registered  Normal   NA
9     -      CE-MPUA       Present  On    Registered  Normal   System Master
10    -      CE-MPUA       Present  On    Registered  Normal   System Slave
11    -      CE-CMUA       Present  On    Registered  Normal   Master
12    -      CE-CMUA       Present  On    Registered  Normal   Slave
13    -      CE-SFU08A     Present  On    Registered  Normal   NA
14    -      CE-SFU08A     Present  On    Registered  Normal   NA
15    -      CE-SFU08A     Present  On    Registered  Normal   NA
PWR5  -      PAC-2700WA    Present  On    Registered  Normal   NA
PWR6  -      PAC-2700WA    Present  On    Registered  Normal   NA
PWR7  -      PAC-2700WA    Present  On    Registered  Normal   NA
PWR8  -      PAC-2700WA    Present  On    Registered  Normal   NA
FAN1  -      FAN-12C       Present  On    Registered  Normal   NA
FAN2  -      FAN-12C       Present  On    Registered  Normal   NA
FAN3  -      FAN-12C       Present  On    Registered  Normal   NA
FAN4  -      FAN-12C       Present  On    Registered  Normal   NA
FAN5  -      FAN-12C       Present  On    Registered  Normal   NA
FAN6  -      FAN-12C       Present  On    Registered  Normal   NA
FAN7  -      FAN-12C       Present  On    Registered  Normal   NA
FAN8  -      FAN-12C       Present  On    Registered  Normal   NA
FAN9  -      FAN-12C       Present  On    Registered  Normal   NA
FAN10 -      FAN-12C       Present  On    Registered  Normal   NA
FAN11 -      FAN-12C       Present  On    Registered  Normal   NA
FAN12 -      FAN-12C       Present  On    Registered  Normal   NA
FAN13 -      FAN-12C       Present  On    Registered  Normal   NA
-----------------------------------------------------------------------------
```

图 7-1　通过 Telnet 查看交换机工作状态

(3) 记录巡检日志

➢ 对每次巡检进行记录，包括巡检时间、巡检内容、巡检结果等。

➢ 对发现的问题进行记录，并及时采取相应的措施进行处理。

➢ 根据巡检记录进行问题分析和总结，提出改进和优化的建议。

开源监控工具有很多，例如 Cacti、Zabbix 等。下面以 Zabbix 为例简单介绍网络系统的监控。Zabbix 是一个基于 Web 界面的分布式网络监控软件。Zabbix 可以展示整个数据中心网络的拓扑结构，如图 7-2 所示。运维人员可以利用 Zabbix 实现从核心设备到接入设备的监控，通过对每台设备和接口关联对应的触发器，可以看到每台设备是否正常工作，也能看到每台设备连接的链路状态。如果出现故障，系统会给出提示，运维人员可以快速定位故障点并及时采取措施。

运维人员还可以利用 Zabbix 对端口流量进行监控。在网络链路中所传输的流量，对于运维人员来说往往是不可见的。其中包含日常业务产生的合法流量，也有非法流量，例如广播风暴、网络病毒、黑客攻击等，这些非法流量可能会对整个数据中心网络系统带来安全隐患。Zabbix 系统可以对产生非法流量的源头进行定位，并且产生告警信息通知运维人员，以确保网络的正常应用不受非法流量影响。如图 7-3 所示，利用 Zabbix 系统可以查看每台设备任意端口的流量，还可以设定相应的阈值，当端口的非法流量超过某个阈值时，会产生告警。

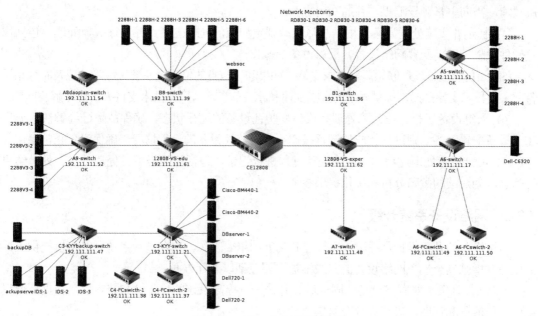

图 7-2　Zabbix 中的网络拓扑图

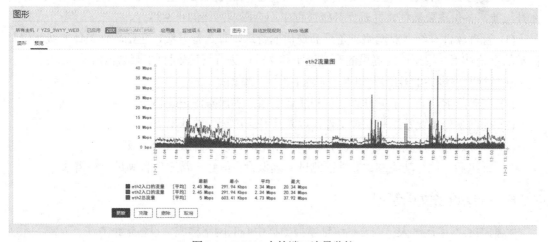

图 7-3　Zabbix 中的端口流量监控

## 7.3.4　网络设备故障处理

网络设备故障一般分为硬件故障和软件故障两大类。硬件故障主要指交换机电源、背板、模块、端口等部件的故障，软件故障主要是操作系统和系统配置引起的故障。网络设备故障处理流程如下：

(1) 发现故障。在巡检过程中发现故障，或者由网络管理软件自动发现故障并通知运维工程师。

(2) 判断故障类型。根据网络设备故障状态判断故障类型，如硬件故障、网络故障等。

(3) 预估恢复时间。针对一般故障，立即处理，并记录故障信息。如果无法在短时间内解决故障，需向主管领导汇报，并通知用户。

（4）制定并实施处理方案。根据故障类型制定相应的处理方案，并进行故障处理，包括修复硬件故障、重新配置网络设备、重启设备等操作。

（5）如仍无法处理，联系厂家寻求支持。如果经过自身的努力无法解决故障，应及时联系设备厂家的技术支持部门。提供详细的故障描述和相关信息，与厂家技术支持人员协作解决问题。

（6）恢复设备运行。在故障处理完成后，验证设备的运行状态，确保故障已经解决。如果需要重新配置设备，则进行相应的配置操作。查看监控设备的运行情况，确保设备正常工作。

（7）记录故障处理过程。对故障处理过程进行记录，包括故障类型、处理方案、处理结果等信息，为后续的故障分析和优化提供参考。

### 7.3.5 网络设备系统升级

网络设备的升级维护是保障设备性能和功能的重要工作，定期进行系统升级可以提供更好的服务并增强安全性。网络设备的升级维护主要包括以下几方面：

（1）固件升级。对网络设备的固件进行升级，以提高系统的稳定性和兼容性。根据厂商提供的升级流程和说明，进行固件升级操作。

（2）系统版本升级。对网络设备的操作系统版本进行升级，并安装厂商提供的系统补丁。在升级前，备份重要数据，并确保升级过程中不会影响网络的正常运行。

（3）管理软件升级。对网络设备厂商提供的管理软件进行升级，包括软件整体升级和安装日常的系统补丁。根据厂商提供的升级说明和文档，进行管理软件的升级操作。

在进行网络设备的升级维护时，需要注意以下事项：

（1）在升级前，充分了解升级过程和注意事项，确保操作正确和安全。

（2）提前备份重要数据和配置文件，以防止升级过程中的数据丢失。

（3）升级过程中，及时关注升级日志和错误信息，确保升级顺利完成。

（4）升级后，进行功能测试和性能测试，确保设备能够正常工作和满足业务需求。

### 7.3.6 网络设备文档管理

数据中心网络运维人员需要熟练地掌握数据中心的网络构成、设备运维方法、互连关系等信息，因此，一套内容完整的运维文档是必不可少的。通过运维文档，运维人员可以方便地查看设备的基本信息，快速地调整网络配置，进行网络故障的排查。一般来说，数据中心网络子系统运维文档应该包含以下几部分。

（1）网络设备管理制度

在拥有了完善的运维文档和网络管理软件之后，运维人员可以对故障进行快速排查。但是，有些故障是由于业务人员操作不当造成的，因此，建立一套健全的《网络设备运维管理制度》是数据中心网络运维的一项重要工作。

（2）网络整体拓扑

按照数据中心的总体架构以及设备连接情况，绘制数据中心的整体网络拓扑图。拓扑图需标识清楚设备名称、设备与设备连接的接口及连接介质类型。一张完整的拓扑图可以帮助运维人员快速掌握整个数据中心的网络架构。

(3) 网络设备地址表

当网络出现故障时，运维管理人员为了查找一个故障源 IP，需要先查找多台设备的 ARP 表和 MAC 表，最后定位到故障源 IP 所在端口位置。这个过程需要运维管理人员花费较长的时间，如果出现多个故障源，情况会更加复杂。把整个网络中所有 IP 地址、MAC 地址、交换机端口的对应关系整理成一个表格，当网络出现故障时，就可以通过这个表格进行快速的故障定位。

(4) 网络设备基本信息

包括设备名称、型号、主要配置、编号、机架位置、MAC 地址、IP 地址、所属 VLAN、管理员等信息。

以上文档包含着网络设备运维的关键信息，需要进行定期更新与备份。备份可以采用离线存储进行备份，例如将文档保存在外部硬盘、网络存储设备或云存储中。同时，为了保护敏感信息的安全，需要对涉及系统密码等敏感信息进行加密处理。可以使用加密软件或加密算法对密码进行加密，并将加密后的密码存储在文档中。同时，需要确保加密算法和密钥的安全性，定期更换密钥。

## 7.4 计算子系统运维

计算子系统的运维按照层次划分，从低到高包括服务器基础运维、虚拟化管理软件运维、操作系统运维、基础网络服务运维和业务软件运维等方面。由于业务软件种类繁多且多为定制开发的软件，在本节中重点介绍前四类运维工作，对于业务软件运维，用户可以根据产品使用说明开展相关运维工作，或者委托业务软件开发商负责运维工作。

### 7.4.1 服务器基础运维

服务器承载着上层的应用系统，为保证应用系统 7×24 小时稳定运行，实现整个系统年度可用率在 99.9%以上，首先需要做好的就是服务器设备的基础运维。服务器的运维工作包含以下几个方面：

- 服务器安装上架。
- 软件安装与配置。
- 服务器日常巡检。
- 服务器故障处理。
- 服务器系统升级。
- 服务器文档管理。

1. 服务器安装上架

新采购的服务器首先需要测试硬件是否正常，安装合适的虚拟化管理软件，然后再进行上架。具体工作包括：

(1) 确认需要上架服务器的数量、规格及型号等信息，综合考虑配电、散热等因素，分配合理的机柜空间，并将其记录于服务器管理文档中。

(2) 规划服务器配置的 IP 地址、电源接口位置、交换机端口号等信息，同样记录于文档中。

(3) 阅读服务器厂商的安装手册，明确注意事项、操作步骤、线缆连接方式等重要内容。

(4) 在机房外的准备间，将服务器加电后开机，检验硬件配置是否正确，进行磁盘阵列等基础配置。然后安装虚拟化管理软件，并进行相应配置。

(5) 在机房内，通过导轨或者托架的方式将服务器安装在机柜内。

(6) 连接好电源及网线。

(7) 进行服务器加电测试，测试网络连通性。

(8) 在运行监控室，通过厂商提供的虚拟化管理软件连接新上架的服务器，查看服务器工作状态，测试网络连通性。

(9) 更新服务器相关管理文档。

### 2. 软件安装与配置

通过虚拟化管理软件，系统运维工程师可以根据工作需要，在物理服务器之上新建一些虚拟机，并为虚拟机分配合适的资源，包括 CPU、内存、存储、网络等。在每台虚拟机之上，再根据业务软件需求安装相应的操作系统和中间件，最后安装业务软件。

### 3. 服务器日常巡检

服务器的日常巡检工作包括两部分，一是在机房进行现场巡检，二是使用管理软件进行远程巡检。

(1) 机房现场巡检，每天 1～2 次。一般通过查看服务器前面板的指示灯来了解设备的运行状态，服务器指示灯包括电源指示灯、硬盘指示灯、网卡指示灯等。正常情况下指示灯为绿色或者蓝色，出现故障时为琥珀色或者红色，琥珀色代表降级工作，红色代表部件故障。

(2) 使用管理软件进行远程巡检，每天 1～2 次。主要内容包括：

- ➢ 系统日志检查。查看系统日志信息，重点关注高危事件信息，确保是否存在硬件故障，分析硬件性能与使用生命周期。
- ➢ 检查系统磁盘空间，尤其是操作系统引导盘的空间，如果空间不足，要进行及时扩容或者进行数据迁移。磁盘空间不足往往会引发系统宕机。
- ➢ 检查内存使用情况。如果服务器内存使用率长时间超过 80%，说明内存需要进行扩容。
- ➢ 检查 CPU 使用率。如果服务器 CPU 使用率长时间超过 70%，说明 CPU 负载过高，需要进行扩容，或者减少该服务器运行的软件。

(3) 以上巡检工作要进行巡检记录。

### 4. 服务器故障处理

服务器故障的发现，一个来源是在巡检过程中发现故障，另一个来源是服务器管理软件自动发现故障并通知运维工程师。发生故障后的处理流程如图 7-4 所示，具体包括：

(1) 根据服务器故障状态判断故障类型。

(2) 预估恢复时间。如是一般故障，立即处理并进行记录。如果短时间不能解决故障，则汇报主管领导，同时通知用户。

(3) 制定方案并进行处理。

(4) 如仍无法处理，联系厂家寻求支持。

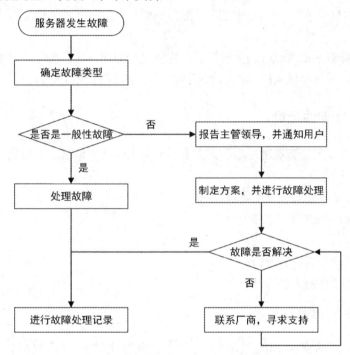

图 7-4　服务器故障处理流程图

### 5. 服务器系统升级

服务器的运维工作也需要做好服务器的升级和更新工作。服务器的升级主要包括以下几个方面：

(1) 固件升级。固件升级可以提高系统的稳定性和兼容性，具体升级流程可以通过厂商提供的信息进行。

(2) 虚拟化管理软件升级。包括管理软件的系统整体升级以及日常的一些系统补丁安装工作。

(3) 操作系统升级。包括操作系统升级到新版本，以及厂商提供的系统补丁的安装。

(4) 基础网络服务软件的升级。包括 DNS、WWW、FTP、电子邮件等网络基础服务相关的软件的版本升级及补丁包的安装。

(5) 应用软件的升级。涉及具体的业务系统的版本升级等工作。

### 6. 服务器文档管理

服务器的管理文档包含以下几个重要文档：

(1) 服务器基本信息。包括服务器名称、型号、主要配置、编号、机架位置、MAC 地址、IP 地址、所属 VLAN 等信息。

(2) 虚拟化管理软件信息。包括每台物理服务器上安装的虚拟化管理软件的名称、版本号、虚拟机信息(虚拟机名称、编号、IP 地址、所属 VLAN/VxLAN 等)。

(3) 操作系统信息。包括每台物理服务器/虚拟机编号、操作系统名称、版本号、管理员信息、系统管理员账号及密码等。

(4) 业务软件信息。包括每台物理服务器/虚拟机编号、业务软件名称、版本号、管理员信息等。

以上文档包含计算子系统运维的关键信息，需要进行定期备份。备份可以采用离线存储进行备份。同时注意，涉及系统密码等敏感信息的文档，需要进行加密处理。

### 7.4.2 虚拟化管理软件运维

虚拟化管理软件一般安装在物理服务器之上，在其上建立虚拟机。虚拟化管理软件的运维工作包含以下几个方面：

- ➢ 虚拟化管理软件的安装和配置。
- ➢ 虚拟化管理软件的日常运维。
- ➢ 虚拟化管理软件的故障处理。
- ➢ 虚拟化管理软件的更新升级。
- ➢ 虚拟化管理软件的文档管理。

**1. 虚拟化管理软件安装和配置**

虚拟化管理软件的安装和配置是建立及管理虚拟化环境的第一步。下面以华为的 FusionCompute 为例进行介绍，安装软件的界面如图 7-5 所示。具体的安装和配置流程如下：

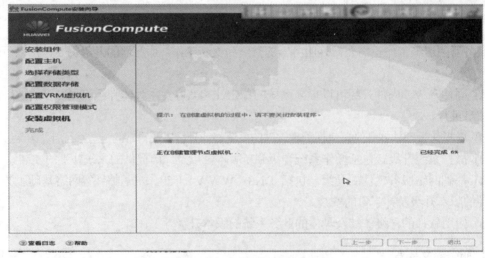

图 7-5 虚拟化管理软件安装界面

(1) 安装准备。在虚拟化管理软件安装之前，先使用安装工具来检查服务器是否满足运行条件。

(2) 软件安装。通过 PXE(Preboot Execute Environment)方式批量安装或通过挂载 ISO 镜像方式安装。虚拟化管理软件安装完成后，可以使用安装向导完成 VRM(Virtual Resource Management)部署。

(3) 初始配置。包括创建集群、向集群中添加主机、向主机添加数据存储、为站点添加虚拟网络资源。

2. 虚拟化管理软件的日常运维

虚拟化管理软件的日常运维工作主要包含以下几个方面：

(1) 创建虚拟机。使用 FusionCompute 管理界面创建新的虚拟机，选择合适的操作系统和资源配置。

(2) 虚拟机迁移。根据业务系统调整或硬件维护的需求，将虚拟机从一个主机迁移到另一个主机，确保资源的合理利用和业务连续性。

(3) 虚拟机快照。在重要运维操作前，先创建虚拟机的快照，确保在出现问题时可以迅速恢复到之前的状态。

(4) 虚拟机备份。定期备份虚拟机的镜像和数据，确保数据安全和可恢复。对系统进行重大操作(如升级、数据调整)前，需提前对虚拟机数据进行备份。

(5) 监控资源利用率。每天进行两次，通过虚拟化管理软件的监控功能，实时监控主机、集群、虚拟机的 CPU、内存、存储和网络资源利用率，及时发现性能问题。监控界面如图 7-6 所示。

(6) 资源调整。根据监控数据，合理调整虚拟机的资源配置，以优化性能和资源利用率。

(7) 查看系统告警。虚拟化管理软件实时显示告警信息，用户可查看、处理、清除或屏蔽告警，并根据告警级别来采取进一步的运维保障措施。系统告警级别及说明如表 7-1 所示。

图 7-6　虚拟机管理软件监控界面

表7-1　系统告警级别及说明

| 告警级别 | 图标 | 说明 |
| --- | --- | --- |
| 紧急 | | 已经影响业务、需要立即采取纠正措施的告警为紧急告警 |
| 重要 | | 已经影响业务，如果不及时处理会产生较为严重后果的告警为重要告警 |
| 次要 | | 目前对业务没有影响，但需要采取纠正措施，以防止更为严重的故障的发生，这种情况下的告警为次要告警 |
| 提示 | | 检测到潜在的或即将发生的影响业务的故障，但是目前对业务还没有影响，这种情况下的告警为提示告警 |

### 3. 虚拟化管理软件的故障处理

虚拟化管理软件运维工作中主要涉及以下几种常见故障：主机和集群故障、系统接口故障和存储资源故障。发生故障后的处理流程包含以下内容：

(1) 故障告警出现后，应及时查看系统的告警事件，根据故障现象，准确找到该故障事件的编号，并查看事件的说明、事件的参数、对系统的影响、可能原因。必要时也可以结合系统日志，对故障信息进行收集。

(2) 故障定位。查看故障事件分析报告后，结合日常运维经验进行判断，将故障告警信息进行分类，如站点故障、集群故障、系统接口故障、存储资源故障等。

(3) 根据收集的故障信息、故障定位，判断和分析对业务造成的风险及影响，必要时通知受故障影响的用户。

(4) 故障处理。根据事件提示的处理步骤，结合运维经验进行判断，及时对故障告警进行处理。

(5) 故障告警消失后，还需进一步确认其业务情况，确认业务是否恢复正常。

(6) 根据故障对业务系统的影响程度，总结故障发生原因、处理过程和后续整改措施，并对其进行记录。

### 4. 虚拟化管理软件的更新升级

在运维过程中，需要根据软件厂商发布的新版本进行版本升级，或者根据发布的补丁进行漏洞修复。以下是虚拟化管理软件更新升级的基本步骤和注意事项：

(1) 查看发布说明。了解版本的功能改进、安全补丁和已知问题修复，确定这些信息是否与现有环境相关。

(2) 数据备份。在升级前，备份虚拟化环境的重要数据和虚拟机配置文件，以便在升级过程中出现问题时能够快速回滚。

(3) 执行升级过程。严格执行软件厂商提供的升级步骤，确保每个步骤正确执行。

(4) 测试和验证。验证新版本是否正常工作，是否对虚拟机、网络和存储等产生影响。并针对关键功能进行测试，确保升级后系统的各项功能正常。

(5) 文档收集。在确认新版本正常运行后，更新系统文档并通知相关使用人员。

**5. 虚拟化管理软件的文档管理**

虚拟化管理软件的重要运维信息，需要保存在文档中，具体包含以下文档：

（1）虚拟机信息表。记录开设的虚拟机的基本情况，包括：物理服务器编号、虚拟机编号、名称、配置信息、管理员信息等。

（2）巡检表。每天两次，对虚拟化管理软件的运行情况进行巡检，巡检内容包括虚拟机网络连通情况、计算资源使用情况、存储资源使用情况等。巡检后将相关信息填入表中。

（3）运维操作记录表。包含执行相关键操作和更改配置时，每一步操作的详细信息。

（4）故障记录表。记录每次故障的发生时间、类型、涉及的设备、故障解决过程、测试与验证情况等信息。

以上文档需要定期进行更新和备份。

## 7.4.3 操作系统运维

目前主流的服务器操作系统主要有 Windows Server 操作系统和 Linux 操作系统。

Windows Server 是微软公司专门为服务器设计的操作系统，最早版本是 2003 年推出的 Windows Server 2003，后来陆续推出了 Windows Server 2008、Windows Server 2012、Windows Server 2016、Windows Server 2019、Windows Server 2022 等版本。

Linux 是一套开源的类 UNIX 操作系统，支持多用户、多任务、多线程和多 CPU。Linux 继承了 UNIX 以网络为核心的设计思想，是一个性能稳定的网络操作系统，常见的版本有 RedHat、Ubuntu、CentOS、Debian 等。在我国，基于 Linux 内核开发的国产化操作系统有麒麟、深度、统信 UOS 等。

操作系统的运维工作包含以下几个主要部分：
> 操作系统的安装。
> 操作系统的配置。
> 操作系统的日常运维。
> 操作系统的安全防护。

**1. 操作系统的安装**

无论是 Windows Server 还是 Linux，操作系统的版本都非常多。具体安装哪个版本取决于上层的应用软件，因为不同的应用软件，对操作系统及运行环境的要求是不一样的。作为系统运维工程师，要根据软件需求来确定操作系统的具体版本，然后进行安装。

**2. 操作系统的配置**

安装好操作系统之后，需要进行配置。主要任务包括：

（1）确定合理的硬盘分区。

（2）开设系统运行所需要的账号和用户组。在 Windows Server 中，为了安全起见，可以修改默认的管理员账号名称，禁用 Guest 账号。

(3) 进行网络配置。包括 TCP/IP 协议的相关配置。

(4) 配置远程访问。方便管理人员远程登录服务器进行管理。

(5) 禁用不需要的服务。在 Windows Server 中，缺省状态下，有很多服务处于打开状态，这会给系统带来潜在的安全隐患。按照最小化的原则，只打开必须要使用的服务，将其他服务禁用。

(6) 打开必要的 TCP/UDP 端口。根据服务器承担的任务，打开需要用到的 TCP/UDP 端口，将其他端口关闭。

(7) 对操作系统内置的防火墙进行配置，加强对服务器的安全保障。

### 3. 操作系统的日常运维

操作系统的日常运维工作首要的就是系统的日常巡检，可以通过第三方工具、自定义脚本、计划任务等方式实现。巡检的主要内容包括：

(1) 检查操作系统补丁是否及时更新。

(2) 检查操作系统内安装的防病毒软件的病毒库是否及时更新。

(3) 查看操作系统日志是否确实有警告及报错信息。

(4) 检查 CPU、内存、文件系统等资源占用率。

### 4. 操作系统的安全防护

(1) Windows 防火墙

Windows Server 中内置的防火墙软件，称为 Windows Defender，支持的操作系统包括 Windows Server 2016、Windows Server 2019 和 Windows Server 2022。Windows Defender 防火墙是有状态主机防火墙，通过创建规则，可以限制进出主机的网络流量。Windows Defender 防火墙还支持 IPsec(Internet Protocol Security)。IPSec 既可以用于远程访问用户的身份验证，也可以对网络流量进行加密，以防止恶意用户截取网络流量进行分析。Windows Defender 防火墙为系统运维工程师提供了图形化管理工具和命令行管理工具。Windows Defender 防火墙的功能和性能都很有限，在实际运行的校园网或者企业网中，更多的还是采用硬件防火墙来对内部网络进行保护。

(2) Linux 防火墙

Netfilter 是 Linux 2.4.x 版本之后的防火墙，是 Linux 内核的一个组件。Netfilter 采用模块化设计，具有良好的可扩展性。Netfilter 可以对数据包进行过滤和地址转换等操作。

iptables 是一个应用程序，用来设置和管理 Netfilter 防火墙。iptables 通过表、链和规则来进行配置。作为内核级别的防火墙，iptables 具有高效、稳定、安全等优点，可以适应不同的网络环境和应用场景。

Netfilter/iptables 的最大优点是可以配置有状态防火墙，这是 ipfwadm 和 ipchains 等之前的工具都无法提供的一种重要功能。有状态的防火墙能够指定并记住为发送或接收数据包所建立的连接状态。防火墙可以从数据包的连接跟踪状态获得该信息。在决定新的数据包过滤时，防火墙所使用的这些状态信息可以增加其处理效率和速度。

iptables 的核心是由表(table)、链(chain)和规则(rule)三部分组成的。

在 iptables 中，每个表中都包含若干个链和一些相关的规则。常用的四种表如下：
- raw：iptables 默认加载的是 raw 表，不做特殊处理。
- mangle：这个表主要对数据包进行更深入的处理，如标记包、TOS(服务类型)等。本表根据数据包的内容修改一些字段的值。
- nat：用于网络地址转换。
- filter：主要用来过滤、丢弃不符合规则的数据包。

链是规则的集合，每个链都包含一些相关联的规则。Linux 防火墙中默认存在的 5 个链：PREROUTING、INPUT、FORWARD、OUTPUT 和 POSTROUTING。
- Prerouting 链：流入的数据包进入路由表之前。
- Input 链：主要对进入本机的网络数据包进行处理，如果不符合某些特定规则，则直接被丢弃。
- Forward 链：主要对不是发往本机，而是需要转发到其他网段的网络数据包进行处理。
- Output 链：主要对本机发出去的网络数据包进行处理，同样，如果不符合某些特定规则，则直接被丢弃。
- Postrouting 链：传出的数据包到达网卡出口前。

在 iptables 中，通过规则来定义过滤器的行为，一条规则中包含源地址、目标地址、端口号、协议等。每个规则由以下几个部分组成。
- 匹配条件：具体的过滤器规则，即匹配哪些流量。
- 操作代码：如果匹配成功，该执行哪些操作。
- 目标地址：当匹配成功后，将流量引导到哪个目标地址。

iptables 命令举例：

① 查看指定规则表：

```
#iptables -t nat -L
```

② 清空指定表中所有规则：

```
#iptables -t nat -F
```

③ 添加规则，允许 eth1 网络接口接受来自 210.43.144.0/24 子网的所有数据包：

```
#iptables -A INPUT -I eth1 -s 210.43.144.0/24 -j ACCEPT
```

④ 禁止 IP 地址为 202.196.64.100 的客户机访问 FTP：

```
#iptables -I FORWARD -s 202.196.64.100 -p tcp --dport 21 -j DROP
```

⑤ 将目的地址为 202.196.64.100，目的端口号为 80 的数据包转发到地址 210.43.144.1，端口号 8080：

```
#iptables -t nat -A PREROUTING -d 202.196.64.100 -p tcp -dport 80 -j DNAT --to-destination 210.43.144.1:8080
```

## 7.4.4 基础网络服务运维

在操作系统之上，运行着各种应用软件，这些应用软件可以分为两类，一类为用户提供基础网络服务，例如 DNS 服务、Web 服务、FTP 服务、电子邮件服务等；另一类为满足用户各种需求的业务软件，例如教务管理系统、客户关系管理系统等。第一类为通用软件，第二类为定制开发的软件。下面重点介绍第一类基础网络服务中的 DNS 服务和 Web 服务。

### 1. DNS 服务

DNS 是互联网上最重要的服务之一，由全球数以百万计的 DNS 服务器组成一个分层次的树状结构，负责将域名解析为 IP 地址。全球第一个 DNS 系统是由 Paul Mockapetris 在 1983 年实现的。随后，加州大学伯克利分校开发了 BIND(Berkeley Internet Name Domain)。BIND 是全球使用最为广泛的 DNS 服务软件，目前由一个美国的非营利机构 ISC(Internet Systems Consortium)进行开发和维护，最新版本为 9.19.0。

DNS 的运维工作主要包括：
- DNS 服务器的安装。
- DNS 服务器的配置。
- DNS 服务器的故障处理。
- DNS 服务器的性能优化。
- DNS 服务器的安全防护。

下面以 BIND 9 为例，依次进行介绍。

(1) DNS 服务器的安装

BIND 对硬件的要求不高，但随着服务用户数量的增加，也需要相应地提高硬件配置，选择性能更强的 CPU 和更大的内存。尤其是使用 DNSSEC 安全模块的 BIND 服务器，需要更多的计算资源。

在操作系统方面，BIND 的最新版本只支持 Linux 操作系统，不支持 Windows Server 操作系统，目前支持的操作系统主要包括：
- Debian 11。
- Ubuntu LTS 20.04、22.04。
- Fedora 38。
- Red Hat Enterprise Linux / CentOS / Oracle Linux 8、9。
- FreeBSD 12.4、13.2。
- OpenBSD 7.3。
- Alpine Linux 3.18。

BIND 的安装并不复杂，只需要从 BIND 的官方网站上下载软件的源文件，运行配置脚本，然后使用 make install 将整个软件编译安装到缺省目录下即可。在缺省安装模式下，BIND 会安装在/usr/local 目录下，软件包含的主要子目录如下。
- sbin：BIND 的主程序和一些系统管理工具，例如 rndc、dnssec-keygen 等。
- bin：提供给普通用户的一些工具，例如 dig、host、nsupdate 等。

- lib：目标代码库文件。
- share：BIND 的帮助文件。
- include：C 语言的头文件。

以下两个子目录不在软件安装目录下，而是在文件系统的根目录下。

- /etc：存放配置文件，例如 named.conf。
- /var/run：BIND 运行时需要的一些运行时文件。

(2) DNS 服务器的配置

BIND 安装完成之后，接下来的重要工作，就是对 DNS 服务器进行配置。在后续的运维工作中，针对配置文件的更改也是重要的工作内容。在进行配置之前，首先要明确 DNS 服务器的类型。DNS 服务器有四种类型：主域名服务器(Primary Authoritative Name Server)、辅域名服务器(Secondary Authoritative Name Server)、缓存域名服务器(Caching Name Server)和转发域名服务器(Forwarding Caching Name Server)。

无论是主域名服务器还是辅域名服务器，都是权威域名服务器，提供所负责的域的域名解析，处理用户的请求并将结果返回。这里的"权威"指的是这两种服务器返回给用户的解析结果都是最权威的。辅域名服务器每隔一段时间，会同步主域名服务器的数据。这样的机制有效地提高了域名解析系统的可靠性。

缓存域名服务器与前两类域名服务器的区别在于，它并不负责任何域的解析工作，只是接收客户机发过来的递归查询(Recursive Queries)请求，然后采用迭代查询(Iterative Queries)的方式获得最终结果，将结果返回给客户机，同时缓存这个结果，在一定时间内，如果有其他客户机发送相同的请求，缓存域名服务器就会将缓存中的结果返回客户机，可以有效减少查询时间。当然，缓存中的数据都有有效期，过期的数据将被清除出缓存。

转发域名服务器的作用和缓存域名服务器有些类似，但又有些不同，如图 7-7 所示。

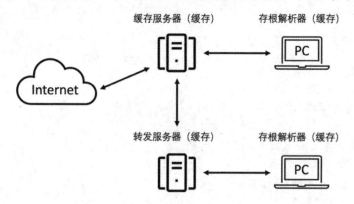

图 7-7 缓存域名服务器和转发域名服务器工作原理

在客户机上有一个存根解析器(Stub Resolver)，负责接收来自本机应用程序的解析请求，例如，在浏览器中输入的网址就会被转发给本地的存根解析器。存根解析器中也会有缓存的结果，用于减少查询时间。如果缓存中有结果，直接返回给应用程序。如果没有，则会将请求发送给指定的缓存服务器，缓存服务器会检查本地缓存，如果有结果，则返回客户机，如果没有，则采用迭代查询获得结果。

来自客户机的请求也可以发送给转发域名服务器,转发域名服务器会将这个请求转发给缓存服务器,那么转发服务器的作用是什么呢?转发服务器可以减轻缓存服务器的查询压力,因为它本身也有缓存功能,可以将缓存中的结果直接返回客户机。在负载较重的应用场景下,通过转发域名服务器和缓存域名服务器的组合,可以有效地分流负载。

BIND 的主配置文件是 named.conf,通常存放在目录/etc/namedb 或者/usr/local/etc/namedb 之下。根据 DNS 服务器的角色不同,还需要一个或者多个区域配置文件(zone file)。在这里,使用河南省教育科研网的三级域名 ha.edu.cn 作为配置示例。首先看主域名服务器的主配置文件 named.conf 的主要内容:

```
// options 中定义一些服务器层级的属性
options {
    // 所有相对路径使用这个目录作为主目录
    directory "/var";
    // 为了安全,隐藏 DNS 服务器真实的版本号
    version "not currently available";
    // 允许来自任何一个 IP 地址的查询请求
    allow-query { any; };
    // 不允许使用缓存中的数据
    allow-query-cache { none; };
    // 对客户机不提供递归查询服务
    recursion no;
};

// 日志设置
// 把系统日志写入文件/var/log/named/ha.log。
// 使用 3 个文件轮流存放日志信息,文件写满 250KB 之后切换文件
logging {
    // 一个 channel 指的是一个单独作为日志存储的数据流
    channel ha_log {
        // 使用一个相对路径指定日志文件的位置
        file "log/named/ha.log" versions 3 size 250k;
        severity info;
    };
    category default {
        ha_log;
    };
};

// 配置 ha.edu.cn 域的主域名服务器
zone "ha.edu.cn" {
    // 这里设定为主域名服务器
    type primary;
    file "ha.edu.cn";
    // notify 设置为 yes 意味着一旦主域名服务器数据有变化,将会通知辅域名服务器进行同步
    notify yes;
    // 设定允许从主域名服务器上同步数据的辅域名服务器地址
    allow-transfer {
        210.43.144.2;
```

```
    };
};
```

对于辅域名服务器，在配置文件中主要的不同是：

```
// 辅域名服务器的设置
zone "ha.edu.cn" {
    // 指定该服务器为辅域名服务器
    type secondary;
    // 这里指定的文件用于存储从主域名服务器同步来的数据
    // 当辅域名服务器重启时可以不必等待从主域名服务器同步数据
    // 而是直接使用保存在文件中的数据来对用户提供查询服务
    file "ha.edu.cn.saved";
    // IP address of example.com primary server
    primaries {
        210.43.144.1;
    };
};
```

对于缓存域名服务器的配置文件，与权威域名服务器最大的不同是，其中不包含 zone 的设置。配置文件的主要内容如下：

```
// 缓存域名服务器的 named.conf 配置文件
// 定义了访问控制列表，其中包含郑州大学校园网的 IP 地址范围
aclzzu_campus_net {
    202.196.64.0/20;
};

options {
    directory "/var";
    version "not currently available";

    recursion yes;
    // 递归查询仅对来自 zzu_campus_net 的 IP 地址提供服务
    allow-query {
        zzu_campus_net;
    };
};
```

对于转发域名服务器，其配置文件的主要内容为：

```
// 转发域名服务器的 named.conf 配置文件
// 定义了访问控制列表，其中包含郑州大学校园网的 IP 地址范围
aclzzu_campus_net {
    202.196.64.0/20;
};

options {
    directory "/var";
    version "not currently available";
```

```
    recursion yes;
    // 递归查询仅对来自 zzu_campus_net 的 IP 地址提供服务
    allow-query {
        zzu_campus_net;
    };

    // 定义了将把用户请求转发到哪个缓存域名服务器
    // 210.43.144.3 是缓存域名服务器的地址
    forwarders {
        210.43.144.3;
    };
    // 指定所有请求将会被转发
    forward only;
};
```

接下来是 ha.edu.cn 这个域名的区域配置文件，该文件保存在权威域名服务器中。区域配置文件中包含各种类型的资源记录(Resource Records，简称 RR)。常见的资源记录类型有以下几种。

- A：IPv4 地址。
- AAAA：IPv6 地址。
- NS：域名服务器。
- SOA：授权信息。
- MX：邮件服务器信息。
- CNAME：别名。
- PTR：反向解析记录。
- TXT：记录文本信息。

针对 ha.edu.cn 的区域配置文件的内容是：

```
$TTL 2d     ;默认 TTL 值
$ORIGIN ha.edu.cn. ;域名
;一个域的 SOA 记录用来定义这个域名最重要的基础信息
@       IN      SOA    ns1.ha.edu.cn. hostmaster.ha.edu.cn. (
                       2003080800 ;序列号
                       12h        ;辅 DNS 的同步时间
                       15m        ;更新重试时间
                       3w         ;失效时间
                       2h         ;缓存时间
                       )
; 定义主域名服务器所在主机的名字
        IN      NS     ns1.ha.edu.cn.
; 定义辅域名服务器所在主机的名字
        IN      NS     ns2.ha.edu.cn.
; 定义邮件服务器所对应的主机的名字
@       IN      MX 10  mail.ha.edu.cn.
;定义主域名服务器的 IP 地址
ns1     IN      A      210.43.144.1
;定义辅域名服务器的 IP 地址
ns2     IN      A      210.43.144.2
```

```
;定义邮件服务器的IP地址
mail     IN      A       210.43.144.10
;定义www服务器的IP地址
www      IN      A       210.43.147.15
;AAAA型记录解析IPv6地址
www6     IN      AAAA    2001:250:4800:ef::2
; 定义主机名www的别名是ftp
ftp      IN      CNAME   www
```

以上为 DNS 服务器的主要配置文件的内容介绍。

(3) DNS 服务器的故障处理

在 DNS 服务的日常运维过程中，可以利用一些工具来进行故障排查。常见的有 dig、host 和 nslookup。dig 是一个功能较为丰富的 DNS 运维工具，有两种运行模式：简单交互模式和批处理模式。简单交互模式可以进行单次查询，批处理模式可以执行一系列的查询。host 是一个简单易用的 DNS 运维工具，可以通过命令行方式查询解析结果。nslookup 拥有两种工作模式：交互模式和非交互模式。交互模式允许用户交互式地查询域名解析的结果，非交互模式直接返回查询结果。nslookup 的使用方法如图 7-8 所示，Dig 命令的使用方法如图 7-9 所示。

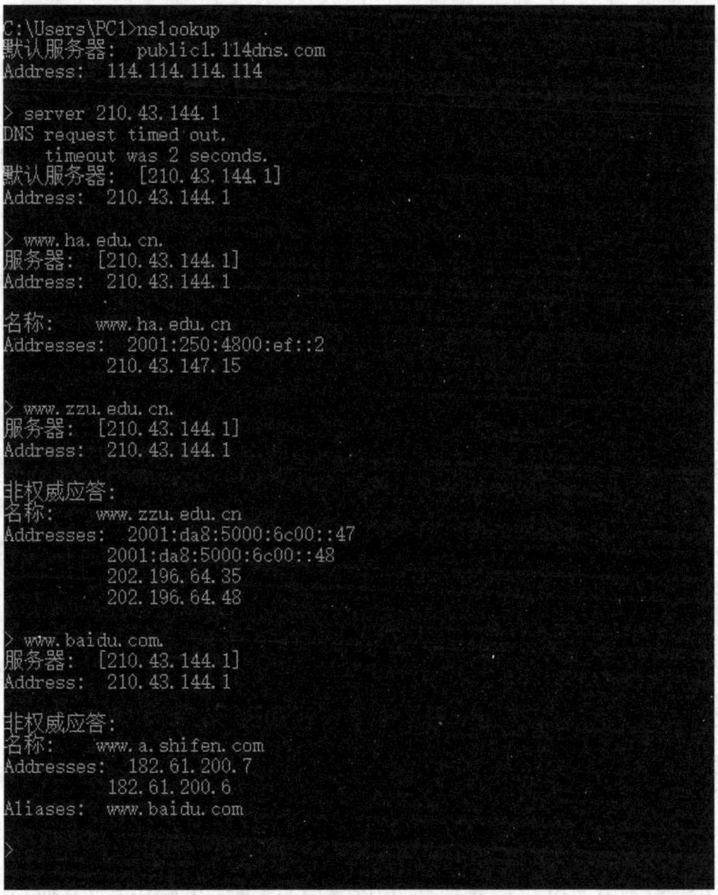

图 7-8  nslookup 使用方法

```
-bash-4.1# dig www.baidu.com

; <<>> DiG 9.8.2rc1-RedHat-9.8.2-0.23.rc1.el6_5.1 <<>> www.baidu.com
;; global options: +cmd
;; Got answer:
;; ->>HEADER<<- opcode: QUERY, status: NOERROR, id: 6038
;; flags: qr rd ra; QUERY: 1, ANSWER: 3, AUTHORITY: 5, ADDITIONAL: 0

;; QUESTION SECTION:
;www.baidu.com.                 IN      A

;; ANSWER SECTION:
www.baidu.com.          871     IN      CNAME   www.a.shifen.com.
www.a.shifen.com.       90      IN      A       119.75.218.70
www.a.shifen.com.       90      IN      A       119.75.217.109

;; AUTHORITY SECTION:
a.shifen.com.           690     IN      NS      ns2.a.shifen.com.
a.shifen.com.           690     IN      NS      ns3.a.shifen.com.
a.shifen.com.           690     IN      NS      ns4.a.shifen.com.
a.shifen.com.           690     IN      NS      ns5.a.shifen.com.
a.shifen.com.           690     IN      NS      ns1.a.shifen.com.
```

图 7-9  dig 命令使用方法

除了使用上述的工具进行故障排查之外，还可以使用日志信息进行故障分析。因此，将 DNS 的日常工作情况写入日志是很有必要的。

(4) DNS 服务器的性能优化

当 DNS 服务器出现性能下降、解析时间变长等问题时，需要对服务器进行性能优化，具体做法包括：检查服务器的 CPU 占用率、内存占用率和磁盘 I/O 性能，并做相应的处理；查询系统日志，找出性能降低的原因；利用 BIND 内置的统计功能，根据系统运行统计数据找出性能瓶颈；通过调整配置文件中的一些参数来提升性能，如限制区域传输频率、限制客户端数量等；当集中在一台 DNS 服务器上的查询请求过多时，通过增加缓存服务器和转发服务器来进行负载的分流，也能起到较好的效果。

(5) DNS 服务器的安全防护

由于 DNS 服务器通常运行在互联网上，因此来自互联网的攻击行为是无法避免的，确保 DNS 服务器不会因为网络攻击而宕机，也是 DNS 服务器运维工作的一个重要部分。DNS 安全扩展模块 DNSSEC 可以对 BIND 提供安全保护。DNSSEC 除了能够帮助 BIND 防御缓存污染攻击(Cache Poisoning Attacks)和随机子域攻击(Random Subdomain Attacks)之外，也是提供安全认证和安全电子邮件传输的基础。

为了实现这一目标，DNSSEC 在权威域名服务器上对 DNS 记录增加了数字签名，DNS 解析器会验证接收到的记录的真实性，如果接收到的记录的数字签名是正确的，则说明数据在传输过程中没有被篡改。

### 2. Web 服务器

Web 服务器是指安装了 Web 服务器软件的计算机，Web 服务器通过 HTTP 协议(HyperText Transfer Protocol)向客户机(一般是浏览器软件)提供服务。早期的 Web 服务器只能提供静态网页服务，后来出现了多种基于 Web 服务器的软件开发环境，能够基于 Web 服务器开发复杂的业务系统。目前最主流的三个 Web 服务器是 Apache、Nginx 和 IIS，其中 Nginx 的市场占有率最高。

Nginx 是一款轻量级的 Web 服务器，支持反向代理及电子邮件(IMAP/POP3)代理，分为开源版本和商业版本，其中开源版本在 BSD-like 协议下发行。该软件的主要特点包括高性能、高可扩展性、稳定性好、系统资源占用少、开发能力强，并支持热部署，因此在很多互联网企业中得到了广泛的应用。目前的最新开源版本是 2023 年 6 月发布的 1.25.1，最新的商业版本是 2023 年 5 月发布的 R29。

(1) Nginx 的安装

Nginx 的开源版本支持的操作系统有：

- FreeBSD。
- Linux。
- Solaris。
- AIX 7.1。
- HP-UX。
- macOS。
- Windows。

Nginx 的商业版本只支持 Linux，具体包括：

- Alpine Linux。
- Amazon Linux。
- CentOS。
- Debian。
- FreeBSD。
- Oracle Linux。
- Red Hat Enterprise Linux。
- SUSE。
- Ubuntu。

Nginx 的开源版本有两种安装模式：一是通过软件包进行安装，这种方式比较简单、易操作，软件包中包含了几乎所有的模块，支持的操作系统也比较多；二是用户自己编译源代码进行安装，这种方式的灵活性较好，用户可以自己选择需要的模块，包括加入一些第三方开发的模块。

采用第一种方式在 CentOS 上安装软件包的流程如下：

① 安装预加载模块。

```
sudo yum install yum-utils
```

② 建立 yum 版本库，需要在/etc/yum.repo.d 子目录中创建一个文件 nginx.repo。

③ 将以下内容加入文件 nginx.repo 中。

```
[nginx-stable]
name=nginx stable repo
baseurl=http://nginx.org/packages/centos/$releasever/$basearch/
gpgcheck=1
```

```
enabled=1
gpgkey=https://nginx.org/keys/nginx_signing.key
module_hotfixes=true
```

④ 更新 yum 版本库。

```
sudo yum update
```

⑤ 安装 Nginx 软件包。

```
sudo yum install nginx
```

⑥ 启动 Nginx。

```
sudo nginx
```

⑦ 测试安装好的 Nginx。

使用命令：curl -I 127.0.0.1。

如果显示结果如下，则说明 Web 服务器已正常运行。

```
HTTP/1.1 200 OK
Server: nginx/1.22.1
```

(2) Nginx 的配置

Nginx 有一个主进程(master)和若干个工作进程(worker)。主进程的主要工作是读取配置文件的内容，并保障工作进程的正常运行。工作进程对来自用户的请求进行处理。Nginx 采用了基于事件驱动模型和依赖操作系统的机制在工作进程之间分配请求。工作进程的数量可在配置文件中定义，或者自动调整到可用 CPU 内核的数量。配置文件决定了 Nginx 及其模块的工作方式。默认情况下，配置文件名为 nginx.conf，存储在子目录/usr/local/nginx/conf、/etc/nginx 或 /usr/local/etc/nginx 中。

nginx 的配置文件由指令控制模块组成。指令可分为简单指令和块指令。一个简单的指令是由空格分隔的名称和参数组成，并以分号结尾。块指令具有与简单指令相同的结构，但不是以分号结尾，而是以大括号{}包围的一组附加指令结尾。如果块指令的大括号内部可以有其他指令，则称这个块指令为上下文(例如：events、http、server 和 location)。配置文件中被放置在任何上下文之外的指令都被认为是主上下文。events 和 http 指令在主上下文中，server 在 http 中，location 又在 server 中。

主要的块的作用如下。

① 全局块：配置全局有效的指令。

② events 块：配置事件驱动相关的指令。

③ http 块：可以嵌套多个 server，配置代理、缓存、日志定义等绝大多数功能和第三方模块。

④ server 块：配置 Web 服务器的相关参数，包括 IP 地址、绑定端口等；一个 http 中可以有多个 server；虚拟主机的配置也可以通过这个模块来实现。

⑤ location 块：配置访问路由。

在配置文件中，井号(#)之后的行的内容被视为注释。

以下是一个配置文件的具体示例,该配置文件用于一个名为"test.ha.edu.cn"的网站。

```
# 工作进程的数量
worker_processes  4;
events {
worker_connections 256; # 每个工作进程连接数
}

http {
    include       mime.types;
default_type  application/octet-stream;

    # 日志格式定义在 access 中
log_format  access  '$remote_addr - $remote_user [$time_local] $host "$request" '
                '$status $body_bytes_sent "$http_referer" '
                '"$http_user_agent" "$http_x_forwarded_for" "$clientip"';
#使用访问日志文件记录用户的访问信息,日志格式在前面已定义
access_log  /srv/log/nginx/access.log  access;
#打开 gzip 压缩功能,可以节省网站流量
gzip  on;
#开启高效文件传输模式
sendfile  on;

    # 链接超时时间,超时后自动断开
keepalive_timeout  60;

    # Web 服务器配置
    server {
        listen       80; #Web 服务器的监听端口号
server_name  test.ha.edu.cn; # Web 服务器对应的域名

        charset utf-8;  #网站内容的编码格式
access_log  logs/test.access.log  access;

        # 路由
        location / {
            root   /data/www; # 网站的根目录对应文件系统中的目录
            index  index.html index.htm; # 默认主页文件名
        }
location /images/ {
        root   /data; # 网站中相对路径/images 对应的文件系统中的目录
        }

    }
}
```

(3) Nginx 的日常运维

上线后的 Nginx 服务器,日常的运维工作主要包括监视服务器运行状态、根据用户需求修改服务器配置、故障发现与处理、服务器性能调优等工作。Nginx 包含比较强大的日志功能,

通过分析日志信息，系统运维工程师可以更好地排查故障，提升服务器的安全性。

Nginx 的日志分析可以分为可用性分析、访问统计分析、性能分析和安全分析 4 个方面。

① 可用性分析

在日志中，每个 HTTP 请求都会有相应的访问状态码，访问状态码可以显示请求成功或失败。对访问日志按照状态码维度进行统计分析，可以直观地展示网站的可用性。

② 访问统计分析

通过访问统计分析，网站管理员可以直观地了解网站的访问情况，常见的是 PV 及 UV 统计。PV(Page View)即页面浏览量或点击量，PV 反映网站的访问量；UV(Unique Visitor)即独立访客量，一个独立访客是指拥有同一 IP 地址及同一客户端类型的用户。UV 反映当前网站的访问人数。此外，URL 的访问数量统计可以清晰地展示网站的哪些功能被大量使用，帮助网站管理者了解用户对网站功能的喜好，以便进行相关的产品优化。

③ 性能分析

网站性能的最直接体现就是请求的响应时间。可以将表 7-2 中的变量添加到访问日志中，然后对采集到的数据进行分析，从而了解网站的性能。

表7-2　Nginx日志中用于性能分析的变量

| 变量 | 变量名 | 变量说明 |
| --- | --- | --- |
| $request_time | 请求时间 | 从 Nginx 在客户端获取请求的第一个字节到 Nginx 发送给客户端响应数据的最后一个字节之间的时间 |
| $upstream_connect_time | 代理建立连接时间 | 与后端代理服务器建立连接所消耗的时间 |
| $upstream_header_time | 代理请求时间 | 从与后端代理服务器建立连接到接收到响应数据第一个字节之间的时间 |
| $upstream_response_time | 响应时间 | 从与后端代理服务器建立连接到接收到响应数据最后一个字节之间的时间 |

④ 安全分析

通常情况下，黑客对互联网应用的攻击都是先从对 Web 服务器的漏洞扫描开始的。最常用的扫描方式就是在 URL 中加入特定的脚本、命令或字符串并不断尝试访问，并根据返回结果判断被扫描网站是否存在漏洞或后门。如 SQL 注入攻击会在访问的 URL 中带有 select、and、or、order 等常见的 SQL 语句，XSS 攻击会在访问的 URL 中带有 javascript、vbscript、onmouseover 等 Javascript 或 VBscript 脚本命令。

这些不安全的访问痕迹都会被 Nginx 服务器记录到访问日志中，通过对 Nginx 访问日志中的 request_uri 字段进行关键字过滤和分析，可以发现网络攻击行为，系统运维工程师可以根据这些结果来对 Web 服务器进行安全加固。

## 7.5 存储子系统运维

存储子系统的运维可分为存储设备安装配置、存储设备日常运维、存储设备故障处理、存储设备文档管理、存储交换机运维管理，以及 HBA 卡管理等几个方面。

### 7.5.1 存储设备安装配置

#### 1. 存储设备安装上架

新采购的存储设备需要查看硬件配置，确认与采购需求一致，测试硬件是否正常，然后进行上架，具体工作包括：

(1) 确认需要上架存储设备的数量、规格及型号等信息，综合考虑配电、散热等因素，分配合理的机柜空间，并将其记录于存储设备管理文档中。

(2) 对于存储设备，规划其 IP 地址、电源接口位置、交换机端口号等信息，并将这些信息记录于存储设备管理文档。

(3) 阅读存储设备厂商的安装手册，明确注意事项、操作步骤、线缆连接方式等重要内容。

(4) 在机房外的准备间，将存储设备加电后开机，检验硬件配置是否正确，进行磁盘阵列等基础配置，划分存储空间，并与存储交换机进行适配连接。

(5) 在机房内，通过导轨或者托架的方式将服务器安装在机柜内，保持设备整洁。

(6) 连接好电源及网线。

(7) 进行存储设备加电测试，测试网络连通性。

(8) 在运行监控室，通过厂商提供的存储管理软件控制存储设备，查看设备工作状态。连接存储交换机并测试网络连通性。

(9) 通过虚拟化管理软件将服务器集群及备份设备与存储设备进行联通，对存储设备进行容量、集群等分配。

(10) 更新存储设备相关管理文档。

#### 2. 存储管理软件

存储设备安装上架后，一般厂商会装配有相应的存储管理软件，通过存储管理软件进行设备的运维管理。常用的存储管理软件有华为 DeviceManager、HP Systems Insight Manager 和 IBM Storage Manager 等。

### 7.5.2 存储设备日常运维

#### 1. 存储设备巡检工作

存储设备的日常巡检工作包括两部分，一是机房现场巡检，二是使用存储管理软件进行远程巡检。

(1) 机房现场巡检，每天 1~2 次，主要检查指示面板或指示灯。指示面板一般会显示故障代码，运维人员通过查看代码可以判断存储的故障类型。指示灯主要显示存储设备或者存储硬盘的状态，一般情况下，红色表示故障，绿色表示正常。通过指示面板或指示灯，运维人员能够实时查看对应硬件设备的工作状态，从而准确判断设备是否处于正常工作状态。

(2) 使用存储管理软件进行远程巡检，每天 1~2 次，主要内容包括：

- 查看并处理告警。检查告警列表中告警的详细信息和修复建议，修复存储系统的告警，保证设备和业务的正常运行。
- 可访问性巡检。可访问性巡检旨在确保存储设备持续提供服务。巡检的硬件组件有 HBA 卡、控制器、磁盘等，这些都是设备提供服务的前提。
- 存储容量巡检。存储容量需要进行监控，保证存储基础设施能够提供足够的资源。容量的巡检主要包括监控整体容量，以及分配给不同上层业务的 LUN 容量的使用情况。
- 性能巡检。性能反映存储设备的工作负荷，通过查看存储设备的性能指标，运维人员可以了解设备运行过程中是否存在瓶颈。

(3) 以上巡检工作完成后要进行巡检记录。

**2. 存储设备系统升级**

在存储设备的运维过程中，需要定期对设备进行升级和更新。存储设备的升级主要包括固件升级、存储设备操作系统升级和存储管理软件升级。固件升级主要是对存储设备自身系统进行升级，可以提高系统的稳定性和兼容性，具体升级流程按厂商提供的信息执行。存储设备运行专用的操作系统，同样需要根据厂商的通知及时进行版本升级。存储管理软件升级主要是对存储厂商提供的设备管理软件进行升级和补丁安装。

### 7.5.3 存储设备故障处理

**1. 存储设备的告警方式**

(1) 存储厂商自带的告警机制

存储系统的可用性是监测的重点。磁盘阵列通常采用 RAID 技术，磁盘出现损坏或者存储系统软件出现问题会影响存储设备的正常运行。部分存储设备具备报警功能，当硬件或软件出现问题时，会自动向存储厂商的技术支持中心发送信息，厂商会根据告警信息决定维修方案。

(2) SMTP

存储设备大多可以设置邮件告警。存储系统会收集告警信息，并以电子邮件的方式发送给运维工程师。

(3) SNMP

SNMP 告警接口通过 SNMP 协议向第三方系统发送告警通知，同时接收并响应第三方系统发过来的命令。运维人员通过配置相关参数，将第三方系统接入存储管理平台，实现存储设备与管理平台的对接。SNMP 设置好之后，SNMP 接收端软件会处理接收到的 SNMP 信息，提取有用的信息并发送给运维管理人员。

## 2. 存储设备故障处理方式

存储设备出现故障后，主要处理流程如下：

(1) 收集故障信息。当存储系统出现故障时，可通过查看系统日志、错误报告、监控工具等方式获取故障相关信息，包括故障现象、错误代码、报错信息等。同时需要了解故障发生的时间、频率，以及是否有相关的操作或事件可能触发故障。

(2) 初步分析故障原因。在收集到故障信息后，进行初步的故障原因分析。可以根据故障现象和错误信息进行推测，并结合系统配置、运行环境等因素进行综合判断。初步分析的目的是确定故障的范围和可能的原因，为后续的排查工作提供指导。

(3) 制定排查计划。根据初步分析的结果，制定具体的排查计划。排查计划应包括排查的重点方向、具体的排查步骤和相应的工具使用方法。根据故障类型的不同，排查计划可能涉及硬件检查、软件调试、参数配置等多个方面。

(4) 环境检查。在排查故障之前，需要对存储系统的环境进行检查，包括检查硬件设备的连接是否正常、电源是否供电稳定、温度是否正常等。同时还需要检查网络环境是否正常，包括网络连通性、带宽利用率等。

(5) 硬件排查。当怀疑故障原因是硬件故障时，需要进行相应的硬件排查，可以通过检查硬件设备的运行状态、指示灯状态等进行初步判断。如果需要进一步确认，可以使用专业的硬件检测工具进行检测，如磁盘检测工具、RAID卡检测工具等。

(6) 软件排查。当怀疑故障原因是软件故障时，需要进行相应的软件排查，可以通过检查系统配置文件、日志文件等进行初步分析。如果需要进一步确认，可以使用相关的系统监控工具进行排查，如性能监控工具、系统状态监控工具等。

(7) 参数配置排查。在存储系统中，很多故障都与参数配置有关。因此，当怀疑故障原因是参数配置错误时，需要进行相应的参数配置排查。可以通过查看参数配置文件、系统设置界面等进行初步分析。如果需要进一步确认，可以参考相关文档或寻求厂商技术支持。

(8) 故障隔离与修复。在经过前述的排查步骤后，通常可以初步确定故障的原因和范围。根据故障的具体情况，可以采取相应的故障隔离和修复措施，可能涉及更换硬件设备、修复软件配置、调整系统参数等操作。

(9) 故障验证与恢复。在修复故障后，需要进行故障验证和系统恢复工作。通过验证故障是否得到解决，以及系统运行是否正常来确认修复效果。如果需要恢复系统数据，则需要进行数据恢复操作，确保数据的完整性和一致性。

(10) 故障分析与总结。在故障排查工作完成后，需要进行故障分析和总结。通过对故障原因、排查过程以及修复效果的分析，可以总结出发生故障的规律和常见故障的排查方法并制定相应的预防措施，以提高存储系统的稳定性和可靠性。

### 7.5.4 存储设备文档管理

存储设备的管理文档应包含以下信息：

(1) 存储设备基本信息。包括设备名称、序号、版本、主要配置、编号、机架位置等信息。

(2) 存储网络组网信息。包括连接方式、交换机型号、交换机诊断信息、网络拓扑结构、IP

地址信息等。

(3) 服务器信息。主要记录与存储相连的服务器相关信息，包括操作系统版本、端口速率等。

(4) 故障信息。包括故障发生时间、故障现象、出现故障前执行的操作、出现故障后执行的操作等信息。

以上文档包含存储设备运维的关键信息，需要进行定期备份。备份可以采用离线存储进行备份。同时注意，涉及系统密码等敏感信息的文档需要进行加密处理。

### 7.5.5 存储交换机运维管理

数据中心中存储子系统若采用组网构建，前端的服务器和后端的存储通过存储交换机相连，一旦存储网络出现问题，必然会对业务造成影响，因此对存储网络的监控也是必要的。存储网络中的主要设备是存储交换机，因此，针对存储交换机也需要有相应的运维方案。

#### 1. 存储交换机的安装

新采购的存储交换机安装工作主要包括以下步骤：

(1) 确认需要上架的交换机的数量、规格及型号等信息。

(2) 确认交换机安装环境。设备需安装在干净整洁、干燥、通风良好、温度可控的标准室内机房，且机房内严禁出现渗水、滴漏、凝露等现象。安装场所内要做好防尘措施，以防止室内灰尘落在设备上造成静电吸附，导致金属接插件或金属接点接触不良，这不仅会影响设备寿命，还容易引发设备故障。为确保设备的正常运行，安装场所内的温度和湿度需保持在设备可正常工作的范围内。

(3) 根据交换机的高度来选择机柜，在设备的参数介绍中通常会标注交换机的高度。确认机柜后，安装浮动螺母和滑道，将设备安装到机柜中。

(4) 电源线缆连接。在连接线缆之前，需要先连接接地线缆，再连接其他线缆。严禁带电安装电源线，以免造成人身伤害。连接电源线前需确认电源模块开关处在关闭(OFF)状态。电源线的接头、最大承载电流能力需与交换机匹配，请使用与设备配套发货的电源线。

(5) 信号线缆连接。光接口和光模块在不使用时需要安装防尘塞，光纤在不使用时需要安装防尘帽。光纤的弯曲半径应大于光纤直径的 20 倍，一般情况下弯曲半径应≥40mm。光纤的绑扎不宜过紧，以绑扎后光纤可以自由抽动为宜。在连接网线前需用网线测试仪对网线进行连通性测试。请在线缆两端粘贴临时标签，标明线缆所对应的接口编号。

(6) 设备上电。在设备上电检查前，电源模块所有空开必须处于 OFF 状态。检查输入电压是否在设备电源模块规格范围内。先开启外部供电设备开关，再开启设备电源模块开关，进行设备上电。当电源模块指示灯显示正常状态(一般为绿色常亮)时，再检查其他部件指示灯的灯态。

#### 2. 存储交换机配置

安装存储交换机后，需要对交换机进行配置。配置流程如下：

(1) 登录交换机。

(2) 配置 VLAN 地址。

(3) 配置存储网关。
(4) 配置控制网关。
(5) 将配置的 VLAN 加入交换机中。
(6) 配置交换机接口队列的调度模式。
(7) 配置交换机流量控制策略。
(8) 保存配置文件，并使配置文件生效。

### 3. 存储交换机日常巡检

存储交换机巡检一般每天 1~2 次。主要巡检内容包括以下几个方面。

(1) 交换机现场巡检。主要观察交换机面板、电源指示灯、网卡状态指示灯等显示情况。一般情况下，绿色表示正常，黄色或不亮表示故障。

(2) 交换机基本信息巡检。检查交换机版本信息和正常运行时间。

(3) 交换机网络接口巡检。通过网络接口信息，查看接口是否运行正常，有无过多的错误、广播及冲突，以及工作端口是否为 UP 状态。

(4) 交换机日志巡检。查看交换机日志中是否有大量重复的信息，如有，需立即分析并处理。

(5) 交换机配置文件巡检。查看当前配置信息和保存的配置信息是否一致。

(6) 交换机 CPU 利用率巡检。一般情况下，交换机 CPU 利用率平均值应<50%，最大值应<70%。

### 4. 存储交换机故障处理

存储交换机主要用于进行存储设备和服务器的组网通信，对于存储交换机而言，最常见的故障是物理线路故障，一般包括网线或光纤线路本身的物理损坏、网线类型错误或光纤收发连接不正确、中间传输设备故障或工作不正常，以及接口线缆所支持的最大传输长度、最大速率等超出使用范围等。

对于上述这些问题，可以通过以下方法来找寻问题所在：

(1) 借助设备接口指示灯的状态进行初步判断。Line 灯灭表示线路没有连通，灯亮表示线路已经连通；Active 灯灭表示没有数据收发，灯闪烁表示有数据收发。

(2) 通过端口显示命令查看输出以判断问题。

(3) 采用替换法进行判断。包括线路、电缆和光纤、槽位和整机。

(4) 在交换机上配置接口环回进行测试，设置端口进行环回测试以诊断问题。

### 5. 存储交换机系统升级

不同厂商的存储交换机产品系统升级步骤大致相同，但具体命令不同，可查询不同厂商的命令文档，或者根据以往的经验进行操作。

(1) 准备升级环境，进入存储交换机厂商官网，下载最新版本的系统软件。
(2) 架设 FTP 服务器并确保其连通性。
(3) 检查当前存储交换机的系统版本。

(4) 备份待升级存储交换机的配置文件。

(5) 升级交换机系统。

(6) 查看存储交换机当前系统版本是否为最新的版本。

(7) 检查与存储交换机相关联的存储及服务器业务是否正常运行，如果正常运行，则说明升级成功。

(8) 结束升级。

### 7.5.6 HBA 卡管理

光纤通道 HBA(Host Bus Adapter)卡是将服务器接入 FC-SAN 必不可少的设备，当多台服务器需要连接到存储设备时，需要使用光纤交换机，服务器通过 HBA 卡连接到光纤交换机，存储设备同时也连接到光纤交换机，构成存储区域网络。

HBA 卡在服务器安装虚拟化管理软件时会自动挂载，然后在存储设备中进行 HBA 卡和物理主机的注册。HBA 卡挂载成功后，无论物理主机还是物理主机上运行的所有虚拟机都可以访问存储设备上的数据。

HBA 卡通常故障率较低，一般通过观察 HBA 卡状态灯和 HBA 卡管理软件来查看其是否存在故障并进行处理。

在巡检过程中，可以根据 HBA 卡指示灯的不同状态来判断 HBA 卡是否出现故障。HBA 卡一般有两个灯，绿灯是硬件状态灯，红灯是数据读写灯。HBA 卡指示灯与卡状态的对应关系如表 7-3 所示。

表7-3 HBA卡指示灯与卡状态对应关系

| 红灯 | 绿灯 | HBA卡状态 |
| --- | --- | --- |
| 常亮 | 灭 | HBA 卡硬件故障 |
| 常亮 | 常亮 | 驱动没有安装 |
| 闪烁 | 灭 | 驱动已经加载但是没有连接设备 |
| 灭 | 常亮 | 工作正常 |

通过软件也可以检查 HBA 卡的状态。主机安装好 HBA 卡后，可以打开设备管理软件来查看 HBA 卡是否被识别，以及驱动是否需要手动安装。对 HBA 卡进一步的管理需要安装配套的管理软件来实现，通常 HBA 卡厂商都会提供相应的管理软件。

## 7.6 安全子系统运维

数据中心安全运维是保障数据中心关键业务系统可用性的重要环节，同时也是满足相关法律法规的关键环节。本节内容首先介绍数据中心安全运维体系,然后围绕网络安全事件防护体系,分别针对事前监测、事中防护和事后审计阶段的网络安全防护工作,介绍安全监测系统运维、安全防护系统运维和安全审计系统运维的相关内容,最后介绍了安全运维管理规范。

## 7.6.1 安全运维体系介绍

根据国家信息安全等级保护的相关标准及要求,安全运维应以数据中心安全防护需求为出发点,数据中心安全系统从事前监控、事中防护和事后审计 3 个维度进行规划,并采用纵深防御的安全防护原则,实现覆盖物理层、网络层、系统层、应用层、数据层的整体安全防护。结合数据中心所承载的业务系统的特点及需求,对业务系统进行分层分域防控,从而全面提升数据中心的风险防御能力。

数据中心安全运维体系主要由安全监测系统、安全防护系统、安全审计系统组成,并通过运营管理平台和运维规范,将技术、流程、人三者有机结合,实现信息安全运维工作的闭环管理,如图 7-10 所示。

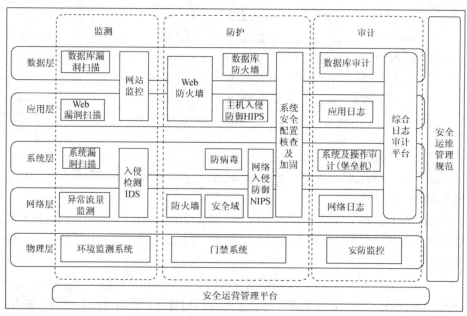

图 7-10 数据中心安全运维技术体系框架

## 7.6.2 安全监测系统运维

数据中心安全监测平台主要由安全评估系统和入侵检测系统组成,通过应用层、系统层、网络层等多个层面进行综合风险分析,实现对安全态势的动态感知及威胁预警。

**1. 安全评估系统运维**

安全评估系统以服务器和应用系统为对象,通过漏洞扫描工具对服务器和应用系统进行漏洞监测、挂马监测、可用性监测、网页篡改监测,分析扫描结果并生成详细的安全监测报告。

基于漏洞的风险级别和潜在影响，对服务器和应用系统两类服务的漏洞进行分析统计，定期运行漏洞扫描，持续监测发现新的漏洞和安全问题，实现对服务器和应用系统的可用性、脆弱性的评估和预警。通常可用于对数据中心新上线业务系统的基线核查以及对已运行业务系统的定期漏洞扫描和风险评估。

图 7-11 所示为某漏洞扫描系统管理界面，展示了对数据中心服务器和应用系统的资产梳理和漏洞探测情况。

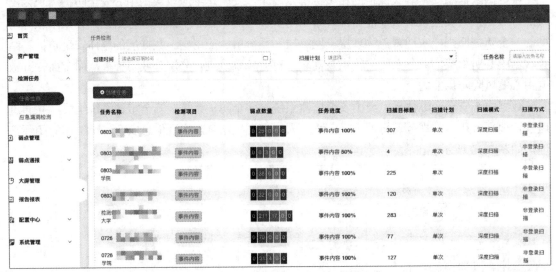

图 7-11　漏洞扫描系统界面

安全评估系统日常运维工作如下：

（1）定期进行漏洞特征库的更新，至少每周进行一次。重大安全漏洞发布后，应立即进行更新，确保漏洞库为最新版本。

（2）制定漏洞扫描策略，并保证至少每月一次对重要的应用系统和主机设备进行漏洞扫描。重大安全漏洞发布后，应立即对相关系统进行扫描，建议将扫描安排在非工作时间，避免在业务繁忙时执行。

（3）根据漏洞扫描的报告，及时通知系统管理员对相应的高危漏洞进行修复。

（4）跟踪漏洞修复的状态，在系统管理员完成漏洞修复后，重新对相关应用系统进行扫描，确认漏洞是否修复完毕。

## 2. 入侵检测系统运维

数据中心入侵检测系统(IDS)通过对网络、系统的运行状况进行监视，尽可能发现各种攻击企图、攻击行为，以及攻击结果，以保证网络系统资源的机密性、完整性和可用性。入侵检测系统安装部署流程如下：

（1）部署入侵检测设备。

（2）根据数据中心的安全需求来配置适当的入侵检测策略，以便监测和分析与这些策略相关的安全事件和异常行为。

(3) 定义网络入侵事件的威胁级别和相应的响应措施。

图 7-12 所示为某入侵检测系统的管理界面，基于对网络流量和用户行为的采集分析，通过安全日志、行为日志及系统日志记录了异常流量的告警信息，在安全日志部分，列出了异常事件发生的时间、威胁类型、源地址、目的地址、威胁严重级别等信息。对于入侵检测系统检测到的安全事件告警信息，可通过和防火墙联动的方式执行阻断操作。

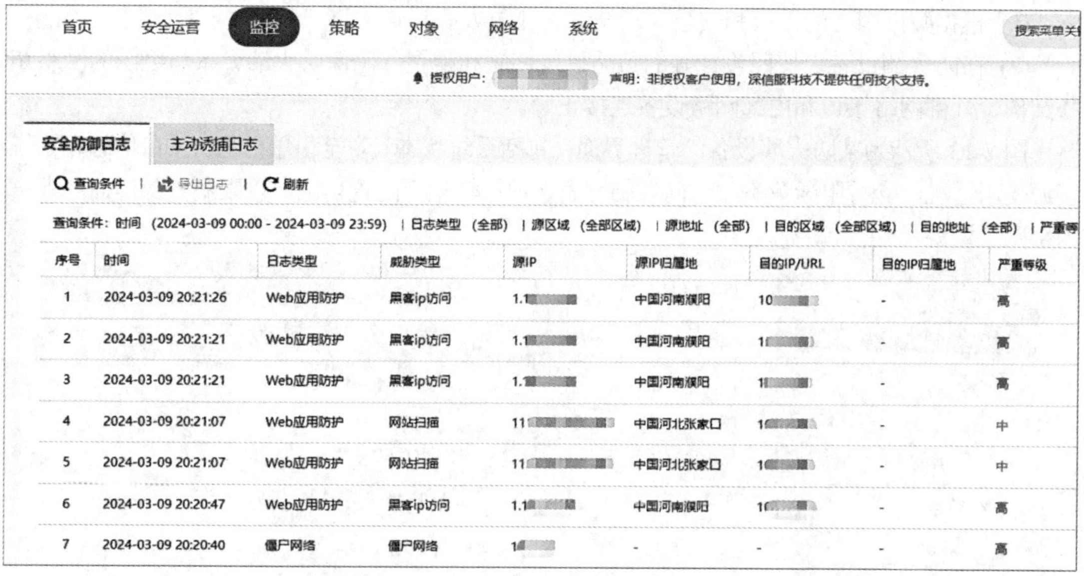

图 7-12 入侵检测系统检测结果列表

入侵检测系统日常运维工作如下：

(1) 定期进行入侵特征库的更新，至少每周一次。在重大安全漏洞和事件发布后，应立即更新特征库。

(2) 针对检测到的不同入侵行为，采取相应的响应动作。对于拒绝服务攻击、蠕虫病毒、间谍软件等高威胁攻击，建议及时调整防火墙策略，采取会话丢弃或拒绝会话动作，将可疑主机阻挡在网络之外。

(3) 对于已确认发生的入侵事件，需要跟踪分析入侵检测日志，确定入侵源及入侵动作特征，并采取相应措施消除安全问题；重要安全事件应及时上报。

(4) 每月定期统计入侵报告，并分析历史安全事件，优化安全防范策略。

### 7.6.3 安全防护系统运维

结合数据中心的基础环境及业务系统的实际情况和特点，为实现纵深防御，将信息系统网络划分为外网接入区、内网服务区、数据服务区等相对独立的安全区域，并根据各安全区域的功能和特点选择不同的防护措施。

**1. 外网接入区——防火墙系统运维**

数据中心外部接入区主要实现网络出口的安全管理、带宽管理、负载均衡控制。根据外网接入区的特点，在该区域部署网络访问控制、入侵事件防御、抗拒绝服务攻击等安全策略。防火墙系统是主要的网络边界安全设备，也是数据中心的第一道安全防线，为内网服务器系统提供访问控制能力，实现基于源/目的地址、通信协议、请求的服务等信息的访问控制，防止外网用户非法访问内网资源。

防火墙系统运维结合安全防护技术和访问控制技术，其部署流程如下：

(1) 根据数据中心的需求和安全要求规划设计防火墙策略。

(2) 在防火墙设备上按照设计好的策略进行部署和配置，确保防火墙设备与组织的网络拓扑结构、外部网络接口和内部网络设备连接正确。

图 7-13 所示为某防火墙设备的管理界面，包括系统状态、安全引擎信息、接口信息和系统资源使用情况，支持阻断策略、访问控制列表、地址转换等配置功能，以限制外部访问和保护内部网络资源。

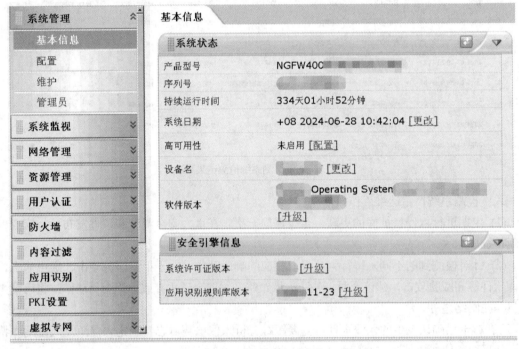

图 7-13 防火墙管理界面

图 7-14 展示了防火墙的访问控制功能，运维人员可以配置允许或拒绝来自特定 IP 地址或 IP 地址范围内的访问，实现对网络流量的精确控制和过滤。

防火墙系统日常维护策略如下：

(1) 实时监控防火墙运行状况，包括 CPU 利用率、内存利用率、连接数等状态信息。

(2) 定期备份防火墙配置文件和日志。

(3) 检查防火墙策略，确保防火墙配置符合安全要求。

(4) 根据网络安全预警信息，调整防火墙访问控制策略，降低攻击风险。

(5) 定期进行外网接入区的审查和评估。

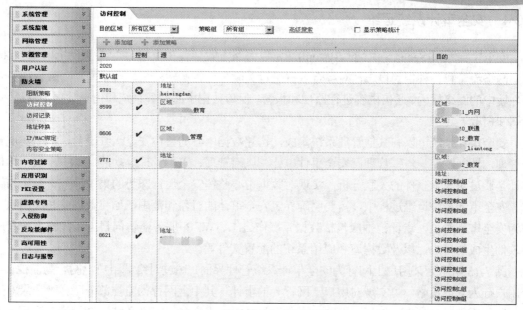

图 7-14 防火墙访问控制规则配置

### 2. 内网服务区——云安全管理平台运维

数据中心内网服务区是承载业务系统运行的重要区域，可以根据应用服务对象进一步划分不同区域，并对各安全区域进行严格的访问控制。

数据中心通过部署云安全管理平台，在虚拟化环境下为主机系统提供防恶意软件、防火墙、IDS/IPS、完整性监控和日志检查在内的安全防护功能。

(1) 防火墙策略管理

云安全管理平台的防火墙模块能够提供细粒度的访问控制功能，可以实现基于虚拟交换机网口的访问控制和虚拟系统之间的区域逻辑隔离。

云安全管理平台的防火墙策略配置应遵循最小授权访问原则，细化访问控制策略，严格限制虚拟机的可访问 IP 地址、协议和端口号。

(2) 恶意软件防范管理

为保障数据中心系统的稳定安全运行，需部署必要的病毒扫描工具，以防止虚拟机感染病毒及恶意代码。

防病毒系统日常维护策略如下：

➢ 每周检查病毒库和杀毒引擎的升级情况，重大安全漏洞和病毒预警发布后，应立即更新病毒代码和杀毒引擎，并对数据中心相关主机进行病毒扫描。

➢ 制定病毒扫描策略，定期对重要服务器进行全盘杀毒，建议将扫描安排在非工作时间，避免在业务繁忙时执行。

➢ 每天检查防病毒软件运行情况，包括引擎运行、客户端连接情况、病毒感染情况等，发现异常情况马上采取控制措施。

➢ 及时更新漏洞情况，对于有可能被病毒利用的漏洞，要及时通知系统管理员安装相关补丁。

### 7.6.4 安全审计系统运维

安全审计系统(Security Audit System)通常以旁路方式部署在数据中心网络出口，通过实时采集网络流量和各种告警日志，对综合数据进行关联分析、构建安全风险模型，对数据中心网络环境中的网络行为、通信内容进行监控和报警，保障数据中心业务系统和信息数据不受破坏、泄露和窃取。

安全审计系统可以和其他管理系统集成，构建数据中心的整体安全运维平台，集中实现资产管理、性能监控、告警管理、安全事件审计、风险管理、工单管理等功能。其中，安全事件审计是通过对安全事件的关联分析，实现对数据中心整体安全运行态势的集中监控、分析与管理。安全审计系统运维过程中，需要明确界定安全审计的对象和范围，如将数据库和应用系统作为安全审计对象，审计范围应包括数据库操作日志、WEB 服务器访问日志、操作系统和应用软件生成的日志，以及数据库和应用系统的配置文件等。

图 7-15 所示为某用户上网行为安全审计系统管理界面，通过对终端用户上网行为监控，结合用户行为管理策略，可实现对用户上网行为的审计。其中上网行为监控部分，详细记录对用户上网行为的过滤动作，包括：上网行为产生的时间、用户名、网络区域、IP 地址、应用名称以及过滤动作等。

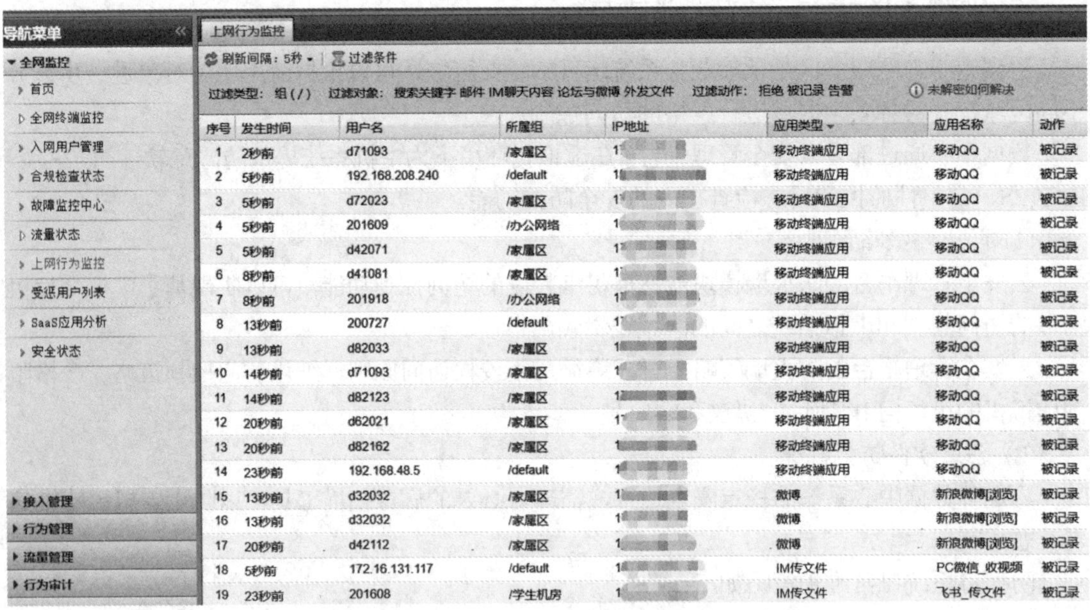

图 7-15　安全审计系统管理界面 1

图 7-16 所示为某安全审计系统的状态监控信息，可对发现的安全事件采取适当的措施，这些措施包括封锁攻击源 IP、修复漏洞、修改安全策略等。

安全审计系统的日常维护策略如下：

(1) 保持审计系统的更新和功能升级，避免审计系统本身存在安全隐患。

(2) 对审计系统的数据进行定期备份，并在需要时执行恢复操作，防止数据丢失和损坏。根据《中华人民共和国网络安全法》要求，审计数据需留存至少 6 个月。

(3) 定期查看和分析审计系统的日志，以期发现数据中心潜在安全问题。
(4) 配置用户管理和权限控制，确保只有经过授权的用户能够访问和使用审计系统。
(5) 定期对审计系统性能进行监控，确保系统正常运行。

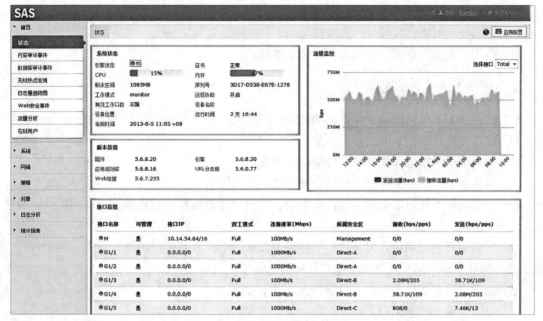

图 7-16　安全审计系统管理界面 2

### 7.6.5　安全运维管理规范

在对数据中心进行安全防护的过程中，主要包括技防和人防两个方面，二者同等重要，缺一不可。其中，技防主要是在建立安全运维体系的基础上，通过部署安全监测系统、安全防护系统及安全审计系统，并对其进行运行维护，从事前监测、事中防护和事后审计阶段实现对数据中心业务系统和设备的安全管理。人防则强调遵循相应管理规范，制定管理流程，做到规范管理，将安全风险降至最低。具体应根据数据中心实际部署业务情况和安全防护要求，制定相应管理规范，主要包括操作系统安全管理规范、应用系统安全管理规范、网络设备安全管理规范以及人员管理规范。

**1. 操作系统安全管理规范**

(1) 严格管理操作系统账号，定期对操作系统账号和用户权限分配进行检查，删除长期不用和废弃的系统账号和测试账号。

(2) 严格限制用户对操作系统文件的访问权限，应采用最小授权原则，只授予用户完成任务所需要的最小权限。

(3) 加强操作系统口令管理，口令要满足以下要求。

  ➢ 长度要求：8 位字符以上。
  ➢ 复杂度要求：使用数字、大小写字母及特殊符号混合。

> 定期更换要求：每 90 天至少更换一次。

(4) 删除或停用不需要的服务及软件。

(5) 关闭多余的网络协议及服务端口，只开启必须使用的端口及服务。

(6) 及时安装和更新操作系统补丁程序。

(7) 对系统重要文件及目录，生成校验码，并定期检查其完整性。

(8) 启用系统安全审核，合理规范存储审核日志。

### 2. 应用系统安全管理规范

(1) 检查应用系统软件是否存在已知的系统漏洞或者其他安全缺陷。

(2) 检查应用系统补丁安装是否完整。

(3) 检查应用系统进程和端口开放情况，并登记备案。

(4) 对应用系统重要文件及文件夹设置严格的访问权限。

(5) 开启应用系统日志记录功能，定期对日志进行审计分析，重点审核登录的用户、登录时间、所做的配置和操作。

(6) 严格管理应用系统账号，定期对应用系统账号和用户权限分配进行检查，至少每月审核一次，删除长期不用和废弃的系统账号和测试账号。

(7) 加强应用系统口令管理，口令要满足以下要求。

> 长度要求：8 位字符以上。
> 复杂度要求：使用数字、大小写字母及特殊符号混合。
> 定期更换要求：每 90 天至少更换一次。

### 3. 网络设备安全管理规范

(1) 严格管理设备系统账号，定期对设备系统账号和用户权限分配进行检查，删除长期不用和废弃的账号。

(2) 加强设备口令管理，口令要满足以下要求。

> 长度要求：8 位字符以上。
> 复杂度要求：使用数字、大小写字母及特殊符号混合。
> 定期更换要求：每 90 天至少更换一次。

(3) 对网络和安全设备实施严格的身份认证和访问权限控制，认证机制应使用多认证方式，如强密码+特定 IP 地址认证等。

(4) 网络和安全设备的用户名和密码必须以加密方式保存在本地和系统配置文件中，禁止使用明文密码方式保存。

(5) 对网络和安全设备的远程维护，建议使用 SSH、HTTPS 等加密管理方式，禁止使用 Telnet、HTTP 等明文管理协议。

(6) 限定远程管理的终端 IP 地址，设置远程登录超时时间，远程会话在空闲一定时间后自动断开。

(7) 开启网络和安全设备的日志记录功能，并将日志同步到日志管理系统上，应定期对日志进行审计分析，重点对登录的用户、登录时间、操作内容进行核查。

#### 4. 人员管理规范

(1) 在数据中心，根据职责和工作需求，明确数据中心的人员分类，比如将其分为数据中心管理员、技术专家、安全人员、运维人员。

(2) 确保数据中心的每个人员或用户只能访问其工作职责所需的数据和系统，这有助于防止未经授权的访问和数据泄露。

(3) 确保所有人员了解数据安全和隐私的重要性，以及如何正确处理敏感数据和信息。定期培训可以帮助员工保持对最新安全威胁的认识。

(4) 控制人员进入数据中心的权限，只有经过授权的人员才能进入机房等敏感区域。

(5) 所有数据中心的人员必须遵守严格的安全规定，不得在无授权的情况下访问或修改数据，不得在数据中心内部引入潜在的安全风险，不得泄露数据中心的敏感信息。

(6) 所有在数据中心内进行的工作都应该被详细记录，以便在出现问题时能追踪到问题的源头。

(7) 所有的数据中心人员都应知晓在发生紧急情况时的应对措施，包括火灾、设备故障、数据泄露等。

## 7.7 运维技术的发展趋势

数据中心的运维工作，随着数据中心规模的逐步扩大而变得越来越繁杂。设备来自不同的厂商，而很多厂商都有针对本企业设备的管理软件，导致数据中心运行了大量的管理软件，增大了管理的复杂性。数据中心设备数量的不断增加，也增加了运维的工作量。如何在大量设备中及时发现故障，用最短的时间解决故障，也是需要解决的问题。面对运维工作当前存在的问题，未来的发展方向是：

(1) 统一化与平台化。由于过多的管理工具给运维管理人员带来了困扰，解决思路就是统一化、平台化。数据中心运维将逐步由竖井式建设走向平台化运营模式，将众多分散的管理软件进行集成和整合，将其集中到一个统一的管理平台，以减少运维工作的复杂度。

(2) 自动化与智能化。自动化运维能够主动发现设备的运行故障，然后进行自动修复，无法修复的故障及时通知运维工程师进行处理。自动化运维能有效减少人力成本，降低操作风险，提高运维效率。智能化运维是将人工智能技术应用于运维领域，基于已有的运维数据，通过人工智能方法来解决自动化运维无法解决好的问题。智能化运维技术包含运维大数据平台、智能分析决策组件和自动化工具。运维大数据平台负责采集、处理、存储和展示运维数据；智能分析决策组件以运维大数据平台中的数据作为输入，做出实时的运维决策；自动化工具能根据运维决策，实施具体的运维操作。

(3) 云一体化运维。越来越多的机构将采用多云架构部署数据中心，面对公有云、私有云乃至混合云环境，如何实现多云基础设施统一运维、提升业务应用可观测性，以及如何提高系统稳定性和可靠性，都成为了运维技术关注的重点。

## 7.8 习题

1. 数据中心运维的主要目标是什么？
2. 基础环境运维包含哪些方面？
3. 请简述 UPS 系统的日常巡检内容。
4. 网络系统运维包含哪些方面？
5. 简述网络设备故障处理流程。
6. 服务器日常巡检包含哪些工作？
7. 常见的 Web 服务器有哪几种？
8. 常用的存储管理软件有哪些？
9. 存储设备日常运维主要包括哪几个方面？
10. 存储设备的管理文档主要包含哪些信息？
11. 数据中心安全运维体系主要由哪三部分组成？
12. 在网络安全运维管理规范中，对管理口令有哪些基本要求，请举例说明。
13. 请描述数据中心安全运维的通用流程。
14. 数据中心在安全管理方面，如何增加安全防护来应对新兴的安全威胁？
15. 数据中心运维技术的发展趋势是什么？

# 参考文献

[1] 中华人民共和国工业和信息化部. 数据中心设计规范：GB50174-2017[S]. 北京：中国计划出版社，2017.

[2] 中华人民共和国工业和信息化部. 数据中心基础设施施工及验收规范：GB50462-2015[S]. 北京：中国计划出版社，2015.

[3] 国家标准化管理委员会. 模块化数据中心通用规范：GB/T41783-2022[S]. 北京：中国计划出版社，2022.

[4] IBM.什么是桌面虚拟化[EB/OL]. [2023-11-15]. https://www.ibm.com/cn-zh/topics/desktop-virtualization.

[5] Vmware.What is DaaS? [EB/OL]. [2023-11-15]. https://www.vmware.com/topics/glossary/content/desktop-as-a-service.html.

[6] 中国工程建设标准化协会信息通信专业委员会. 数据中心网络布线技术规程：T/CECS485-2017[S]. 北京：中国计划出版社，2017.

[7] 中国工程建设标准化协会信息通信专业委员会. 数据中心制冷与空调设计标准：T/CECS486-2017[S]. 北京：中国计划出版社，2017.

[8] 中国工程建设标准化协会信息通信专业委员会. 数据中心供配电设计规程：T/CECS487-2017[S]. 北京：中国计划出版社，2017.

[9] 中国工程建设标准化协会信息通信专业委员会. 数据中心等级评定标准：T/CECS488-2017[S]. 北京：中国计划出版社，2017.

[10] 陈心拓，周黎旸，张程宾等. 绿色高能效数据中心散热冷却技术研究现状及发展趋势[J]. 中国工程科学，2022，24(04)：94-104.

[11] 国家互联网数据中心产业技术创新战略联盟. 绿色节能液冷数据中心白皮书[M]，2023.

[12] 刘强，淡唯，蒋金虎等. 网卡虚拟化综述[J]. 计算机系统应用，2021，30(12)：1-9.

[13] JimDoherty. SDN/NFV 精要：下一代网络图解指南[M]. 北京：机械工业出版社，2022.

[14] 马潇潇，杨帆，王展等. 智能网卡综述[J]. 计算机研究与发展，2022，59(01)：1-21.

[15] 数据中心高质量发展大会. 超融合数据中心网络白皮书[M]. 2021.

[16] 中国移动通信研究院. 面向AI大模型的智算中心网络演进白皮书[M]. 2023.

[17] 中国信息通信研究院. 数据中心白皮书[M]. 2022.

[18] 中国信息通信研究院. 云计算白皮书[M]. 2023.

[19] 华为. 华为超融合数据中心网络 CloudFabric3.0——数据中心网络产品与解决方案[EB/OL]. https://e.huawei.com/cn/solutions/enterprise-network/data-center-network.

[20] 陆平. 云计算基础架构及关键应用[M]. 北京：机械工业出版社，2016.

[21] Thomas Erl. 云计算的概念、技术与架构[M]. 北京：机械工业出版社，2014.

[22] Thomas Sterling. 高性能计算：现代系统与应用实践[M]. 北京：机械工业出版社，2020.

[23] Top500. 官方网站[EB/OL]. (2023.06.01)[2023.10.15]. https://www.top500.org/.

[24] 王中刚，薛志红. 服务器虚拟化技术与应用[M]. 北京：机械工业出版社，2016.

[25] Randal E. Bryant. 深入理解计算机系统[M]. 北京：机械工业出版社，2020.

[26] 海光信息技术股份有限公司. 官方网站[EB/OL]. [2023-11-15]. https://www.hygon.cn.

[27] 上海兆芯集成电路股份有限公司. 官方网站[EB/OL]. [2023-11-15]. https://www.zhaoxin.com.

[28] 华为技术有限公司. 华为云产品[EB/OL]. [2023-11-15]. https://www.huaweicloud.com/.

[29] 成都神威科技有限责任公司. 官方网站[EB/OL]. [2023-11-15]. http://www.swcpu.cn/.

[30] 龙科中芯技术股份有限公司. 官方网站[EB/OL]. [2023-11-15]. https://www.loongson.cn/.

[31] 联想集团有限公司. 官方网站[EB/OL]. [2023-11-15]. https://www.lenovo.com.cn/.

[32] 浪潮集团有限公司. 官方网站[EB/OL]. [2023-11-15]. https://www.inspur.com/.

[33] 超聚变数字技术有限公司. 官方网站[EB/OL]. [2023-11-15]. https://www.xfusion.com/cn/.

[34] 戚正伟，管海兵. 深入浅出系统虚拟化：原理与实践[M]. 北京：清华大学出版社，2021.

[35] 何坤源. VMwarevSphere7.0 虚拟化架构实战指南[M]. 北京：人民邮电出版社，2021.

[36] 陈涛. 虚拟化 KVM 进阶实践[M]. 北京：清华大学出版社，2022.

[37] 戴尔(中国)有限公司. DELLMD1400 存储介绍[EB/OL]. [2023-11-15]. https://www.dell.com/zh-cn/shop/cty/pdp/spd/storage-md1420.

[38] 华为技术有限公司. 华为 OceanStor Dorado 6800 配置介绍[EB/OL]. [2023-11-15]. https://e.huawei.com/cn/products/storage/all-flash-storage/oceanstor-dorado-6800-v6.

[39] 黄华，叶海，凌康水等. 云计算数据中心运维管理[M]. 北京：清华大学出版社，2021.

[40] 陈雪倩，步兵. 基于网络流量和数据包的 CBTC 入侵检测系统[J]. 中国安全科学学报，2019(s2)：154-160.DOI:10.16265/j.cnki.issn1003-3033.2019.S2.026.

[41] 史锦山，李茹. 物联网下的区块链访问控制综述[J]. 软件学报，2019, 30(6)：1632-1648.

[42] 李超军. 分布式网络安全审计系统设计与实现[J]. 网络安全技术与应用，2021(3)：1-3.DOI: 10.3969/j.issn.1009-6833.2021.03.001.

[43] 陆涛. 计算机数据库备份和恢复技术的应用研究[J]. 长江信息通信，2022, 35(3)：129-132.DOI: 10.3969/j.issn.1673-1131.2022.03.042.

[44] 王琦. 异地数据存储备份与容灾系统建设与实践[J]. 网络安全技术与应用，2020(6)：81-82. DOI: 10.3969/j.issn.1009-6833.2020.06.044.

[45] 李超军. 分布式网络安全审计系统设计与实现[J]. 网络安全技术与应用，2021(3)：1-3.DOI: 10.3969/j.issn.1009-6833.2021.03.001

[46] 安恒信息.智慧校园敏感数据保护解决方案[EB/OL]. (2023-09-18)[2023-11-15]. https://www.

dbappsecurity.com.cn/content/details767_16970.html.

[47] 新思维. 金融数据中心安全架构[EB/OL]. [2023-11-15].http://www.sysway.com/sjzxaq.

[48] 360 数字安全集团. 2022 年全球高级持续性威胁研究报告[R]. (2023-01-16)[2023-11-15]. https://www.lazarus.day/media/post/files/2023/05/18/360_APT_Annual_Research_Report_2022.pdf.

[49] 深信服安全应急响应中心. 关于深信服 SSLVPN 存在命令执行漏洞的说明[EB/OL]. (2023-01-16)[2023-11-15]. https://security.sangfor.com.cn/index.php?m=&c=page&a=view&id=22.

[50] 360 网络安全响应中心. 恶意挖矿攻击的现状、检测及处置. [EB/OL]. (2028-11-21)[2023-11-15]. https://cert.360.cn/emergency/detail?id=0d0d7736a538684f7d148b801d422afb.

[51] 全国人大常委会. 中华人民共和国网络安全法[EB/OL]. (2016-11-07)[2023-11-15]. http://www.npc.gov.cn/zgrdw/npc/xinwen/2016-11/07/content_2001605.htm.

[52] 全国人大常委会. 中华人民共和国数据安全法[EB/OL]. (2021-06-19)[2023-11-15]. http://politics.people.com.cn/n1/2021/0619/c1001-32134526.html.

[53] 国务院. 关键信息基础设施安全保护条例[EB/OL]. (2021-08-18)[2023-11-15]. http://politics.people.com.cn/n1/2021/0818/c1024-32197314.html.

[54] 国务院办公厅. 突发事件应急预案管理办法[EB/OL]. (2013-11-08)[2023-11-15]. https://www.gov.cn/zwgk/2013-11/08/content_2524119.htm.

[55] 中央网络安全和信息化领导小组办公室. 国家网络安全事件应急预案[EB/OL]. (2017-01-10)[2023-11-15]. http://www.cac.gov.cn/2017-06/27/c_1121220113.htm.

[56] 黄万伟, 王苏南, 张校辉. 数据中心安全防护技术[M]. 电子工业出版社, 2023.

[57] [美]威廉·斯托林斯(William, Stallings)著, 白国强等译.网络安全基础：应用与标准(第 6 版) [M]. 清华大学出版社, 2020.

[58] 王瑞民, 史国华, 李娜. 大数据安全：技术与管理[M]. 机械工业出版社, 2021.

[59] ISC.BIND 9. [EB/OL]. [2023-11-15].https://www.isc.org/bind/.

[60] 阿里巴巴集团有限公司. DNS&BIND9 安装配置[EB/OL]. (2022-4-5)[2023-11-15]. https://developer.aliyun.com/article/881672.

[61] Nginx.Nginx 开源版官网[EB/OL]. [2023-11-15]. https://nginx.org/.

[62] Nginx.Nginx 商业版官网[EB/OL]. [2023-11-15]. https://www.nginx.com/.

[63] W3schools.Nginx 教程[EB/OL]. [2023-11-15]. https://www.w3schools.cn/nginx/default.html.

[64] 微软(中国)有限公司.具有高级安全性的 Windows Defender 防火墙[EB/OL]. (2023-5-25) [2023-11-15]. https://learn.microsoft.com/zh-cn/windows/security/operating-system-security/network-security/windows-firewall/windows-firewall-with-advanced-security.

[65] 石云辉. 高校数据中心虚拟化环境的运维管理平台探析[J]. 教育教学论坛, 2018(21): 262-264.

[66] 马帅. 省级数据中心虚拟化平台风险防控探析[J]. 金融科技时代, 2018(02)：33-36.

[67] 华为技术有限公司. 华为数据中心解决方案[EB/OL]. [2023-11-15]. https://support.huawei.com/enterprise/zh/distributed-storage/fusioncompute-pid-8576912?category=product-documentation-sets.